《国学经典藏书》丛书编委会

国学经典藏书

颜氏家训

王守青　译注

吉林大学出版社
长　春

图书在版编目（CIP）数据

颜氏家训 / 王守青译注．—长春：吉林大学出版社，2021.4
（国学经典藏书）
ISBN 978-7-5692-7720-3

Ⅰ．①颜… Ⅱ．①王… Ⅲ．①家庭道德－中国－南北朝时代②《颜氏家训》－注释 Ⅳ．① B823.1

中国版本图书馆 CIP 数据核字（2020）第 223484 号

国学经典藏书：颜氏家训
GUOXUE JINGDIAN CANGSHU: YANSHI JIAXUN

作　　者：王守青 译注
策划编辑：魏丹丹
责任编辑：张鸿鹤
责任校对：宋睿文
装帧设计：蒋宏工作室
开　　本：880mm × 1230mm　1/32
字　　数：248 千字
印　　张：12
版　　次：2021 年 4 月第 1 版
印　　次：2024 年 4 月第 3 次印刷

出版发行：吉林大学出版社
地　　址：长春市人民大街 4059 号（130021）
0431-89580028/29/21
http://www.jlup.com.cn
E-mail:jdcbs@jlu.edu.cn
印　　刷：河北松源印刷有限公司

ISBN 978-7-5692-7720-3　　　　定价：40.00 元

编者的话

经典是人类知识体系的根基，是人类的精神家园，是我们走向未来的起点。莎士比亚说过："生活里没有书籍，就好像没有阳光；智慧里没有书籍，就好像鸟儿没有翅膀。"21世纪中国国民的阅读生活中最迫切的事情是什么？我们的回答是阅读经典！

中国有数千年一脉相传、光辉灿烂的文化，并长期处于世界文化发展的前列，尤其是在近代以前，曾长期引领亚洲乃至世界文化的发展方向。长期超稳定的社会发展形态和以小农生产为基础的、悠闲的宗法农业社会，塑造了中华民族注重实际、过分地偏重经验、重视历史的文化心理特征。从殷商时代的"古训是式"(《诗经·大雅·烝民》)，到孔子的"述而不作，信而好古"(《论语·述而》)，可以清楚地看出这种文化心理不断强化的轨迹。于是，历史就被赋予了神圣的光环，它既是人们获得知识的源泉，也是人们价值标准的出处。它不再是僵死的、过去的东西，而是生动活泼、富有生命力，并对现世仍有巨大指导作用的事实。因而就形成了这样一种固定的文化思维方式，也就是"以铜为鉴，可正衣冠；以古为鉴，可知兴替；以人为鉴，可明得失"(《新唐书·魏徵传》)。中国的文化人世代相承，均从历史中寻求真理，寻求"修身、齐家、治国、平天下"的崇高理想模式。这种对于历史所怀有的深沉强烈的认同感，正是历史典籍赖以发展、繁荣的文化心理基础。历史上最初给历史典籍的研究和整理工作涂上政治、道德和伦理色彩的是春秋时期的孔子。当时的孔子因感“周室微而礼乐废、《诗》《书》缺”，于是乃删订了《诗》《书》《礼》《乐》《易》《春秋》等“六经”（见《史记·孔子世家》），寄托了自己在政治上“复礼”和道德上“归仁”的最高理想。孔子以后，历史典籍的编撰无不遵循着这一最高原则。所以《隋书·经籍志》总序中就说：“夫经籍也者，机神之妙旨，圣哲之能事。所以经天地，纬阴阳，正纲纪，弘道德，显仁足以利物，藏用足以独善……其王者之所以树风声，流显号，美教化，移风俗，何莫由乎斯道？……其教有适，其用无穷，实仁义之陶钧，诚道德之橐籥也。……夫仁义礼智，所以治国也；方技数术，所以治身也。诸子为经籍之鼓吹，文章乃政化之黼黻，皆为治国之具也。”（《隋书·经籍志一》）由此可见，历史典籍的编撰整理工作，已不仅仅是文化技术问题，更重要的是它还负有“正纲纪，弘道德”的政治和道德使命。于是，在两千多年的历史发展过程中，先人们为我们留下了汗牛充栋的文化典籍。这些宝贵的精神财富，不仅是我们中华民族的骄傲，也是全人类的骄傲，并已成为世界文化宝藏的重要组成部分。

中国的先哲们一向对古代典籍充满崇敬之情，他们认为，先王之道、历史经验、人伦道德以及治国安邦之术、读书治学之法等等，都蕴藏于典籍之中。文献典籍是先王之道、历史经验、人伦道德等赖以传递后世的重要手段。离开书籍，后人将无法从前朝吸取历史经验，无法传承先王之道。在日新月异的当代，如何对待这份优秀的文化遗产？毛泽东同志早就指出：“中国的长期封建社会中，创造了灿烂的古代文化。清理古代文化的发展过程，剔除其封建性的糟粕，吸取其民主性的精华，是发展民族新文化、提高民族自信心的必要条件。……中国现时的新文化也是从古代的旧文化发展而来,因此,我们必须尊重自己的历史,决不能割断历史。但是,这种尊重是给历史以一定的科学地位,是尊重历史的辩证法的发展,而不是颂古非今。”(毛泽东《新民主主义论》)古代典籍,不仅对中华民族的形成与发展历史地发挥了巨大的凝聚力作用,而且在当今中华民族伟大复兴中,依然会发挥无可替代的重要作用。

在科学技术迅猛发展的当代社会,人们的生活、观念正在发生着巨大而深刻的变革,面对蓬勃发展的现代科技和汹涌而至的各种思潮,人们依然能深切地感受到中国传统文化无所不在的巨大力量。人们渴望了解这种无形的力量源泉,于是绚丽多姿的中华典籍就成了人们首要的选择。它能够使我们在精神上成为坚强、忠诚和有理智的人,成为能够真正爱人类、尊重人类劳动、衷心地欣赏人类的伟大劳动所产生的美好果实的人。所以,在今天,我们要阅读经典;当数字化、网络化带来的“信息爆炸”占领人们的头脑、占用人们的时间时,我们要阅读经典;当中华民族迈向和平崛起和民族复兴的伟大征程时,我们更要阅读经典。因此,读经典,这个我们习以为常的平凡过程,实际上就成了人的心灵和上下古今一切民族的伟大智慧相结合的过程。但由于时代的变迁,这些经典对现代人来说已是谜一样的存在。为继承这份优秀的文化遗产,帮助人们更好地利用这些经典,在全国学术界诸多专家学者的支持下,我们策划了这套“国学经典藏书”丛书。

丛书以弘扬传统、推陈出新、汇聚英华为宗旨,以具有中等以上文化程度的广大读者为对象,从我国古代经、史、子、集四部典籍中精选 50 种,以全注全译或节选的形式结集出版。在书目的选择上，重点选取我国古代哲学、历史、地理、文学、科技、教育、生活等领域历经岁月洗礼、汇聚人类最重要的精神创造和知识积累的不朽之作。既注重选取历史上脍炙人口、深入人心的经典名著，又注重其适应现代社会的人文价值趋向。丛书不仅精校原文，而且从前言、题解，到注释、译文，均在吸收历代学者研究成果的基础上精心编撰。在注重学术性标准的基础上，尽量做到通俗易懂。我们相信，本丛书的出版，对提高人们的古代典籍认知水平，阅读和利用中华传统经典，传播中华优秀文化，提高人们的民族自信心和文化自豪感，进而为中华民族伟大复兴做贡献，均将起到应有的作用。高尔基说："书籍是人类进步的阶梯。""要热爱读书，它会使你的生活轻松，它会友爱地帮助你了解纷繁复杂的思想、感情和事件；它会教导你尊重别人和你自己；它以热爱世界、热爱人类的情感，来鼓舞智慧和心灵。""当书本给我讲到闻所未闻、见所未见的人物、感情、思想和态度时，似乎是每一本书都在我面前打开一扇窗户，并让我看到一个不可思议的新世界。""每一本书是一级小阶梯，我每爬一级，就……更接近美好生活的观念，更热爱这书"(《高尔基论青年》，中国青年出版社 1956 年版)。流传千年的文化经典，让我们受益匪浅，使我们懂得更多。正如德国著名作家歌德所说："读一本好书，就是和一位品德高尚的人谈话。"的确，读一本好书，就像是结交了一位良师益友。我们真诚希望，这套经典丛书能够真正进入您的生活，成为人人应读、必读和常读的名著。

陈　虎

庚子岁孟秋

前　言

一、颜之推生平及其生活的时代

颜之推，字介，琅琊临沂（今山东临沂）人。在《颜氏家训》中，颜之推自述："颜氏之先，本乎邹、鲁，或分入齐，世以儒雅为业。"其九世祖颜含，随晋元帝司马睿渡江，为晋侍中、国子祭酒、西平靖侯。颜氏家族为当时百家南迁的"中原冠带"之一，从此世居建康。颜之推祖父颜见远，南齐和帝时任治书侍御史，兼中丞，此时颜氏家族移居江陵。梁武帝代齐时，颜见远绝食殉国。颜之推父颜协，《梁书》本传载其"博涉群书，工于草隶"，以孝著称，曾任梁湘东王萧绎国常侍，兼记室，"感家门事义，不求显达，恒辞征辟，游于蕃府而已"。

颜之推就生长在这样一个"世以儒雅为业"，父、祖"并以义烈称"的家族中。十二岁的时候，梁湘东王萧绎自讲《老》《庄》，之推便预门徒，但因不好虚谈，还习《礼》《传》。他"博览书史，无不该洽，辞情典丽，甚为西府所称"。湘东王以其为国右常侍，加镇西墨曹参军。湘东王世子萧方诸镇郢州时，以之推为中抚军府外兵参军，掌管记。梁简文帝大宝二年（551）侯景攻陷郢州，颜之推险些被杀，赖其行台郎中王则以免。侯景之乱平定后，颜之推还江陵，梁元帝任命他为散骑侍郎、奏舍人事。承圣三年（554）西魏伐梁，攻陷江陵，梁元帝被俘遇害。颜之推被俘入北，北齐放还梁朝使节之事使得颜之推打算经由北齐返回梁地，但等他到了邺城，却正值陈灭梁，于是他不得还南，遂滞留北齐。颜之推入北齐后，"显祖见而悦之，即除奉朝请，引于内馆中，侍从左右，颇被顾眄"。不久迁中书舍人。因他"兼善于文字，监校缮写，处事勤敏，号为称职"，颇受恩遇，故为勋要者所嫉，常欲害之。武平六年(575)，北周灭齐，颜之推入周。北周大象末年(约 580)，为御史上士。隋开皇中，太子召为学士，甚见礼重。

颜之推的一生，共历南梁、北齐、北周、隋数朝，曾三度沦为亡国之人，这种坎坷起伏的人生际遇对他的思想影响很大，体现在了他的《家训》之中。周作人说他"积其一身数十年患难之经验，成此二十篇书以为子孙后车，其要旨不外慎言检迹，正是当然，易言之即苟全性命于乱世之意也"(《周作人散文》)，是有一定道理的。《四库全书总目提要》是这样介绍《家训》的："述立身治家之法，辨正时俗之谬，以训子孙。今观其书，大抵于世故人情，深明利害，而能文之以经训。"也就是说，这部书的主旨是教诲子孙，内容为世故人情、利害关系等，而以经籍义理来加以阐发。这是切当的评论。周作人也说："颜君的识见，宽严得中，而文词温润与情调相副，极不易得。"(《周作人散文》)因为这些原因，《颜氏家训》才有了"古今家训，以此为祖"之誉(陈振孙《直斋书录解题》)，一千多年来被奉为治家之圭臬，处世之轨范，成为世人教育子孙后代的范本。

二、《颜氏家训》的思想内容

魏晋南北朝时期，门阀士族在当时的社会上有着重要地位，九品中正制的实行使得家世、门第成为士子入仕及地位的重要保障。为了维护门风和名望,世家大族都重视对子弟孝道的训诫。加之社会动荡不安,朝代频繁更迭,也使得士人的国家观念削弱;加之朝代的更替并不影响世家大族优势地位的维持,这就更加强化了士族阶层的家族意识。于是承载着家族的希望和寄托、关系到家族血缘及文化命脉延续的家训文化,就成为六朝时期独特的文化现象。六朝时期涌现出了众多的家训,而《颜氏家训》是这一时期中最为完整、突出的"家训"。

《颜氏家训》共分为七卷,二十篇。第一卷五篇,分别是《序致》《教子》《兄弟》《后娶》《治家》。第一篇序言开宗明义表明了写作家训的目的,是"整齐门内,提撕子孙"。接下来的各篇,无论是教子、兄弟、后娶还是治家,均与家族的有效延续与治理有关。第二卷两篇,分别是《风操》和《慕贤》。主要是讲士大夫家族的风度与节操,与贤人的交往。第三卷一篇,《勉学》。论述学习的重要意义,勉励子弟崇尚学习。第四卷三篇,分别为《文章》《名实》《涉务》。第五卷五篇,为《省事》《止足》《诫兵》《养生》《归心》。第六卷一篇,《书证》。第七卷三篇,《音辞》《杂艺》《终制》。卷四、卷五与立身处世、修身养性和灵魂信仰相关。卷六、卷七,则涉及了治学及艺术修养方面。

从整体上看,《家训》的内容无外乎个人修养的"修身"与家族治理"齐家"两方面,即以儒家的传统思想"修身、齐家"为核心而提出了一些教育方法。而"修身"的最终目的,也是"齐家"。如《勉学》篇作者是这么劝学的:"子当以养为心,父当以学为教。使汝弃学徇财,丰吾衣食,食之安得甘?衣之安得暖?若务先王之道,绍家世之业,藜羹缊褐,我自欲之。"《终制》篇谈到自己入仕的原因:"计吾兄弟,不当仕进;但以门衰,骨肉单弱,五服之内,傍无一人,播越他乡,无复资荫;使汝等沉沦厮役,以为先世之耻;故靦冒人间,不敢坠失。”并告诫子弟:“汝曹宜以传业扬名为务,不可顾恋朽壤,以取堙没也。”这是从正面劝勉子弟努力进取,以发扬光大家族。为了确保家族的安全,作者还从反面进行劝诫。比如《止足》篇对出仕做官的建议:“仕宦称泰,不过处在中品,前望五十人,后顾五十人,足以免耻辱,无倾危也。”《诫兵》篇则告诫子弟好兵是“陷身灭族之本”。

重视个人的品德操守,这是“家风”;而为了门第文化的维续,必须重视对子弟的文化修养,重视学业文化,则为“家学”。六朝时期的世家大族虽然历经朝代的频繁更迭,却不影响其维系与延续,除了政治、经济上的因素,文化方面也是重要因素之一。田余庆先生在《东晋门阀政治》一书中曾指出:“非玄非儒而纯以武干居官的家庭,罕有被视作士族者。”就是说成为士族的一个重要条件,是具备文化要素。陈寅恪先生在《政治革命及其党派分野》一文中也指出:“夫士族之特点既在其门风之优美,不同于凡庶,而优美之门风实基于学业之因袭,故士族家世相传之学业已与当时之政治社会有极其重要之影响。”(《陈寅恪集:隋唐制度渊源略论稿 唐代政治史述论稿》)文化优势有赖于优秀的子弟来延续,因此士家大族都重视子弟的培养,这也是颜之推把看似不相干、学术性很强的《书证》《音辞》篇放入《家训》中的原因。总之灌输家族观念,是《家训》的核心,辐射到伦理、儒学、文学、学术、艺术乃至宗教信仰等方方面面。

当然,颜之推在《家训》中也流露出了一些自相矛盾的心理。譬如他一面强调生命难得,如何全身远祸,但一面又推崇儒家的忠孝观,认为“行诚孝而见贼,履仁义而得罪,丧身以全家,泯躯而济国,君子不咎也”,发出“何贤智操行若此之难”的悲叹。这是颜氏家世儒业的传统与他于乱世中历经数朝、数次沦为亡国之人的经历,造成其矛盾心态的反映。

三、《颜氏家训》的历史与现实意义

《颜氏家训》问世后即产生了重大影响,成为历代家训之范本。清人王钺在《读书丛残》中说:“北齐黄门颜之推《家训》二十篇,篇篇药石,言言龟鉴,凡为人子弟者,可家置一册,奉为明训,不独颜氏。”范文澜先生说:“《颜氏家训》的佳处在于立论平实。平而不流于凡庸,实而多异于世俗,在南方浮华北方粗野的气氛中,《颜氏家训》保持平实的作风,自成一家言,所以被看作处世的良轨,广泛地流传在士人群中。”(《中国通史简编》)这些都说明了《颜氏家训》在当时及之后的广泛而深远的影响。加之,颜之推之后的颜氏后人中,人才辈出,我们耳熟能详的即有颜师古这样的大学者,以创立“颜体”而名满天下的大书法家颜真卿,还有安史之乱中以身殉国的颜杲卿……家族人才辈出的现象也可以印证《家训》的垂训之力及深远影响。

《颜氏家训》也有着重要的现实意义,书中的一些主张至今也不过时。如重视早期教育,认为“少成若天性,习惯如自然”,提出教育要及早甚至“胎教”的主张;反对有爱无教的不当溺爱方式(《教子第二》)。强调榜样的作用,认为“夫风化者,自上而行于下者也,自先而施于后者也”(《治家第五》)。重视交游的影响:“人在年少,神情未定,所与款狎,熏渍陶染,言笑举动,无心于学,潜移暗化,自然似之。”(《慕贤第七》)重视学习,认为学习与生存、命运之间存在着重要联系:“若能常保数百卷书,千载终不为小人也。”指出“早教”的重要性:“人生小幼,精神专利,长成已后,思虑散逸,固须早教,勿失机也。”强调学以致用,突出学习的实用价值:“夫所以读书学问,本欲开心明目,利于行耳。”(《勉学第八》)重视实际能力的培养:“士君子之处世,贵能有益于物耳,不徒高谈虚论,左琴右书,以费人君禄位耳。”(《涉务第十一》)这些见解,直到今天仍有着积极的意义,因此也常被人们加以引证。

此外,《颜氏家训》作为一部学者之作,本身也有着重要的历史文献价值。颜之推身历南北两朝,他在《家训》中列举的人物、事物等都确有其人,在某种程度上具有信史的意义,对于历史学、民俗学、文字学、训诂学、音韵学等学科都有着重要的参考价值。范文澜先生曾说颜之推“是当时南北两朝最通博最有思想的学者,经历南北两朝,深知南北政治、俗尚的弊病,洞悉南学北学的短长,当时所有大小知识,他几乎都钻研过,并且提出自己的见解。《颜氏家训》二十篇,就是这些见解的记录”(范文澜《中国通史简编》)。

本书以王利器先生校注的《颜氏家训集解》增补本(“新编诸子集成”本,中华书局 1993 年版)为底本,并注意参考时贤的研究成果。因学识有限,不当之处在所难免,祈请方家和读者朋友批评指正。

王守青
2019 年 12 月

目　录

卷　五

卷　六

卷　七

卷　一

序致第一

〔题解〕

本篇为颜之推为《家训》所作的序，说明了写作此《家训》的目的，"非敢轨物范世"，只是为了"整齐门内，提撕子孙"。因为作者认识到，同样的话，人们相信所亲近之人的；同样的命令，人们执行所敬服之人的。即"同言而信，信其所亲；同命而行，行其所服"，因此自己有责任与义务为后世子孙做出规范。另外颜之推从自身的成长经历出发，感叹自己因幼年缺乏父母的教导，以致养成了一些不好的习惯；而幼时的习惯一旦养成，终究难以彻底改正。对此他深感痛惜，写作此书也是为了使后世子孙吸取教训，避免重蹈覆辙。

夫圣贤之书，教人诚孝①，慎言检迹②，立身扬名，亦已备矣。魏晋已来③，所著诸子④，理重事复，递相模斅⑤，犹屋下架屋、床上施床耳⑥。吾今所以复为此者，非敢轨物范世也⑦，业以整齐门内⑧，提撕子孙⑨。夫同言而信，信其所亲；同命而行，行其所服⑩。禁童子之暴谑⑪，则师友之诫不如傅婢之指挥⑫；止凡人之斗阋⑬，则尧、舜之道不如寡妻之诲谕[14]。吾望此书为汝曹之所信,犹贤于傅婢寡妻耳。

〔注释〕

①诚孝:即忠孝,隋人避文帝杨忠讳改为"诚"。

②检迹:六朝习用语,谓检点行为。

③已来:以后。已,同"以"。

④诸子:指魏晋以来的儒家著作,包括徐幹《徐氏中论》、王肃《王氏正论》、杜恕《杜氏体论》、顾谭《顾子新语》、谯周《谯子法训》、袁準《袁子正论》、夏侯湛《新论》等。

⑤模斅(xiào):模仿。斅,效法,模仿。

⑥屋下架屋、床上施床:六朝、唐人习用语,喻重叠无用。

⑦轨物范世:谓做事物的规范、世人的榜样。轨物,规范事物。范世,做世人模范。

⑧业:以……为业,从事于。整齐:整治,使有条理,使齐一。门内:家庭,家中的人。

⑨提撕:拉扯,提携。

⑩同言而信,信其所亲;同命而行,行其所服:语出《淮南子·缪称训》:"同言而民信,信在言前也;同令而民化,诚在令外也。"意思是同样的话,人们相信关系亲密之人的;同样的命令,人们执行所敬服之人的。

⑪暴谑(xuè):开玩笑过分。

⑫傅婢:侍婢。

⑬斗阋(xì):争斗。阋,争吵,争斗。

⑭寡妻:嫡妻。《诗经·大雅·思齐》:"刑于寡妻,至于兄弟,以御于家邦。"毛传:"寡妻,適妻也。"诲谕:亦作"诲喻"。教诲晓喻。

〔译文〕

圣贤们的书,教诲人们忠诚孝顺,谨言慎行,立身扬名,说得也已经很完备了。自魏晋以来,所著述的诸子之作,道理、事例都不断重复,互相模仿,犹如在屋上再建一间屋子,床上再放一张床一样。我今天之所以又写这种书,不是敢于做事物的规范、世人的榜样,只是为了整饬家风,教育子孙。同样的话,人们相信所亲近之人的;同样的命令,人们执行所敬服之人的。禁止儿童过分玩闹,师友的劝诫比不上侍婢的指挥;制止兄弟之间的争斗,尧、舜的教导还不如他们自己妻子的规劝晓谕。我希望这本书被你们所信服,要比侍婢、嫡妻所起的效果好。

吾家风教[①],素为整密[②]。昔在龆龀[③],便蒙诱诲[④];每从两兄[⑤],晓夕温凊[⑥],规行矩步,安辞定色,锵锵翼翼[⑦],若朝严君焉[⑧]。赐以优言,问所好尚,励短引长,莫不恳笃。年始九岁,便丁荼蓼[⑨],家涂离散[⑩],百口索然[⑪]。慈兄鞠养[⑫],苦辛备至;有仁无威,导示不切[⑬]。虽读《礼》《传》[⑭],微爱属文[⑮],颇为凡人之所陶染[⑯],肆欲轻言,不修边幅。年十八九,少知砥砺[⑰],习若自然,卒难洗荡。二十已后,大过稀焉;每常心共口敌[⑱],性与情竞[⑲],夜觉晓非,今悔昨失,自怜无教,以至于斯。追思平昔之指[⑳],铭肌镂骨;非徒古书之诫,经目过耳也。故留此二十篇,以为汝曹后车耳[㉑]。

〔注释〕

①风教:风、教,义同。《毛诗序》:"风,风也,教也,风以动之,教以化之。"

②整密:犹严谨。

③龆龀(tiáochèn):垂髫换齿之时,指童年。龆,通"髫"。龀,儿童换齿,即脱去乳齿,长出恒齿。

④诱诲:诱导教诲。

⑤两兄:《南史·颜协传》:“子之仪、之推,并早知名。”颜真卿《颜含大宗碑铭》:“之仪弟之推,之推弟之善。”据此则之推仅有一兄,之善为弟。陈直推断或许之仪有弟早卒,故此处称“两兄”。

⑥温清(qìng):冬温夏凊的省称。为侍奉父母之礼:冬天温被使暖,夏天扇席使凉。清,凉。

⑦锵锵:步伐整齐貌。翼翼:恭敬谨慎貌。

⑧严君:指父母。《易·家人》彖辞:“家人有严君焉,父母之谓也。”

⑨丁:当,遭逢。荼蓼(liǎo):荼和蓼,泛指田野沼泽间的杂草。荼味苦,蓼味辛,因以之比喻丧失父母,艰难困苦。

⑩家涂:亦作“家途”。犹家道,指家庭境况。

⑪索然:离散零落貌。

⑫鞠(jū)养:抚养,养育。

⑬导示:指导启示。切:谴责,批评。

⑭《礼》《传》:指《周礼》与《春秋左氏传》。《北齐书·文苑·颜之推传》:“世善《周官》《左氏》,之推早传家业。”

⑮属(zhǔ)文:撰写文章。属,缀。

⑯凡人:平常人,一般人。陶染:熏陶感染。

⑰砥砺:磨炼,激励劝勉。

⑱心共口敌:口易放言,而心制之,意思是内心抑制住口中想说的话。

⑲性与情竞:理智与情感互相争竞。《刘子·防欲篇》:“性贞则情销,情炽则性灭。”

⑳指:旨意,意向。

㉑后车:后继之车。《大戴礼记·保傅》:“前车覆,后车诫。”引申为鉴诫之意。

〔译文〕

我家的家风家教,向来严谨。从前在孩童时代时,我便受到了这方面的诱导教诲。时常跟随两位兄长,早晚侍奉父母,冬天温被,夏天扇席;行为举止合乎规矩,言辞平和,神色安详,行走也恭敬谨慎,就像给父母请安时一样。长辈们每每美言相赐,询问我的喜好,勉励我的不足鼓励我的长处,无不真诚恳切。我刚满九岁,就丧失了父母,家道中衰,百口离散。慈兄养育我,辛苦备至;但他对我慈爱有余而威严不足,教导我不够严厉。我虽然读了《礼》《传》,也爱写点文章,但是因为受到世俗之人的熏陶浸染,所以常说话轻率,不拘小节。到了十八九岁,才稍稍懂得磨炼自己,但是习惯成自然,终究难以彻底改掉不良习惯。二十岁以后,大的过错才少了。常常心里想的和口里说的不一致,理智与感情处于矛盾状态;夜里觉察到早晨的错误,今天悔恨昨天的过失。我哀怜自己因为缺乏家教,以致落到这种地步。回想自己往昔的志向,这种感觉真是刻骨铭心,绝不是把古书上的教诫读过看过就能体会到的。因此我留下这二十篇文章,把它作为你们的后车之鉴。

教子第二

〔题解〕

本篇着重讲述了如何教育子女的问题。首先,作者提出教育子女要及早甚至胎教的主张:在幼年时就应让其懂得什么该做什么不该做,等到孩子长大成人,恶习已然养成,这时再加以教导,为时已晚,后悔莫及。其次,对子女要爱之有方,反对无教而有爱的不当溺爱方式。作者从正反两方面举例来说明这一观点。本篇中作者还讲到了父母偏袒子女的情况,认为此举弊病太多。这种认识值得父母们重视。

上智不教而成,下愚虽教无益,中庸之人①,不教不知也。古者,圣王有"胎教"之法,怀子三月,出居别宫,目不

邪视，耳不妄听，音声滋味，以礼节之[②]。书之玉版[③]，藏诸金匮[④]。生子咳|[⑤]，师保固明孝仁礼义[⑥]，导习之矣。凡庶纵不能尔[⑦]，当及婴稚[⑧]，识人颜色、知人喜怒，便加教诲，使为则为，使止则止。比及数岁，可省笞罚。父母威严而有慈，则子女畏慎而生孝矣。吾见世间，无教而有爱，每不能然；饮食运为[⑨]，恣其所欲，宜诫翻奖[⑩]，应诃反笑[⑪]，至有识知[⑫]，谓法当尔。骄慢已习，方复制之，捶挞至死而无威，忿怒日隆而增怨，逮于成长，终为败德。孔子云"少成若天性，习惯如自然"是也。俗谚曰："教妇初来，教儿婴孩。"诚哉斯语！

〔注释〕

①中庸：中等，平常。

②"古者"数句：《大戴礼记·保傅》篇："古者胎教，王后腹之七月，而就宴室。太史持铜而御户左，太宰持斗而御户右。比及三月者，王后所求声音非礼乐，则太师缊瑟而称不习，所求滋味者非正味，则太宰倚斗而言曰：'不敢以待王太子。'"圣王，古指德才超群达于至境之帝王。别宫，正式寝宫以外的宫室。

③玉版：古代用以刻字的玉片，也泛指珍贵的典籍。

④金匮(guì)：铜制的柜，古时用以收藏文献或文物。匮，同"柜"。

⑤咳|：小儿啼笑，借指幼儿，儿童。咳，通"孩"。|，同"啼"。

⑥师保：古时任辅弼帝王和教导王室子弟的官，有师有保，统称"师保"。固：副词。必，一定。

⑦凡庶：平民，平常人。

⑧婴稚：谓幼年。

⑨运为：犹作为。

⑩翻：副词，反而。

⑪诃(hē)：大声斥责，责骂。

⑫识知：见识，知识。

〔译文〕

上等智慧的人，不需教导就能成才；极愚蠢的人，即使教导也没有用处；中等、平常的人，不教导就不会明理。古时候，圣王有“胎教”的方法：妇人怀孕三个月，就要出去住到正式寝宫以外的宫室里，举止端庄，耳朵不随便乱听；所听的和吃的东西，都要以礼来节制。要把这些写到玉版上，藏到金匮里。孩子还在幼儿时，师保们就要让他懂得孝、仁、礼、义的道理，并指导教习他。一般的老百姓即使做不到这样，也应在孩子幼年，能识别人的脸色、知道人的喜怒时，就加以教诲，让他去做的才可以做，不让他去做的就不能做。这样等孩子长到几岁后，就不必遭受鞭打责罚了。父母威严而又慈爱，子女就会敬畏谨慎，从而产生孝心了。我看到世间有的父母，对孩子一味溺爱而不加以教育，我对此总是不以为然；不论饮食还是行为，如果都听任他们，应该加以训诫的反而给以奖赏，应该加以斥责的反而报以笑容，这样孩子有了自己的见识后，就会以为理当如此。等到骄傲怠慢已经成了习惯，这时再来制约他，即使把他打死，也没法树立父母的威信了。于是父母的愤怒之情逐日增加，孩子的怨恨也在增长；等到他们长大，终究会成为品德败坏之人。这就是孔子所说的“少成若天性，习惯成自然”了。俗话说：“教媳妇要在她初来的时候，教子女要在婴孩时期。”这话说得有道理啊！

凡人不能教子女者，亦非欲陷其罪恶①，但重于诃怒伤其颜色②，不忍楚挞惨其肌肤耳③。当以疾病为谕④，安得不用汤药针艾救之哉⑤？又宜思勤督训者⑥，可愿苛虐于骨肉乎⑦？诚不得已也！

〔注释〕

①罪恶:指犯罪的行为。

②重:引申为不轻易,难。诃(hē)怒:犹怒斥。颜色:面容,脸色。

③楚挞(tà):杖打。楚,拷打。挞,用鞭子或棍子打。惨:疼痛。

④谕:比喻,比拟。

⑤针艾:中医谓以针刺和以艾灼穴位。

⑥督训:督察教育。

⑦苛虐:严厉残暴。

〔译文〕

那些不能教育子女的人,也并非想让子女去违法犯罪,他们只是不轻易斥责孩子,担心他们脸面难看;不忍心鞭打孩子,使得他们皮肉受苦而已。这种情况应当以治病来打比方:人生了病怎能不用汤药针艾来医治呢?还应该想想那些勤于督察教育孩子的人,他们难道愿意对自己的孩子严厉残暴吗?确实是不得已啊!

王大司马母魏夫人[①],性甚严正[②]。王在湓城时[③],为三千人将,年逾四十,少不如意,犹捶挞之[④],故能成其勋业[⑤]。梁元帝时[⑥],有一学士[⑦],聪敏有才,为父所宠,失于教义[⑧]:一言之是,遍于行路[⑨],终年誉之;一行之非,掩藏文饰[⑩],冀其自改。年登婚宦[⑪],暴慢日滋[⑫],竟以言语不择,为周逖抽肠衅鼓云[⑬]。

〔注释〕

①王大司马:指王僧辩,字君才。南朝梁将领。梁闵帝即位后授大司马,领太子太傅、扬州牧。魏夫人:王僧辩之母。《梁书·王僧辩传》载其“性

甚安和，善于绥接，家门内外，莫不怀之……及僧辩克复旧京，功盖天下，夫人恒自谦损，不以富贵骄物，朝野咸共称之，谓为明哲妇人也”。

②严正：严肃正直，严格公正。

③湓(pén)城：今江西九江。

④捶挞：杖击，鞭打。

⑤勋业：功业。

⑥梁元帝：名萧绎，字世诚，小字七符。南北朝时期南朝梁皇帝，552—554年在位。梁武帝之子。

⑦学士：泛指普通读书人。

⑧教义：礼教、名教的旨意。

⑨行路：路人。

⑩掩藏：掩盖，隐藏。掩，遮蔽，掩盖。文饰：掩饰，遮盖。

⑪婚宦：结婚与做官，六朝人习用语，指成年。

⑫暴慢：凶暴傲慢。

⑬周逖：史无记载。《陈书》有《周迪传》，为梁元帝将领，其人强暴无信义，或为此“周逖”。衅鼓：古代杀牲以血涂鼓行祭。衅，血祭。

〔译文〕

大司马王僧辩的母亲魏夫人，性情很是严厉刚正。王僧辩在湓城的时候，是统率三千人的将领，年龄也已四十多岁，但魏夫人稍不如意，仍会杖打责罚他，也正因此才成就了王僧辩的功业。梁元帝的时候，有一名学士，聪敏有才华，深为其父所宠爱，以致疏于管教。一句话说得好，他父亲会逢人就夸，甚至一年到头地赞不绝口；一件事做错了，则替他百般遮掩，期待他能以后自己改正了。结果这名学士成年后，凶暴傲慢之心与日俱增，到底因为口不择言，被周逖抽出肠子血祭战鼓了。

父子之严，不可以狎①；骨肉之爱，不可以简②。简则慈孝不接，狎则怠慢生焉。由命士以上，父子异宫③，此不狎之道也；抑搔痒痛[4]，悬衾箧枕[5]，此不简之教也。或问曰："陈亢喜闻君子之远其子[6]，何谓也？"对曰："有是也。盖君子之不亲教其子也。《诗》有讽刺之辞[7]，《礼》有嫌疑之诫[8]，《书》有悖乱之事[9]，《春秋》有邪僻之讥[10]，《易》有备物之象[11]：皆非父子之可通言，故不亲授耳。"

〔注释〕

①狎(xiáo)：态度亲近而不庄重。

②简：轻贱，怠慢。

③由命士以上，父子异宫：《礼记·内则》："由命士以上，父子皆异宫。昧爽而朝，慈以旨甘；日出而退，各从其事；日入而夕，慈以旨甘。"命士，古代称受有爵命的人。

④抑骚：按摩抓搔。

⑤悬衾箧(qiè)枕：把被子悬挂起来，把枕头放到小箱子里。衾，大被。箧，小箱子。

⑥陈亢喜闻君子之远其子：《论语·季氏》篇载："陈亢问于伯鱼曰：'子亦有异闻乎？'对曰：'未也。尝独立，鲤趋而过庭。曰："学诗乎？"对曰："未也。""不学诗，无以言。"鲤退而学诗。他日，又独立，鲤趋而过庭。曰："学礼乎？"对曰："未也。""不学礼，无以立。"鲤退而学礼。闻斯二者。'陈亢退而喜曰：'问一得三：闻诗，闻礼，又闻君子之远其子也。'"陈亢，春秋末年陈国人，妫姓，字子亢，一字子禽。孔子弟子。

⑦《诗》有讽刺之辞：《诗》，指《诗经》，五经之一。我国最早的一部诗歌总集，收录了西周初年至春秋中叶的305篇诗歌，又称《诗三百》。内容上分为《风》《雅》《颂》三部分。其中《国风》部分有不少诗歌讽刺了当时的统治阶级。

⑧《礼》有嫌疑之诫：《礼》，指《礼经》，五经之一。又称为《士礼》《仪礼》《礼记》，内容主要是记载和论述先秦的礼制、礼仪，解释仪礼，记录孔子和弟子等的问答，记述修身做人的准则。其中有对男女之间应避嫌的告诫。嫌疑，谓被怀疑有某种行为的可能性。诫，警告，告诫。

⑨《书》有悖乱之事:《书》,指《尚书》,五经之一。最早书名为《书》,汉代改称《尚书》,即"上古之书"。内容主要是君王任命官员或赏赐诸侯时发布的政令。其中有臣伐君、下犯上的誓文。悖乱,犹悖逆。

⑩《春秋》有邪僻之讥:《春秋》,指《春秋经》,五经之一。记载了从鲁隐公元年(前722)至鲁哀公十四年(前481)共242年间的鲁国史事,是现存最早的一部编年体史书。现存版本由孔子修订而成。其中有对悖谬不合情理行为的讥讽。邪僻,乖戾不正。

⑪《易》有备物之象:《易》,指《周易》,五经之一。内容包括《经》和《传》两部分。《经》主要是六十四卦和三百八十四爻,卦和爻各有说明(卦辞、爻辞),作为占卜之用;《传》包含解释卦辞和爻辞的七种文辞共十篇,统称《十翼》,相传为孔子所撰。其中有关于备办器物的卦象。备物,备办各种器物。象,《周易》专用语,谓解释卦象的意义。亦指卦象。

〔译文〕

父子之间应庄重严肃,不能亲近而不庄重;骨肉之间应关心爱护,不能怠惰简慢。简慢了就没法做到父慈子孝,过于亲昵就会轻慢不敬。只要是受有爵位的人,父子就要分开住,这是避免父子间过于亲近的方法;子女为父母按摩抓搔,铺床叠被,这是注重礼节的教育。有人问:"陈亢听到孔子疏远自己的儿子很高兴,这是为什么呢?"回答说:"有这么回事。这是说君子不宜亲自教授自己的孩子。《诗经》中有讽刺君主的言辞,《礼记》中有男女之间应避嫌疑的告诫,《尚书》中载有下犯上的悖逆之事,《春秋》中有对悖谬行为的讥刺,《周易》中有备办各种器物的象辞:这些父亲讲给子女听都不适宜,所以君子不亲自教授自己的孩子。"

齐武成帝子琅邪王①,太子母弟也②,生而聪慧,帝及后并笃爱之③,衣服饮食,与东宫相准④。帝每面称之曰:"此黠儿也⑤,当有所成。"及太子即位,王居别宫,礼数优僭⑥，不与诸王等。太后犹谓不足，常以为言。年十许岁，骄恣无节，器服玩好，必拟乘舆⑦；尝朝南殿⑧，见典御进新冰⑨，钩盾献早李⑩，还索不得，遂大怒，询曰⑪："至尊已有，我何意无？"不知分齐⑫，率皆如此⑬。识者多有叔段、州吁之讥⑭。后嫌宰相，遂矫诏斩之⑮，又惧有救，乃勒麾下军士，防守殿门；既无反心，受劳而罢，后竟坐此幽薨⑯。

〔注释〕

①齐武成帝：北齐武成帝高湛，小字步落稽，北齐第四任皇帝，神武帝高欢之子。561—565年在位，年号太宁、河清。琅琊王：高俨，字仁威，武成帝第三子。

②太子：北齐后主高纬，字仁纲，太宁二年（562）立为皇太子，河清四年（565）受武成帝禅位。母弟：同母之弟，别于庶弟。

③笃爱：厚爱，甚爱。

④东宫：古代宫殿，因方位而得名，后借指居住东宫的储君。

⑤黠（xiá）儿：聪慧的儿童。

⑥礼数：古代按名位而分的礼仪等级制度。优僭：超越本分。

⑦乘舆：泛指皇帝用的器物，后用作皇帝的代称。

⑧南殿：殿名。

⑨典御：古代职官名，掌管御膳事。

⑩钩盾：古代职官和官署名，掌管池苑游观等处。

⑪询（gòu）：同"诟"，詈骂。

⑫分齐：本分齐限。

⑬率皆：犹言都是。

⑭叔段、州吁之讥：叔段即共叔段，姬姓，名段，春秋时期郑武公少子，郑庄公同母弟，母武姜。武姜钟爱共叔段，郑庄公即位后，共叔段在武姜帮助下谋划作乱，被郑庄公击败逃亡到共地，最终死在他国。州吁为卫国国君，姬姓，卫氏，名州吁，卫庄公之子，卫桓公异母弟。他深受庄公宠爱，骄横奢侈。卫桓公继位后，州吁弑杀卫桓公自立，后被卫国大臣石碏（què）联合陈

桓公杀死。

⑮后嫌宰相，遂矫诏斩之：《北齐书·高俨传》载高俨因录尚书事和士开奢恣，意甚不平，假托皇帝之令将其执杀。矫诏，假托诏令。

⑯坐：犯罪，判罪。幽薨：指王侯被囚禁而死。

〔译文〕

北齐武成帝的儿子琅琊王，是太子高纬的同母弟弟。他天生聪慧，武成帝和皇后都很宠爱他。他的衣服和饮食标准，都和太子一样。武成帝常常当面夸赞他说："这是个聪明孩子，将来定当有所成就。"等到太子即位后，琅琊王移居到另外的宫室里，但他所享受的礼数，超出了他的级别，和其他诸王都不一样。即使这样，太后还觉得不够，经常替他说话。到了十岁左右，他就骄慢放肆而不知节制，所用的器具、服饰和玩赏之物，一定要和皇帝攀比。有一次他去朝见皇帝，见到典御官进奉新取出的冰块，钩盾献上早熟的李子，回来后派人去要，没要到就勃然大怒，骂道："皇上已经有了，我为什么没有呢？"他的不懂分寸，基本都像这种情况。有识之士对此多有讥讽，认为他就像古时的叔段、州吁一样。后来他讨厌宰相和士开，就假托皇帝的命令将其杀死；又担心有救援来，就统率手下的军士防守皇宫的殿门。因为他本来没有造反之心，受到皇帝安抚后也就撤兵了，但后来还是因此事被皇帝密令处死。

人之爱子，罕亦能均；自古及今，此弊多矣。贤俊者自可赏爱①，顽鲁者亦当矜怜②，有偏宠者，虽欲以厚之，更所以祸之。共叔之死，母实为之。赵王之戮，父实使之③。刘表之倾宗覆族④，袁绍之地裂兵亡⑤，可为灵龟明鉴也。

〔注释〕

①贤俊:才德出众。

②顽鲁:顽劣愚钝。

③赵王之戮,父实使之:赵王,指汉高祖刘邦之子赵王如意。如意为刘邦宠姬戚姬所生,戚姬欲使如意取代太子,日夜在高祖面前啼泣。太子因大臣及留侯之计才没被废。刘邦死后,吕后囚禁了戚夫人并鸩杀了赵王。事见《史记·吕太后本纪》。

④刘表之倾宗覆族:东汉末期荆州牧刘表,偏爱次子刘琮,长子刘琦遂外出避难。刘表患病,立刘琮为嗣。曹操发兵攻打荆州,刘琦逃到江南,刘琮举州投降曹操,荆州遂没。事见《后汉书·刘表传》。

⑤袁绍之地裂兵亡:东汉末期冀州牧袁绍,有三子袁谭、袁熙、袁尚,而偏爱少子袁尚。袁绍死后袁谭和袁尚为了争权互相攻击,被曹操各个击破。袁谭被杀,袁尚与袁熙败走辽东,也被杀死。见《后汉书·袁绍传》。

〔译文〕

人们爱自己的几个孩子,也很少能做到一视同仁;从古至今,因为这而产生的弊病太多了。才德出众的固然值得赏识喜爱,顽劣愚钝的也应当加以怜惜才是。偏爱某个孩子,虽然本意是想厚待他,却往往因此害了他。共叔段的死,实际上是他母亲造成的。赵王如意被杀,实际上是他父亲造成的。刘表的宗族覆灭,袁绍的兵败地失,都可以引以为戒啊。

齐朝有一士大夫,尝谓吾曰:“我有一儿,年已十七,颇晓书疏①,教其鲜卑语及弹琵琶,稍欲通解②,以此伏事公卿③,无不宠爱,亦要事也。”吾时俛而不答④。异哉,此人之教子也!若由此业,自致卿相,亦不愿汝曹为之。

〔注释〕

①书疏:六朝人习用语,书奏,信札。

②通解:通晓理解。

③伏事:指在朝廷或官员属下任职。伏,同“服”。

④俛:同“俯”。屈身,低头。

〔译文〕

齐朝有一名士大夫,曾对我说:“我有一个儿子,已经十七岁了,通晓书奏之事;教给他鲜卑语以及弹琵琶,渐渐也快掌握了。靠这个去服侍公卿,没有不喜爱他的。这也是重要的事情啊。”我当时低头没有作答。此人教育儿子的方法真是令人诧异啊!如果要靠这种技能,即使做到官至卿相,我也不愿意你们去做。

兄弟第三

〔题解〕

兄弟关系是儒家传统的人伦关系之一。本篇作者论述了兄弟之间相处的问题,认为兄弟之间年少时相亲相爱,但结婚成家后因为妻子仆妾的原因,兄弟之间的感情往往变淡。而兄弟之间不和睦则会导致子侄、族人甚至僮仆之间关系疏远、感情冷淡,外人也会因此而欺负他们。这是作者从维护封建大家庭角度的考虑。另外,作者推崇赞赏“兄友弟恭”这一儒家的理想状态无可非议,但他把兄弟纷争都归咎于妻妾妯娌,则有失偏颇。

夫有人民而后有夫妇,有夫妇而后有父子,有父子而后有兄弟：一家之亲，此三而已矣。自兹以往，至于九族[①]，皆本于三亲焉，故于人伦为重者也，不可不笃[②]。兄弟者，分形连气之人也。方其幼也，父母左提右挈，前襟后裾[③]，食则同案，衣则传服[④]，学则连业[⑤]，游则共方[⑥]，虽有悖乱之人，不能不相爱也。及其壮也，各妻其妻，各子其子，虽有笃厚之人，不能不少衰也。娣姒之比兄弟[⑦]，则疏薄矣[⑧]；今使疏薄之人，而节量亲厚之恩[⑨]，犹方底而圆盖，必不合矣。惟友悌深至[⑩]，不为旁人之所移者，免夫！

〔注释〕

①九族：以自己为本位，上推至四世之高祖，下推至四世之玄孙，为九族。

②笃：深厚。

③裾（jū）：衣服的前后襟，亦泛指衣服的前后部分。

④传服：大孩子穿过的衣服再给小孩子穿。

⑤连业：兄长用过的经籍弟弟接着用。业，书写经典的大版。

⑥共方：同一方向。

⑦娣姒（dìsì）：妯娌。兄妻为姒，弟妻为娣。

⑧疏薄：疏远淡薄。

⑨节量：节制度量，限量。

⑩友悌：（能与）兄弟相友爱。

〔译文〕

有了人类之后就有了夫妇，有了夫妇之后就有了父子，有了父子之后就有了兄弟：一家中的亲缘关系，也就是这三种而已。自此之后，直到九族，都肇始于这三种亲缘关系。所以这三种关系对于人伦而言非常重要，不能不加以重视。兄弟，是形体各异而气息相通的人。在他们小的时候，父母左手牵一个，右手拉一个，这个拽着父母衣服的前襟，那个拉着父母衣服的后摆；他们在同一张桌上吃饭，衣服大的穿过了传给小的，书籍大的用过了小的接着用，外出求学也是去同一个地方，这样即使有忤逆之辈，也不能不相亲相爱啊。等到他们成年后，各自娶了妻，生了子，即使是忠实厚道的人，兄弟间的感情也不能不有所减退。妯娌相比兄弟，关系就疏远淡薄了；现在让关系疏远淡薄的人，来节制度量深厚的兄弟感情，就像把一个底部是方的容器扣上一个圆形的盖子，肯定是合不上了。只有那种感情至深、不易被旁人所动摇的兄弟，才能避免这种情况！

二亲既殁[①]，兄弟相顾，当如形之与影，声之与响；爱先人之遗体[②]，惜己身之分气[③]，非兄弟何念哉[④]？兄弟之际，异于他人，望深则易怨，地亲则易弭[⑤]。譬犹居室，一穴则塞之，一隙则涂之，则无颓毁之虑；如雀鼠之不恤[⑥]，风雨之不防，壁陷楹沦，无可救矣。仆妾之为雀鼠，妻子之为风雨，甚哉！

〔注释〕

①殁（mò）：死，去世。

②遗体：子女的身体为父母所生，因称子女的身体为父母的“遗体”。

③分气：谓分得父母血气。

④念：爱怜。

⑤弭（mǐ）：止息。

⑥雀鼠：粟鼠，大鼠。

〔译文〕

双亲去世后，兄弟之间互相照顾，应当像身体和影子、声音和回响一样；爱惜先人所给予自己的身体，珍惜自己分得的父母血气，除了兄弟，还有什么值得爱怜的？兄弟之间的关系，和其他人不同，期望过高就容易产生不满，而关系亲密的话有了怨气也容易止息。就像房屋一样，出现一个洞立即堵住它，有了一条裂缝就及时涂刷好，这样就不会有坍塌毁坏的担心了；假如不提防大老鼠的破坏，风雨的侵蚀，一旦墙壁、柱子倒塌，就无可挽救了。奴仆婢妾就好像是大老鼠，妻子就好像是风雨，而他们的危害可能更加严重！

兄弟不睦，则子侄不爱；子侄不爱，则群从疏薄①；群从疏薄，则僮仆为仇敌矣。如此，则行路皆踖其面而蹈其心②，谁救之哉？人或交天下之士，皆有欢爱，而失敬于兄者，何其能多而不能少也！人或将数万之师，得其死力，而失恩于弟者③，何其能疏而不能亲也！

〔注释〕

①群从：堂兄弟及诸子侄。

②踖（jí）：践踏，跨越。蹈：踩，践踏。

③失恩：谓不顾恩义。

〔译文〕

兄弟不和睦，子侄之间就不会互相关爱；子侄不互相关爱，堂兄弟及同族的其他子弟就会关系疏远，感情淡薄，僮仆之间就更加敌对仇视了。这样的话，路人都会来欺负他们，谁还会来救他们呢？有的人能结交到天下的名士，对他们都满心欢悦与喜爱，却不尊敬自己的兄长。为什么能和那么多外人相处融洽却不能和自己为数不多的兄长们友好相处呢！有的人统率数万人的军队，部下都能为他拼死效力，却对自己的弟弟不顾恩义。为什么能爱护他人却不能爱护自己的弟弟呢！

娣姒者，多争之地也，使骨肉居之，亦不若各归四海，感霜露而相思[①]，伫日月之相望也[②]。况以行路之人，处多争之地，能无间者鲜矣。所以然者，以其当公务而执私情，处重责而怀薄义也[③]；若能恕己而行[④]，换子而抚，则此患不生矣。

〔注释〕

①感霜露而相思：源于《诗经·秦风·蒹葭》："蒹葭苍苍，白露为霜；所谓伊人，在水一方。"

②伫日月之相望：《文选》李陵《与苏武诗》："安知非日月，弦望自有时。"伫，久立。

③薄义：薄情寡义，形容人冷酷无情，刻薄自私。

④恕己：谓扩充自己的仁爱之心。

〔译文〕

妯娌之间，最容易产生纷争；与其让手足兄弟置身于这种是非之地，不如让他们各自住在不同地方，这样他们就会因霜露的降临而彼此思念，伫立观望日月的运行而期待相聚的日子。何况妯娌本来彼此就是陌生人，处于是非之地，彼此之间不产生隔阂的很少。之所以这样，是因为他们在处理家庭公共事务的时候却怀有私心，肩负家庭重任却薄情寡义；如果都能心怀仁爱去处理事情，像对待自己的孩子一样去对待子侄，那么就不会有这种弊病了。

人之事兄，不可同于事父[①]，何怨爱弟不及爱子乎？是反照而不明也[②]！沛国刘琎[③]，尝与兄瓛连栋隔壁[④]，瓛呼之数声不应，良久方答；瓛怪问之，乃曰："向来未着衣帽故也[5]。"以此事兄，可以免矣。

〔注释〕

①不可同于事父：意即不肯同于事父。《尔雅·释言》："猷，肯，可也。"

②反照而不明：意思是没有将这二者进行对比，所以没有弄清楚。反照，返回映照，此处指没有将两件事比照来看。

③沛国：古地名。治所在今安徽濉溪西北。刘琎：字子璥，沛国相（今安徽濉溪西北）人。南朝齐散文家。

④瓛（huán）：刘瓛，字子珪，刘琎兄。连栋：房间紧挨着。

⑤向来：刚才。

〔译文〕

人们不肯像侍奉父亲一样去侍奉兄长，为什么还要抱怨兄长爱自己的弟弟不如爱自己的孩子呢？这是因为没有将这二者进行对比，所以没有弄清楚啊！沛国人刘琎，曾经和兄长刘瓛住一起，房间只隔着一面墙；有一次刘瓛呼叫他，叫了好几声他也不应答，过了好一会儿才应答。刘瓛很奇怪，就问他原因，他答道："是我刚才没穿戴好衣帽的缘故。"以这样的态度来侍奉兄长，就不必担心兄长对待弟弟不如对待他自己的孩子了。

江陵王玄绍[1]，弟孝英、子敏，兄弟三人，特相爱友，所得甘旨新异[2]，非共聚食，必不先尝，孜孜色貌[3]，相见如不足者。及西台陷没[4]，玄绍以形体魁梧，为兵所围，二弟争共抱持，各求代死，终不得解，遂并命尔[5]。

〔注释〕

①江陵：今湖北荆州。王玄绍：人名，其事不详。

②甘旨：美味的食物。

③孜孜：和乐的样子。

④西台：即江陵，因其位置在西，故名。

⑤并命：相从而死。

〔译文〕

江陵人王玄绍，有两个弟弟孝英、子敏，兄弟三人非常友爱。所得到的美味新奇的食物，除非大家一起吃，不然肯定没人先吃。他们在一起开心和乐的样子，仿佛在一起的时间总是不够。江陵沦陷时，王玄绍因为形体魁梧被敌兵包围，两个弟弟上前抱住他，都争着请求代他去死，但最终没能够免除厄运，兄弟三人一起被害。

后娶第四

〔题解〕

后娶，即丧妻后再娶。对此作者是持审慎甚至否定态度的。因为继母往往虐待前妻之子、离间父子感情，因此而导致父不慈子不孝、兄弟反目成仇的后果，即使贤人也无法避免。因此他告诫自己的子孙："慎之哉！慎之哉！"与之相反的是，作者看到江东地区在丧妻后由侍妾来主持家中事务，侍妾因为名分限制，反而很少发生兄弟争斗的丑事。颜之推的此种阅历及由此形成的观念，都带有封建宗法制和男权社会的印迹。

吉甫①，贤父也，伯奇②，孝子也。以贤父御孝子，合得终于天性。而后妻间之③，伯奇遂放。曾参妇死④，谓其子曰："吾不及吉甫，汝不及伯奇。"王骏丧妻[5]，亦谓人曰："我不及曾参，子不如华、元[6]。"并终身不娶。此等足以为诫。其后，假继惨虐孤遗[7]，离间骨肉，伤心断肠者，何可胜数。慎之哉！慎之哉！

〔注释〕

①吉甫：尹吉甫，西周宣王时名臣。尹为官名。

②伯奇：尹吉甫之子。伯奇母早亡，因后妻谮毁，尹吉甫放伯奇于野。

③间(jiàn)：离间。

④曾参：即曾子，名参，字子舆，春秋末期鲁国武城(今山东嘉祥)人。孔子弟子，儒家学派重要代表人物。

⑤王骏：西汉名臣王吉之子，琅琊皋虞(今青岛即墨)人。汉成帝时任京兆尹。

⑥华、元：曾华和曾元，曾子的两个儿子。

⑦假继：后母，继母。

〔译文〕

尹吉甫是位贤父，伯奇是位孝子，以贤父来管教孝子，应当能做到父慈子孝的。然而因为尹吉甫后妻的离间，伯奇竟被父亲赶出家门。曾参的妻子去世后，曾参对自己的儿子说："我比不上吉甫，你也比不上伯奇，所以我不再娶妻了。"王骏在妻子去世后，也对人说："我不如曾参，我的儿子也不如曾华和曾元，所以我也不再娶妻。"他们都终身没有再娶。这些足可让人引以为戒。在他们之后，继母残忍地虐待没妈的孩子、离间父子关系，令人伤心断肠的事例，数不胜数。所以对再娶这件事，一定要慎重！一定要慎重！

江左不讳庶孽[1]，丧室之后[2]，多以妾媵终家事[3]；疥癣蚊虻[4]，或未能免；限以大分[5]，故稀斗阋之耻[6]。河北鄙于侧出[7]，不预人流[8]，是以必须重娶，至于三四，母年有少于子者。后母之弟，与前妇之兄，衣服饮食，爰及婚宦[9]，至于士庶贵贱之隔，俗以为常。身没之后，辞讼盈公门[10]，谤辱彰道路[11]，子诬母为妾，弟黜兄为佣，播扬先人之辞迹[12]，暴露祖考之长短[13]，以求直己者[14]，往往而有。悲夫！自古奸臣佞妾，以一言陷人者众矣！况夫妇之义，晓夕移之，婢仆求容[15]，助相说引[16]，积年累月，安有孝子乎？此不可不畏。

〔注释〕

①江左：六朝人称江东为江左。庶孽：封建社会称妾所生子女为庶孽。

②丧室：妻室丧亡。

③妾媵(yìng)：古代诸侯贵族女子出嫁，以侄娣从嫁，称媵。后因以"妾媵"泛指侍妾。

④疥癣："疥""癣"都是皮肤表面的疾病，常用来比喻有关痛痒，但无碍生命的小问题。蚊虻：一种危害牲畜的虫类，亦指蚊子。

⑤分：名分，本分。

⑥斗阋(xì)：争斗。阋，争斗。

⑦河北：泛指黄河以北的地区。侧出：妾婢所生。

⑧不预人流：预，参与，参加。人流，指有某种社会地位的同类人。

⑨爰及：至于。

⑩辞讼：诉讼。

⑪谤辱：责骂，辱骂。

⑫辞迹：遗言。

⑬祖考：祖先。

⑭直己：谓自身守正不阿。

⑮求容：取悦。

⑯说(shuì)引：诱引。

〔译文〕

江东地区不忌讳妾室所生的子女，妻室丧亡之后，大多让侍妾来主持家中事务。家中有时难免一些鸡毛蒜皮的小事，但侍妾因为有名分限制，所以很少发生兄弟争斗的丑事。河北地区则看不起侍妾生的孩子，不给他们平等的社会地位；所以丧妻之后必须再娶，甚至娶三四次后，继母有比前妻的子女还年轻的。继母所生的儿子与前妻所生的儿子，在衣服饮食以至结婚、做官方面，都有着像士族与庶族、贵与贱那样的区别，而世俗对此习以为常。男主人去世之后，家庭纠纷往往闹到公堂，彼此公开辱骂，前妻之子谩骂继母是侍妾，后妻之子贬斥哥哥为佣人，他们到处传布亡父的遗言，暴露祖先的是非，以显示自己的正直不阿。这种事情经常发生。可悲啊！自古以来，奸臣佞妾以一句话就把人陷害了的事太多了！何况以夫妇的情义，后妻可以朝夕吹耳边风来影响丈夫，婢仆们为了取悦主人，也相帮着诱引，积年累月，哪里还能有孝子呢？这种情况不能不令人忧虑。

凡庸之性[①]，后夫多宠前夫之孤，后妻必虐前妻之子；非唯妇人怀嫉妒之情，丈夫有沉惑之僻[②]，亦事势使之然也[③]。前夫之孤，不敢与我子争家，提携鞠养[④]，积习生爱，故宠之；前妻之子，每居己生之上，宦学婚嫁[⑤]，莫不为防焉，故虐之。异姓宠则父母被怨[⑥]，继亲虐则兄弟为仇[⑦]，家有此者，皆门户之祸也。

〔注释〕

①凡庸：平庸的人。

②沉惑：迷惑。僻：通“癖”。嗜好。

③事势：情势，形势。

④提携：照顾，扶植。鞠养：抚养，养育。

⑤宦学：谓学习仕宦所需的各种知识。

⑥异姓：指前夫之子。

⑦继亲：指后母。

〔译文〕

普通人的性情，后夫大多宠爱前夫的孩子，后妻则必定虐待前妻的子女；这不只是因为妇人容易心生嫉妒，男人容易听信后妻，也是情势的发展使得他们这样。前夫的遗孤，不敢同自己的儿子争夺家业，后父从小照顾养育他，时间久了就会产生感情，所以后夫就宠爱前夫之子；前妻的子女，地位往往在自己所生的孩子之上，在学业婚嫁各种事上，处处要防备，所以后母往往虐待前妻之子。前夫的孩子得宠，父母就会遭到亲生子女的怨恨；后母虐待前妻的儿子，兄弟之间就会反目成仇。家里有这些情况的，都是家庭的灾难啊。

思鲁等从舅殷外臣①，博达之士也②。有子基、谌，皆已成立③，而再娶王氏。基每拜见后母，感慕呜咽④，不能自持⑤，家人莫忍仰视。王亦凄怆，不知所容，旬月求退⑥，便以礼遣⑦，此亦悔事也⑧。

〔注释〕

①思鲁：字孔归，颜之推长子。从舅：母亲的叔伯兄弟。殷外臣：颜之推之妻兄弟。史籍无考。

②博达：博学通达。

③成立：成人，成长自立。

④感慕：感念仰慕。

⑤自持：自我克制。

⑥旬月：十天至一个月，指较短的时日。退：谓解除或撤销先前的约定。

⑦遣：古代指丈夫休弃妻子。

⑧悔事：引以为憾的事。

〔译文〕

思鲁等人的从舅殷外臣，是博学通达之人。有两个儿子殷基、殷谌，都已经成人。殷外臣续弦再娶了王氏，殷基每次拜见后母，都因思念自己的生母而悲伤，呜咽得克制不住自己，家里人都不忍心抬头看他。王氏也很凄切，不知道该怎么办，不到一个月就请求退婚；殷外臣只好依礼把她休回娘家。这也是件让人遗憾的事情啊。

《后汉书》曰[①]："安帝时[②]，汝南薛包孟尝[③]，好学笃行[④]，丧母，以至孝闻[⑤]。及父娶后妻而憎包，分出之。包日夜号泣，不能去，至被殴杖。不得已，庐于舍外[⑥]，旦入而洒扫。父怒，又逐之，乃庐于里门[⑦]，昏晨不废[⑧]。积岁余，父母惭而还之。后行六年服，丧过乎哀[⑨]。既而弟子求分财异居，包不能止，乃中分其财[⑩]。奴婢引其老者[⑪]，曰：'与我共事久，若不能使也。'田庐取其荒顿者[⑫]，曰：'吾少时所理，意所恋也。'器物取其朽败者[⑬]，曰：'我素所服食[⑭]，身口所安也[⑮]。'弟子数破其产，还复赈给[⑯]。建光中[⑰]，公车特征[⑱]，至拜侍中[⑲]。包性恬虚[⑳]，称疾不起，以死自乞。有诏赐告归也[㉑]。"

〔注释〕

①《后汉书》：南朝宋历史学家范晔编撰的纪传体史书，记载了上起光武

帝建武元年(25)下至汉献帝建安二十五年(220)共195年的史事。

②安帝:即汉安帝刘祜,东汉第六位皇帝,106—125年在位。

③汝南:汉代郡名,治所在今河南汝南。薛包孟尝:薛包,字孟尝,东汉汝南人,以孝著称。

④笃行:行为淳厚,纯正踏实。

⑤至孝:谓极尽孝道。

⑥庐:居住。

⑦里门:闾里的门。古代同里的人家聚居一处,设有里门。

⑧昏晨不废:昏定晨省的礼节不懈怠。昏晨,"昏定晨省"的省略语,为旧时子女侍奉父母的日常礼节,晚间安排床衽,服侍就寝,早上省视问安。废,旷废,懈怠。

⑨行六年服,丧过乎哀:封建社会,父母死,子行三年服,薛包行六年服,故曰"丧过乎哀"。

⑩中分:均分。

⑪引:抽取,取用。

⑫荒顿:犹荒废。

⑬朽败:腐烂,朽坏。

⑭服食:衣着食物。

⑮身口:身体和口腹。

⑯还复:仍然。赈给:救济施与。

⑰建光:汉安帝刘祜的第四个年号,121—122年。

⑱公车:汉代官署名。为卫尉的下属机构,设公车令,掌管宫殿司马门的警卫,天下上书及征召等事宜,经由此处受理。后以指此类官署。特征:特别征召,别于平常的乡举里选。

⑲侍中:古代职官名。秦始置,两汉沿置,为正规官职外的加官之一。因侍从皇帝左右,出入宫廷,与闻朝政,逐渐变为亲信贵重之职。晋以后,曾相当于宰相。隋因避讳改称纳言,又称侍内。唐复称,为门下省长官,乃宰相之职。北宋犹存其名,南宋废。

⑳恬虚:恬淡冲虚。

㉑赐告:汉律,官二千石者病满三月当免。"赐告"谓皇帝优赐其假,准

其带印绶僚属归家治病。

〔译文〕

《后汉书》记载："汉安帝的时候，汝南有个人名叫薛包，字孟尝。他好学不倦，行为淳厚，母亲已经去世，他因为极其孝顺而闻名。他的父亲再娶之后就开始憎恶薛包，把他赶出家门。薛包日夜号啕大哭，不愿离开，竟至被父亲用棍棒殴打。他不得已，在家门外住下，每天一早仍进来洒扫。父亲生气，又驱赶他，薛包只好在里门外搭间小屋住下，但昏定晨省的礼节丝毫也不懈怠。这样过了一年多，父母对自己的行为感到惭愧，就让他回家了。父母死后，薛包服了六年丧，这个时间远远超过了丧礼的规定。不久他弟弟的儿子要求分家另起炉灶，薛包劝阻不了，就均分了家中的财产。奴婢他抽取了一些年老的，说：'他们和我共事的时间长，你使唤不了他们。'田地和房屋他择取了那些荒废的，说：'这些都是我年轻时耕作建造的，对它们有感情。'器物他选取了那些已经朽坏的，说：'这些是我平时用的，已经用习惯了。'分家后弟弟的儿子几次破产，薛包仍然去接济他。建光年间，公车署特地征召薛包，任命他为侍中。但薛包生性恬静淡泊，他借口生病无法出任，请求归家终老。最终皇帝下诏，优待他带职告病归家。"

治家第五

〔题解〕

"修身、齐家、治国、平天下"是古代知识分子的人生信条，其中"齐家"(即治家)是"治国"的前提，可见其重要性。如何治家？作者强调要重视榜样的作用，因为风化的形成，是上行而下效的；

治家应宽严适当，要节俭而不吝啬；不能让妇人参与政事、主持家政，即使是有见识的聪明才智之人，也只可以辅佐丈夫，牝鸡司晨必然会招致灾祸。对女性的歧视反映了颜之推的时代局限性，但即便如此，颜之推对当时生女不举、杀害骨肉的社会现象仍然持谴责态度。他还提出了要爱惜书籍、不要求神弄鬼、婚姻择偶要选家世清白的，而不是以家世地位、聘礼多少为标准，等等。

夫风化者①，自上而行于下者也，自先而施于后者也②。是以父不慈则子不孝，兄不友则弟不恭③，夫不义则妇不顺矣。父慈而子逆，兄友而弟傲，夫义而妇陵④，则天之凶民⑤，乃刑戮之所摄⑥，非训导之所移也。

〔注释〕

①风化：犹风教，风气。
②施（yì）：延续，延伸。
③友：亲近相爱。
④陵：侵犯，欺侮。
⑤凶民：凶顽之民。
⑥刑戮：指各种刑罚。摄：通“慑”。畏惧，威胁。

〔译文〕

所谓风教，是从上面推行到下面，由前人影响到后人的。所以父亲不慈爱子女就不会孝顺，兄长不友爱弟弟就不会恭敬，丈夫不仁义妻子就不会温顺。假如父亲慈爱而子女悖逆不孝，兄长友爱而弟弟倨傲无礼，丈夫仁义而妻子凶恶蛮横，那么这些人就是天生的凶顽之民，是刑罚才能慑服的，而不是教育训诫所能改变的。

笞怒废于家，则竖子之过立见①；刑罚不中，则民无所措手足②。治家之宽猛，亦犹国焉。

〔注释〕

①笞怒废于家，则竖子之过立见：语出《吕氏春秋·荡兵》："家无怒笞则竖子婴儿之有过也立见。"竖子，指小孩。见，通"现"。显现，显露。

②刑罚不中，则民无所措手足：出自《论语·子路》篇。中，合适，恰当。措，安放。

〔译文〕

如果在家里取消责打体罚，那么小孩子的过错立刻就会出现；如果国家的刑罚不合适，那么百姓就会不知所措。治家的宽与严要适当，就像治理国家一样。

孔子曰："奢则不孙，俭则固；与其不孙也，宁固①。"又云："如有周公之才之美，使骄且吝，其余不足观也已②。"然则可俭而不可吝已。俭者，省约为礼之谓也③；吝者，穷急不恤之谓也④。今有施则奢，俭则吝；如能施而不奢⑤，俭而不吝，可矣。

〔注释〕

①"奢则不孙(xùn)"数句：语出《论语·述而》篇。孙，同"逊"。谦顺，恭顺。固，鄙陋。

②"如有周公"数句：语出《论语·泰伯》篇。周公，姬姓，名旦，周文王姬昌之子，周武王姬发之弟。因采邑在周，故称周公。西周初期杰出的政治家、军事家、思想家、教育家。曾辅佐武王伐纣，后辅佐成王，平定叛乱，并制礼作乐。

③省约：简约，简省。

④穷急:穷困急迫,亦指穷困之人。恤:周济,救济。

⑤施:给予,施舍。

〔译文〕

孔子说:“生活奢侈就会不谦逊恭顺,生活节俭就会庸俗浅薄,与其不谦逊恭顺,宁可庸俗浅薄一些。”又说:“即使有周公那样的才能与美德,假如他既骄傲又吝啬,那么其他的方面也不值得一提了。”这样看来,就是可以节俭却不可以吝啬。俭,是指简省而又符合礼法;吝,是指不愿周济穷困之人。如今有的人肯施舍却又过于奢侈,有的人节俭却过于吝啬;如果能做到肯施舍而不奢侈,能节俭而不吝啬,就可以了。

生民之本[①],要当稼穑而食[②],桑麻以衣[③]。蔬果之畜[④],园场之所产;鸡豚之善[⑤],埘圈之所生[⑥]。爰及栋宇器械[⑦],樵苏脂烛[⑧],莫非种殖之物也[⑨]。至能守其业者,闭门而为生之具以足,但家无盐井耳。今北土风俗,率能躬俭节用,以赡衣食[⑩];江南奢侈,多不逮焉[⑪]。

〔注释〕

①生民:养民。

②要当:自当,应当。稼穑:耕种和收获,也泛指农业劳动。

③桑麻:泛指农作物或农事。

④畜(xù):积蓄的财物。

⑤鸡豚(tún):鸡和猪,也指古时农家所养禽畜。善:通“膳”。膳食。

⑥埘(shí):凿垣为鸡窝曰“埘”,亦指在墙上凿的鸡窝。

⑦栋宇:房屋的正中和四垂,也指房屋。栋,屋的正梁。宇,屋檐。

⑧樵苏:柴草。樵,柴薪。苏,薪草,柴火。脂烛:古人用麻蒉灌以脂油,燃之照明,是为脂烛。

⑨殖：通“植”。

⑩赡：满足。

⑪逮：及得上，比得上。

〔译文〕

百姓生存的根本，是通过农业劳动解决吃饭和穿衣的问题。蔬菜水果，是田园里种植的；鸡和猪等，是鸡窝、猪圈里饲养的。至于房屋器械、柴草脂烛等，全部来源于种植之物。那些能守住家业的人，不需要出门生活必需品也够了，家里只是没有盐井而已。如今北方的风俗，百姓基本都能够力行勤俭节约，以满足衣食之需；而江南地区民风奢侈，这方面大多比不上北方。

梁孝元世[①]，有中书舍人[②]，治家失度[③]，而过严刻，妻妾遂共货刺客[④]，伺醉而杀之。

〔注释〕

①梁孝元：南北朝时期南朝梁孝元帝萧绎。字世诚，小字七符，自号金楼子，南兰陵（今江苏常州）人。梁武帝萧衍之子，梁简文帝萧纲之弟。谥号孝元皇帝。

②中书舍人：官名。中书省的属官，掌撰拟、缮写之事。

③失度：犹言失去法度。

④货：贿赂，买通。

〔译文〕

梁代孝元帝的时候，有一位中书舍人，因治家不得法，过于严厉苛刻，他的妻、妾就一起买通了刺客，趁他喝醉酒时把他杀了。

世间名士[①]，但务宽仁；至于饮食饷馈[②]，僮仆减损，施惠然诺[3]，妻子节量[4]，狎侮宾客[5]，侵耗乡党[6]：此亦为家之巨蠹矣[7]。

〔注释〕

①名士：旧时指以学术诗文等著称的知名人士。

②饷馈：馈赠。

③然诺：然、诺皆应对之词，表示应允。引申为言而有信。

④节量：节制度量，限量。

⑤狎侮：轻慢侮弄。

⑥侵耗：侵吞克扣。乡党：同乡，乡亲。

⑦巨蠹：大蛀虫。比喻大奸或大害。

〔译文〕

世上的一些名士，治家一味地宽厚仁慈，以至于在家庭饮食、馈赠亲友、裁减僮仆、答应的施舍接济别人能否实施这些方面，都要受到妻子的把控，甚至做出轻慢侮弄宾客、侵吞克扣乡亲的事情：这也是家庭的大害了。

齐吏部侍郎房文烈[1]，未尝嗔怒，经霖雨绝粮[2]，遣婢籴米[3]，因尔逃窜。三四许日，方复擒之。房徐曰："举家无食，汝何处来？"竟无捶挞。尝寄人宅[4]，奴婢彻屋为薪略尽，闻之颦蹙[5]，卒无一言。

〔注释〕

①吏部侍郎：吏部为旧官制六部之一，主管官吏任免、考课、升降、调动等事。班列次序，在其他各部之上。长官为吏部尚书，侍郎为其长官之副。房文烈：《北史·房景伯传》载其位司徒左长史，性温柔，未尝嗔怒。

②霖雨：连绵大雨。霖，久雨。

③籴(dí):买进谷物。

④寄人宅:以宅寄人。寄,委托,托付。

⑥颦蹙:皱眉蹙额。颦,皱眉。蹙,常指眉头皱拢。

〔译文〕

齐朝的吏部侍郎房文烈,从来不曾发怒过。有一次连续下了几天大雨,家里断了粮,派奴婢出去买米,奴婢却趁此机会逃走了。过了三四天,才把她抓了回来。房文烈语气和缓地说:“全家人都没有吃的,你跑到哪里去了?”竟然没有责罚她。房文烈曾把住宅借给别人住,结果这家的奴婢把房子拆了来当柴烧,几乎都拆完了。房文烈听到后也只是皱皱眉头,最终没有说一句话。

裴子野有疏亲故属饥寒不能自济者①,皆收养之;家素清贫,时逢水旱,二石米为薄粥,仅得遍焉,躬自同之②,常无厌色。邺下有一领军③,贪积已甚,家童八百,誓满一千;朝夕每人肴膳,以十五钱为率④,遇有客旅,更无以兼。后坐事伏法⑤,籍其家产⑥,麻鞋一屋,弊衣数库,其余财宝,不可胜言。南阳有人⑦,为生奥博⑧,性殊俭吝。冬至后女婿谒之,乃设一铜瓯酒⑨,数脔獐肉⑩;婿恨其单率⑪,一举尽之。主人愕然,俯仰命益⑫,如此者再。退而责其女曰:“某郎好酒⑬,故汝常贫。”及其死后,诸子争财,兄遂杀弟。

〔注释〕

①裴子野:字几原,河东闻喜(今山西闻喜)人,南朝著名史学家、文学家,裴松之曾孙,官至鸿胪卿。

②躬自:自己,亲自。

③邺下：古时邺城的别称，在今河北临漳。领军：官名。东汉末曹操为丞相时所设，为相府属官，后更名中领军。魏、晋时改称领军将军，均统率禁军。南朝沿设，北朝略同。与护军将军或中护军同掌中央军队，为重要军事长官之一。

④率（lǜ）：标准，限度。

⑤坐事：因事获罪。伏法：依法被处死刑。

⑥籍：登记家财，予以没收。

⑦南阳：治所在今河南南阳。

⑧奥博：谓深藏广蓄，积累富厚。

⑨瓯（ōu）：杯、盅之类的饮具。

⑩脔（luán）：量词，用于块状的鱼肉。

⑪单率（lǜ）：苟简。

⑫俯仰：周旋，应付。

⑬郎：女婿。

〔译文〕

裴子野有些远亲和以前的部下，他们无法养活自己，裴子野就都收养了他们。他家向来清贫，当时正赶上旱涝灾害，用两石米做成稀粥，也仅仅能给每人分上一份；他自己也和大家一样，而且从没流露出厌烦的神色。邺下有位领军将军，贪得无厌，家里已经有八百奴仆，还发誓要弄满一千；每人一天的膳食费，以十五文钱为标准，有客人来也不另外增加。他后来因犯罪被处死，抄没他家的财产时发现，麻鞋有一屋子，破衣服有好几仓库，其余的财宝多得数不清。南阳有个人，家业殷实富足，但为人却非常吝啬。有一次女婿在冬至日来看他，他只摆上一铜瓯酒和几块獐肉来招待；女婿怨恨他招待过于草率简陋，把酒肉一下子全吃光了。主人很惊讶，只好应付着让人添酒加菜，就这样添加了两次。等退下后他责备女儿说："你夫婿太好酒，所以你总是受穷。"等他死后，他的几个儿子争夺家产，哥哥还把弟弟杀了。

妇主中馈[①],惟事酒食衣服之礼耳,国不可使预政,家不可使干蛊[②]。如有聪明才智,识达古今,正当辅佐君子[③],助其不足,必无牝鸡晨鸣[④],以致祸也。

〔注释〕

①中馈:家中供膳诸事。

②干(gàn)蛊:主事,办事。

③君子:旧时妻对夫之称。

④牝(pìn)鸡晨鸣:母鸡报晓。旧时比喻妇女窃权乱政。牝,雌性鸟兽。

〔译文〕

妇人主持家务,只是负责酒食衣服等方面的礼仪而已,国家不能让她们参与政事,家庭也不能让她们主持家政。如果她们确实富有聪明才智,见识能洞达古今,那么正应当辅佐丈夫,辅助其不足之处,一定不能如母鸡报晓一般窃权乱政,从而招致灾祸。

江东妇女[①],略无交游[②],其婚姻之家[③],或十数年间,未相识者,惟以信命赠遗[④],致殷勤焉[⑤]。邺下风俗,专以妇持门户,争讼曲直[⑥],造请逢迎[⑦],车乘填街衢[⑧],绮罗盈府寺[⑨],代子求官,为夫诉屈。此乃恒、代之遗风乎[⑩]?南间贫素[⑪],皆事外饰,车乘衣服,必贵齐整[⑫],家人妻子,不免饥寒。河北人事[⑬],多由内政[⑭],绮罗金翠,不可废阙[⑮],羸马悴奴[⑯],仅充而已;倡和之礼[⑰],或尔汝之[⑱]。

〔注释〕

①江东:长江在芜湖、南京间作西南、东北流向,隋唐以前,是南北往来

主要渡口所在的江段，习惯上称自此以下的长江南岸地区为江东。

②交游：交际，结交朋友。

③婚姻之家：亲家，有婚姻关系的亲戚。

④信命：使者传送的命令或书信。赠遗（wèi）：赠送，赠给。

⑤殷勤：衷情，心意。

⑥争讼：因争论而诉讼。曲直：是非，有理无理。

⑦造请：登门晋见。逢迎：迎接，接待。

⑧车乘：乘坐的车或作战的车。

⑨绮罗：穿着绮罗的人，多为贵妇、美女之代称。府寺：泛指高级官员的府邸或官署。

⑩恒、代遗风：北魏鲜卑族旧俗。拓跋魏建都平城县（今山西大同），县属代郡，郡属恒州，故以“恒、代遗风”谓鲜卑旧俗。

⑪贫素：清贫，寒素。

⑫齐整：端正，漂亮。

⑬河北：泛指黄河以北地区。人事：说情请托，交际应酬。

⑭内政：借指妻子。

⑮废阙：指缺漏。

⑯羸（léi）：指瘦马。悴（cuì）：枯萎，憔悴。

⑰倡和：此指夫唱妇随。

⑱尔汝：古代尊长对卑幼者的称呼，引申为轻贱之称。

〔译文〕

江东地区的妇女，完全没有交际活动，亲家之间有的十多年了彼此还互不认识，平时只是靠遣人问候、致信或者馈赠礼品来表达自己的心意。而邺下的风俗，是专门由妇人当家，她们争辩是非，应酬交际；妇女们乘坐的车辆塞满了街道，身着绫罗绸缎的贵妇们挤满了官署；妇人们或者代子谋求官职，或者为夫申诉冤屈。这大概是恒、代地区的鲜卑族旧俗吧？南方地区即使清贫寒素的人家，也都注重修饰外表，乘坐的车子和所穿的衣服，一定要端正漂亮；可是家人和妻子儿女却难免受饥寒之苦。河北地区的交际应酬，大多由妻子出面，因此绫罗绸缎和金银珠宝都是不可或缺的，而家中瘦弱的老马和憔悴的奴婢，只是凑数罢了；本应夫唱妇随的夫妻之间，妻子有时甚至以“尔”“汝”来称呼丈夫。

河北妇人，织纴组紃之事①，黼黻锦绣罗绮之工②，大优于江东也。

〔注释〕

①织纴(rèn)：指织作布帛之事。纴，缯帛。组紃(xún)：丝绳带。组、紃均为绦子，薄、阔者为组，似绳者为紃。

②黼黻(fǔfú)：泛指礼服上所绣的华美花纹。锦绣：花纹色彩精美鲜艳的丝织品。罗绮：罗和绮，多借指丝绸衣裳。工：巧，精。

〔译文〕

河北地区的妇女，纺织编织的才能，刺绣织布的精巧程度，都远远胜过江南地区。

太公曰①：“养女太多，一费也。”陈蕃曰②：“盗不过五女之门。”女之为累，亦以深矣。然天生蒸民③，先人传体，其如之何？世人多不举女④，贼行骨肉⑤，岂当如此，而望福于天乎？吾有疏亲，家饶妓媵⑥，诞育将及，便遣阍竖守之⑦。体有不安，窥窗倚户，若生女者，辄持将去；母随号泣，使人不忍闻也。

〔注释〕

①太公：指姜子牙，亦作姜尚，商末周初人。姜姓，吕氏，名尚，一名望，

字子牙,或单呼牙,别号飞熊,因其先祖辅佐大禹平水土有功被封于吕,故以吕为氏,也称吕尚。

②陈蕃:字仲举,汝南平舆(今河南平舆北)人,东汉时期名臣。

③蒸民:众民,百姓。蒸,众。

④举:抚养。

⑤贼:杀戮,杀害。

⑥妓媵:姬妾。妓,家妓。

⑦阍(hūn)竖:守门的童仆。

〔译文〕

姜太公说:"养太多女儿,是一种浪费。"陈蕃说:"小偷不去偷有五个女儿的人家。"可见抚养女儿的拖累,也是太沉重了。然而天生众民,女儿也是父母留下的身体,又能拿她怎么办呢?世人大多不愿抚养女儿,甚至杀害自己的亲生骨肉,难道这么做了还指望上天赐福吗?我有个远方亲戚,家里姬妾众多,哪个姬妾快临产的时候,他就派僮仆去守着。孕妇身体一有反应,僮仆就从门窗往里窥视,如果生下来的是女孩,就立即抱走;女孩的母亲随之号啕大哭,让人不忍心听下去。

妇人之性,率宠子婿而虐儿妇[①]。宠婿则兄弟之怨生焉,虐妇则姊妹之谗行焉。然则女之行留[②],皆得罪于其家者,母实为之。至有谚曰:"落索阿姑餐[③]。"此其相报也。家之常弊,可不诫哉!

〔注释〕

①率(shuài):大概,一般。子婿:女婿。

②行:出嫁。留:留在娘家。

③落索:冷落,萧索。阿姑:丈夫的母亲,婆婆。

〔译文〕

妇人的性情，通常是宠爱女婿而虐待儿媳。宠爱女婿，就会使自己的儿子产生对姐妹的怨恨；虐待儿媳，又会使自己的女儿们趁机进谗。这样说来，那么女儿无论是在婆家还是在娘家，都会得罪家人的原因，实际上是母亲造成的。以致有谚语说："阿姑吃饭冷清清。"这是对她的报应啊。对这种家中常有的弊病，能不引以为戒吗！

婚姻素对①，靖侯成规②。近世嫁娶，遂有卖女纳财，买妇输绢，比量父祖③，计较锱铢④，责多还少，市井无异⑤。或猥婿在门⑥，或傲妇擅室⑦，贪荣求利，反招羞耻，可不慎欤？

〔注释〕

①素对：清白的配偶。

②靖侯：颜之推九世祖颜含，谥号靖侯。史载桓温曾求婚于颜含，被其拒绝。

③比量：比较。

④锱铢：比喻微利，极少的钱。

⑤市井：指商贾。

⑥猥婿：鄙贱之婿。

⑦擅室：独霸家政。

〔译文〕

婚姻要选清白的人家，这是先祖靖侯立下的规矩。而近代以来的嫁娶之事，简直就是卖女儿来捞钱，用钱去买媳妇；双方比较父祖辈的官阶地位，计较聘礼的多少，讨价还价，和商贾没什么两样。这些人家，要么找了猥琐鄙贱的女婿，要么找了擅权霸道的儿媳，他们贪图荣华追求利益，反而招致羞耻，对此能不慎重吗？

借人典籍，皆须爱护，先有缺坏，就为补治，此亦士大夫百行之一也[1]。济阳江禄[2]，读书未竟，虽有急速[3]，必待卷束整齐[4]，然后得起，故无损败，人不厌其求假焉[5]。或有狼藉几案，分散部帙[6]，多为童幼婢妾之所点污[7]，风雨虫鼠之所毁伤，实为累德[8]。吾每读圣人之书，未尝不肃敬对之；其故纸有《五经》词义[9]，及贤达姓名[10]，不敢秽用也。

〔注释〕

①百行：各种品行。

②济阳：治所在今河南兰考。江禄：字彦遐，济阳考城（今河南兰考东北）人。南朝梁人，位太子洗马，湘东王录事参军。幼时专心好学，善写文章。撰有《列仙传》十卷，行于世。

③急速：指仓促间发生的事。

④卷束：卷起捆束。唐代以前，书用卷子，数卷为一束，故称。

⑤求假：求借。

⑥部帙（zhì）：书籍的部次卷帙。部，门类，类别。帙，卷册，函册。

⑦点污：污损，弄脏。

⑧累德：对德行有损。

⑨《五经》：儒家典籍《诗经》《尚书》《礼经》《周易》《春秋》的合称。

⑩贤达：泛指有才德、有声望的人。

〔译文〕

借别人的典籍，都要加以爱护，即使在借来之前已有缺损，也要把它修补好，这也是士大夫应具备的品行之一。济阳人江禄，他读书还没读完的时候，即使有急事，也一定要把书卷起来捆束整齐之后才起身，所以不会把书籍损坏；别人也都不厌烦他来借书。有的人把书纵横散乱地放在几案上，部帙杂乱，而且往往被幼童、婢妾弄脏，被风雨虫鼠毁坏，这样实在是有损自己的德行。我每次读圣人的书，从没有不恭敬对待的；即使在旧纸上发现有《五经》的文辞、义理以及贤达的姓名，都不敢把它用在不干净的地方。

吾家巫觋祷请①，绝于言议；符书章醮②，亦无祈焉，并汝曹所见也。勿为妖妄之费③。

〔注释〕

①巫觋(xí)：古代称女巫为巫，男巫为觋，合称“巫觋”。祷请：祈求神佛等。

②符书：符箓。章醮(jiào)：拜表设祭。道教的一种祈祷形式。

③妖妄：指妖术，旁门左道。

〔译文〕

我家从来不提请巫觋祈求神鬼之事，也从不向道士求符箓设道场，这些都是你们所看到的。莫要把钱财浪费在这些旁门左道上。

卷　二

风操第六

〔题解〕

本篇为作者向子弟介绍士大夫家族应有的风度节操。他主要以儒家的经典《礼记》为依据，结合自己的所见所闻，论述了避讳、称谓、取名等几个方面应注意的问题，丧中、丧后的礼节，离别、待客的礼节，亲长遭遇官司和战争时晚辈应持有的礼节，等等；批评了那些有悖儒家伦理道德的做法，认为这些行为"不近人情，乃儒雅之罪人"。但同时作者又指出"礼缘人情，恩由义断"，遵守礼法是应该的，但也不可一味拘泥于礼的规定，应根据实际情况加以适当变通，从而避免一些迂腐荒唐之举。

吾观《礼经》①，圣人之教：箕帚匕箸②，咳唾唯诺③，执烛沃盥④，皆有节文⑤，亦为至矣。但既残缺，非复全书；其有所不载，及世事变改者，学达君子，自为节度⑥，相承行之，故世号士大夫风操⑦。而家门颇有不同，所见互称长短；然其阡陌⑧，亦自可知。昔在江南，目能视而见之，耳能听而闻之；蓬生麻中⑨，不劳翰墨⑩。汝曹生于戎马之间⑪，视听之所不晓，故聊记录，以传示子孙。

〔注释〕

①《礼经》:根据下文内容,知此处《礼经》为《礼记》。

②箕帚:以箕帚扫除,操持家内杂物。《礼记·曲礼上》:"凡为长者粪之礼,必加帚于箕上。以袂拘而退,其尘不及长者。以箕自向而扱之。"匕箸(zhù):指饮食。匕、箸皆为食具,匕为羹匙,箸为筷子。《礼记·曲礼上》:"毋扬饭,饭黍毋以箸,毋嚃羹。"

③咳唾:咳嗽吐唾液。《礼记·内则》:"在父母舅姑之所,有命之,应、唯敬对,进退、周旋慎齐,升降、出入、揖游不敢哕、噫、嚏、咳、欠、伸、跛、倚、睇视,不敢唾、洟。"唯诺:应答。《礼记·曲礼上》:"毋践屦,毋踖席,抠衣趋隅,必慎唯诺。""父召无诺,先生召无诺,唯而起。"

④执烛:《礼记·少仪》:"执烛,不让、不辞、不歌。"沃盥:浇水洗手。沃,浇,灌。盥,洗手,以手承水冲洗。《礼记·内则》:"进盥,少者奉盘,长者奉水,请沃盥;盥卒,授巾。问所欲而敬进之。"

⑤节文:谓制定礼仪,使行之有度。

⑥节度:规则,法则。

⑦风操:风度节操。

⑧阡陌:喻途径,门路。

⑨蓬生麻中:《荀子·劝学》:"蓬生麻中,不扶而直;白沙在涅,与之俱黑。"后比喻环境对人的影响。蓬,草名。麻,麻类植物的总名。

⑩翰墨:笔墨。此处或为"绳墨"之误。

⑪戎马:战乱,战争。

〔译文〕

我阅读《礼经》,看到了圣人的教导:如何为长辈洒扫、如何用餐、咳嗽吐痰注意什么、应答注意什么、如何执烛、如何伺候长辈盥洗等,都制定了礼仪规范,说得也很完备了。只是此书已残缺,不再是完整的本子;对于它上面没能记载的,以及随着世事变迁需要改变的行为,学问通达的君子就自己制定了规则,并世代相承来推行它，所以被世人称为“士大夫风操”。而各个家族有很大不同，对所见到的礼仪规范的优劣，看法也不相同，但其基本脉络还是可以知道的。从前我在江南地区的时候，这些礼仪规范都能够耳闻目睹得到；蓬草生在麻中间，不用绳墨就能长直。你们生在战乱的年代，这些东西没看到也没听说，所以我姑且记录下来，用来传给子孙后代看。

《礼》云："见似目瞿，闻名心瞿①。"有所感触，恻怆心眼②；若在从容平常之地，幸须申其情耳。必不可避，亦当忍之；犹如伯叔兄弟，酷类先人，可得终身肠断，与之绝耶？又："临文不讳，庙中不讳，君所无私讳③。"益知闻名，须有消息④，不必期于颠沛而走也⑤。梁世谢举⑥，甚有声誉，闻讳必哭，为世所讥。又有臧逢世⑦，臧严之子也⑧，笃学修行，不坠门风；孝元经牧江州⑨，遣往建昌督事⑩，郡县民庶，竞修笺书，朝夕辐辏⑪，几案盈积，书有称"严寒"者，必对之流涕，不省取记⑫，多废公事，物情怨骇⑬，竟以不办而退⑭。此并过事也⑮。

〔注释〕

①见似目瞿(jù)，闻名心瞿：文见《礼记·杂记下》。瞿，惊惧。

②恻怆：哀伤。心眼：心底，内心。

③临文不讳，庙中不讳，君所无私讳：文见《礼记·曲礼上》。郑玄注："君所无私讳，谓臣言于君前，不辟家讳，尊无二；临文不讳，为其失事正；庙中不讳，为有事于高祖，则不讳曾祖以下，尊无二也，于下则讳上。"临文，撰写或研读、抄录文辞。私讳，封建时代以父、祖的名字为私讳，也称"家讳"。

④消息：斟酌。

⑤颠沛：倒仆。

⑥谢举：字言扬，陈郡阳夏（今河南太康）人，南朝梁大臣，中书令谢览之弟，幼好学，能清言，与谢览齐名。

⑦臧逢世：臧严之子。

⑧臧严：字彦威，南朝梁时东莞莒（今山东莒县）人，以孝闻名。

⑨孝元：即梁元帝萧绎，谥号孝元皇帝。江州：东晋始置，辖境为江西大部，后南朝多次分割，使江州辖境变小，也是唐、宋的行政区划之一，一直沿置到宋、元。

⑩建昌：梁时江州属县，属豫章郡。

⑪辐辏：集中，聚集。

⑫省（xǐng）：记得，记忆。

⑬物情：众情，民心。

⑭不办：不能。

⑮过事：过分地做某种活动。

〔译文〕

《礼经》上说："见到容貌和父母相似的人，听到名字和父母相同的人，都会惊惧。"这都是有所感触而引起了内心的悲伤。如果是在从容平常的地方，还可以宣泄一下自己的感情，但是遇到确实无法回避的，也应当克制住自己。比如自己的伯叔兄弟，长得和自己的亡父很像，难道能够一见到他们就悲痛欲绝，从而和他们断绝关系吗？《礼经》上又说："读写文章时不用避讳，在宗庙祭祀时不用避讳，在君王面前不用避讳家讳。"这就更加明白了，听到与亡父母相同的名字，应该有所斟酌，不必立刻悲痛欲绝。梁时的谢举，很有声誉，他只要听到与自己亡父母相同的名字就一定会哭，从而遭到了世人的讥讽。又有一位臧逢世，是臧严的儿子，他专心好学，修养品行，从不辱没自家的门风。梁代孝元帝做江州刺史的时候，派他去建昌督办公务。当地的百姓纷纷给他上书，书信集中到他这里，堆满了几案。他每当看到信中有"严寒"的字眼，就一定会痛哭流涕，以致忘了去批阅文书，很多公事因此而荒废，百姓对此很不满，他终于因不称职而被免官。这都是避讳过分的事了。

近在扬都[①]，有一士人讳审，而与沈氏交结周厚[②]，沈与其书，名而不姓，此非人情也。

〔注释〕

①扬都：南北朝时期称建康为扬都。

②周厚：亲密深厚，厚爱。

〔译文〕

近来在扬都，有一位士人忌讳“审”字，他与一沈姓人家关系亲密，沈氏给他写信，就只写名不写姓，这不是人之常情了。

凡避讳者，皆须得其同训以代换之[①]：桓公名“白”[②]，博有“五皓”之称[③]；厉王名“长”[④]，琴有“修短”之目[⑤]。不闻谓“布帛”为“布皓”，呼肾肠为“肾修”也。梁武小名“阿练”[⑥]，子孙皆呼“练”为“绢”；乃谓“销炼物”为“销绢物”[⑦]，恐乖其义[⑧]。或有讳“云”者，呼“纷纭”为“纷烟”；有讳“桐”者，呼梧桐树为“白铁树”，便似戏笑耳。

〔注释〕

①同训：同义词。

②桓公：齐桓公，姜姓，名“小白”，春秋时齐国国君，春秋五霸之首，前685—前643年在位。

③博有“五皓”之称：博指博戏，又叫局戏，为古代的一种游戏，六箸十二棋。“五白”为博戏的采名。皓，白，洁白。此指将“五白”改称“五皓”。

④厉王：刘长，沛县丰邑（今江苏丰县）人，汉高祖刘邦之子，初封淮南

王,谥“厉”。

⑤琴有“修短”之目:琴,当为“胫”之误。《庄子·骈拇》:“是故凫胫虽短,续之则忧;鹤胫虽长,断之则悲。”目,名称。

⑥梁武:梁武帝萧衍,字叔达,小字练儿,南兰陵郡武进县东城里(今江苏丹阳访仙镇)人,南北朝时期梁朝的建立者。502—549 年在位。

⑦销炼:销熔冶炼。

⑧乖:背离,违背。

〔译文〕

凡是需要避讳的字,都需用同义词来替换它:齐桓公名叫“小白”,博戏中的“五白”就有了“五皓”的称谓;淮南厉王名叫“长”,“胫有长短”就被说成“胫有修短”。还没听说有把“布帛”称为“布皓”,把“肾肠”称为“肾修”的。梁武帝小名叫“阿练”,他的子孙都称“练”为“绢”;而如果把“销炼物”说成“销绢物”,恐怕就背离了它的本义。有的人忌讳“云”字,就称呼“纷纭”为“纷烟”;有的人忌讳“桐”字,就称呼梧桐树为“白铁树”,就好像在开玩笑了。

周公名子曰“禽”①,孔子名儿曰“鲤”②,止在其身,自可无禁。至若卫侯、魏公子、楚太子,皆名“虮虱”③;长卿名“犬子”④,王修名“狗子”⑤,上有连及,理未为通,古之所行,今之所笑也。北土多有名儿为“驴驹”“豚子”者,使其自称及兄弟所名,亦何忍哉?前汉有尹翁归⑥,后汉有郑翁归⑦,梁家亦有孔翁归⑧,又有顾翁宠⑨;晋代有许思妣、孟少孤⑩,如此名字,幸当避之。

〔注释〕

①周公:姬姓名旦,周文王之子,周武王之弟,因采邑在周地,公爵,故称周公。

②孔子：名丘，字仲尼，春秋末期鲁国陬邑（今山东曲阜东南）人，著名思想家、教育家，儒家学派创始人。

③“至若”句：句中“魏公子”当为“韩公子”。《史记·韩世家》：“十二年，太子婴死。公子咎、公子虮虱争为太子。时虮虱质于楚。”

④长卿：即司马相如，字长卿，蜀郡成都（今四川成都）人，西汉辞赋家。

⑤王修：字敬仁，小名苟子，东晋外戚。

⑥尹翁归：字子兄，平陵人，西汉循吏。

⑦郑翁归：其人不详。

⑧孔翁归：南朝梁会稽人。工诗，《玉台新咏》收录其诗。

⑨顾翁宠：其人不详。

⑩许思妣：许永，字思妣。妣，专指亡母。孟少孤：孟陋，字少孤，武昌人。孤，幼年丧父或父母双亡。

〔译文〕

周公给儿子取名叫“禽”，孔子给儿子取名叫“鲤”，这些名字只和被取名的人自身相关，自然没什么可忌讳的。至于像卫侯、韩公子、楚太子，名字都叫“虮虱”；司马相如名叫“犬子”，王修名叫“苟子”，这些名字往上会牵连涉及父辈，情理上就说不过去了。古人所做的一些事情，今人都当成了笑话。北方地区有很多人给儿子取名为“驴驹”“豚子”之类，让他们以此自称或者让兄弟们这样称呼他们，又怎能受得了呢？前汉有人叫尹翁归，后汉有人叫郑翁归，梁朝也有人叫孔翁归，又有人叫顾翁宠；晋代有人叫许思妣、孟少孤，这类名字，还是避开为好。

今人避讳，更急于古①。凡名子者，当为孙地②。吾亲识中有讳“襄”、讳“友”、讳“同”、讳“清”、讳“和”、讳“禹”③，交疏造次④，一座百犯，闻者辛苦⑤，无憀赖焉⑥。

〔注释〕

①急：严格，严厉。

②地：地步，余地。

③亲识：犹亲友。

④交疏：交往不密切的人。造次：轻率，随便。

⑤辛苦：辛酸悲苦。

⑥憀(liáo)赖：依赖，依从。

〔译文〕

现在的人讲究避讳，比古人更严格。凡是给儿子取名的，都应当为孙子辈留有余地。我的亲友中有避讳"襄""友""同""清""和""禹"等字的，关系疏远的人一不小心就会触犯在座众人的忌讳，结果使得听到的人内心悲痛，感到无所适从。

昔司马长卿慕蔺相如①，故名相如，顾元叹慕蔡邕②，故名雍，而后汉有朱伥字孙卿③，许暹字颜回④，梁世有庾晏婴、祖孙登⑤，连古人姓为名字，亦鄙事也⑥。

〔注释〕

①蔺相如：战国时期赵国上卿，著名政治家、外交家。

②顾元叹：顾雍，字元叹，吴郡吴县(今江苏苏州)人，三国时期吴国名臣。曾受学于蔡邕。《三国志·吴书·顾雍传》裴松之注引《吴录》曰："雍字元叹，言为蔡雍之所叹，因以为字焉。"雍，通"邕"。蔡邕：字伯喈，陈留郡圉县(今河南杞县南)人，东汉时期名臣，文学家、书法家。

③朱伥：字孙卿，寿春(今安徽寿县)人。孙卿：即荀卿，荀况。为避汉宣帝刘询讳而改。

④许暹：其人不详。

⑤庾晏婴：南朝梁人。祖孙登：南朝梁、陈之际人。晏婴，姬姓(一说子

姓)，晏氏，字仲，谥“平”，史称“晏子”，夷维(今山东高密)人。春秋时期齐国著名政治家、思想家、外交家。孙登，字子高，吴郡富春(今浙江富阳)人。三国时期吴大帝孙权长子，有贤名。孙权称帝后立为皇太子，早夭，谥号宣太子。

⑥鄙事：指鄙俗琐细之事。

〔译文〕

从前司马长卿仰慕蔺相如，所以改名“相如”；顾元叹仰慕蔡邕，所以改名为“雍”，后汉有叫朱伥的，字孙卿；叫许暹的，字颜回，梁朝有叫庾晏婴、祖孙登的，把古人的姓和名一并作为自己的名字，也是庸俗浅陋之事了。

昔刘文饶不忍骂奴为畜产[①]，今世愚人遂以相戏，或有指名为豚犊者[②]。有识傍观，犹欲掩耳，况当之者乎？

〔注释〕

①昔刘文饶不忍骂奴为畜产：《后汉书·刘宽传》载：刘宽“尝坐客，遣苍头市酒，迂久，大醉而还。客不堪之，骂曰：‘畜产。’宽须臾遣人视奴，疑必自杀。顾左右曰：‘此人也，骂言畜产，辱孰甚焉！故吾惧其死也。’”刘文饶，刘宽，字文饶，弘农华阴(今陕西华阴)人。东汉名臣，以德行著称。畜产，詈辞，犹畜生。

②指名：指出姓名。豚犊：比喻不肖之子。豚，泛指猪。犊，泛指牛。

〔译文〕

从前刘文饶对客人骂自己的奴仆为畜生感到于心不忍，现在有些愚昧之人反而用这些字眼互相开玩笑，有指名道姓叫别人猪、牛的。有识之士在旁边尚且听不下去想捂住耳朵，何况当事之人呢？

近在议曹[①]，共平章百官秩禄[②]，有一显贵，当世名臣，意嫌所议过厚。齐朝有一两士族文学之人[③]，谓此贵曰："今日天下大同[④]，须为百代典式[⑤]，岂得尚作关中旧意[⑥]？明公定是陶朱公大儿耳[⑦]！"彼比欢笑，不以为嫌。

〔注释〕

①议曹：官署名。掌言职。

②平章：评处，商酌。秩禄：俸禄。

③文学：南朝宋东观设置的四门学科之一。

④大同：指国家统一。

⑤典式：典范，法式。

⑥作关中旧意：作关中想法，意即仍依照旧朝想法。作某意，即作某想法，南北朝时习用语。关中，古地域名，所指范围不一，或泛指函谷关以西战国末秦故地，或指居于众关之中的地域，今指陕西渭河流域一带。

⑦明公：旧时对有名位者的尊称。陶朱公大儿：陶朱公即范蠡。《史记·越王句践世家》载范蠡辅佐越王句践复国后归隐经商，家资巨万。他的二儿子因杀人被囚，大儿子携金前去解救，却因过分爱惜钱财而导致弟弟被杀。

〔译文〕

近日在议曹，有一次大家一起商讨百官的俸禄标准问题，有一名显贵人物，是当世名臣，他认为众人所商议的标准过于优厚。有一两位原来做过齐朝文学从事的士族，对这名显贵说："现在国家统一了，应当为后世树立一个典范，怎能还依照旧朝的标准呢？明公您一定是陶朱公的大儿子吧！"大家彼此欢笑，并不把这放在心上。

昔侯霸之子孙[①]，称其祖父曰"家公"；陈思王称其父为“家父”[2]，母为“家母”；潘尼称其祖曰“家祖”[3]：古人之所行[4]，今人之所笑也。今南北风俗，言其祖及二亲，无云“家”者；田里猥人[5]，方有此言耳。凡与人言，言己世父[6]，以次第称之[7]，不云“家”者，以尊于父[8]，不敢家也。凡言姑姊妹女子子[9]：已嫁，则以夫氏称之；在室[10]，则以次第称之。言礼成他族[11]，不得云“家”也。子孙不得称“家”者，轻略之也[12]。蔡邕书集，呼其姑姊为“家姑”“家姊”；班固书集[13]，亦云“家孙”，今并不行也。

〔注释〕

①侯霸：字君房，河南郡密县（今河南新密东南）人，东汉初年官员。

②陈思王：即曹植，字子建，沛国谯县（今安徽亳州）人，曹操第三子，生前曾为陈王，去世后谥号“思”，因此又称陈思王。

③潘尼：字正叔，荥阳中牟（在今河南中牟）人，西晋文学家。潘岳之侄，少有才，与潘岳俱以文章知名，并称“两潘”。

④行：使用，行使。

⑤猥人：鄙俗的人。

⑥世父：伯父。

⑦次第：次序，顺序。

⑧尊：辈分、地位高或年纪大。

⑨女子子：即女子，以区别于男子。

⑩在室：女子已订婚而未嫁，或已嫁而被休回娘家。

⑪礼成他族：婚礼仪式结束之后成为其他家族之人，指女子出嫁到婆家。礼，婚礼。

⑫轻略：轻忽，粗略。

⑬班固：字孟坚，扶风安陵（今陕西咸阳东北）人，东汉著名史学家、文学家。著《汉书》。

〔译文〕

过去侯霸的子孙，称呼他们的祖父为“家公”；陈思王曹植称呼他的父亲为“家父”，母亲为“家母”；潘尼称呼他的祖父为“家祖”。古人的这种称呼法，今天的人看来就很可笑了。如今南北各地的风俗，说到自己的祖辈以及父母双亲，没有说“家”字的；只有乡野粗俗之人才会这么说。和别人交谈的时候，说到自己的伯父，按排行来称呼，不称“家”的原因，是因为伯父比父亲年长，因此不敢称“家”。凡是说姑姑、姊妹等女子，已经出嫁的，就以夫家的姓氏来称呼；没出嫁的，则用排行来称呼。因为女子已经出嫁到婆家，所以不能说“家”字。子孙不能称“家”的原因，是表示对他们的轻略。蔡邕的文集里，称呼他的姑姑、姊妹为“家姑”“家姊”；班固的文集里，也称“家孙”，现在都不这样称呼了。

凡与人言，称彼祖父母、世父母、父母及长姑，皆加“尊”字，自叔父母已下，则加“贤”字，尊卑之差也。王羲之书①，称彼之母与自称己母同，不云“尊”字，今所非也。

〔注释〕

①王羲之：字逸少，东晋著名书法家，有“书圣”之称。官至右军将军，又称“王右军”。琅琊临沂（今山东临沂）人，后迁会稽山阴（今浙江绍兴）。其书法自成一家，影响深远，与其子王献之合称“二王”。

〔译文〕

凡是与人交谈，称呼对方的祖父母、伯父母、父母以及大姑姑，前面都要加“尊”字；从叔父母以下，则加“贤”字，这是为了区别尊卑的不同。王羲之在书信中，称对方的母亲和称自己的母亲一样，前面不加“尊”字，这是今天所反对的。

南人冬至岁首[1]，不诣丧家[2]；若不修书，则过节束带以申慰[3]。北人至岁之日[4]，重行吊礼[5]；礼无明文，则吾不取。南人宾至不迎，相见捧手而不揖[6]，送客下席而已[7]；北人迎送并至门，相见则揖，皆古之道也，吾善其迎揖[8]。

〔注释〕

①岁首：指一年的第一天。

②诣：前往，到。丧家：举丧之家。

③束带：整束衣冠以示敬意。申慰：表示慰问。

④至岁：谓冬至、岁首两节日。

⑤吊：祭奠死者或对遭丧事及不幸者给予慰问。

⑥捧手：拱手，表示敬意。揖：指作揖，旧时行礼的一种形式，两手抱拳高拱，身子略弯，表示向人敬礼。

⑦下席：离开席位，表示恭敬。

⑧迎揖：迎接时作揖为礼。

〔译文〕

南方人在冬至日和岁首日，不去正在办丧事的人家；如果不写信致哀，就等过了节再整束衣冠前来表示慰问。北方人在冬至、岁首这两天，则重视举行吊唁活动；这种做法《礼经》上没有明确的记载，我是不赞同的。南方人宾客来了不迎接，见面的时候只是拱拱手而不作揖，送客的时候也仅是离开席位而已。北方人迎送宾客都到门口，见面则作揖，都是古时的方式；我赞同他们迎接宾客时作揖的礼节。

昔者，王侯自称孤、寡、不榖[1]，自兹以降，虽孔子圣师，与门人言皆称名也。后虽有“臣”“仆”之称[②]，行者盖亦寡焉。江南轻重[③]，各有谓号[④]，具诸《书仪》[⑤]；北人多称名者，乃古之遗风，吾善其称名焉。

〔注释〕

①王侯自称孤、寡、不穀：古代天子诸侯，即位时没有服满父母去世后的三年之丧，自称“孤”；服满三年之丧，自称“寡人”。不穀，不善，古代王侯自称的谦辞。

②“臣”“仆”之称：仕于公曰臣，仕于家曰仆。

③轻重：谓尊卑贵贱，亦指尊卑贵贱的人。

④谓号：称号。

⑤《书仪》：旧时士大夫私家关于书札体式、典礼仪注的著作，通名“书仪”。

〔译文〕

从前，王侯自称孤、寡、不穀，从那以后，即使是圣师孔子，同自己的弟子讲话也都自称名字了。后来虽然有自称“臣”“仆”的，但这么用的人很少。江南地区尊卑贵贱的人都各有称号，《书仪》里都记载了；北方人大多自称名字，这是古时的遗风，我赞同他们自称名字的做法。

言及先人，理当感慕[①]，古者之所易，今人之所难。江南人事不获已[②]，须言阀阅[③]，必以文翰[④]，罕有面论者。北人无何便尔话说[⑤]，及相访问[⑥]。如此之事，不可加于人也。人加诸己，则当避之。名位未高，如为勋贵所逼，隐忍方便[⑦]，速报取了[⑧]；勿使烦重，感辱祖父。若没[⑨]，言须及者，则敛容肃坐[⑩]，称“大门中”[⑪]，世父、叔父则称“从兄弟门中”[12]，兄弟则称“亡者子某门中”，各以其尊卑轻重为容色之节[13]，皆变于常。若与君言，虽变于色，犹云亡祖亡伯亡叔也。吾见名士，亦有呼其亡兄弟为“兄子、弟子门中”者，亦未为安帖也[14]。北土风俗，都不行此。太山羊侃[15]，梁初入南；吾近至邺，其兄子肃访侃委曲[16]，吾答之云：“卿从门中在梁[17]，如此如此。”肃曰：“是我亲第七亡叔，非从也。”祖孝徵在坐[18]，先知江南风俗，乃谓之云：“贤从弟门中，何故不解？”

〔注释〕

①感慕：感念仰慕。

②人事：说情请托，交际应酬。不获已：不得已。

③阀阅：泛指门第、家世。

④文翰：公文信札。

⑤无何：无端，无来由。尔：代词。如此，这样。

⑥访问：寻访，打听。

⑦方便：指便宜行事。

⑧报：泛称报告，告知。

⑨没：通“殁”。死。

⑩敛容：使神情庄重。

⑪大门中：对人称已故的祖父和父亲。门中，称族中死者。

⑫从兄弟门中：称已死的伯叔。

⑬容色：容貌神色。

⑭安帖：妥帖。

⑮太山：即泰山。羊侃：字祖忻，泰山梁父（今山东泰安东南）人，南朝梁名将。

⑯肃：羊肃，字子慎，泰山巨平（今山东泰安西南）人，北齐名臣。委曲：事情的原委，底细。

⑰从门中：即“从兄弟门中”，指羊侃。

⑱祖孝徵：祖珽，字孝徵，范阳狄道(今河北容城)人，北齐名臣。

〔译文〕

提到先人的时候，理应感念仰慕，这对古人来说很容易，今人却感到困难。江南人在交际应酬、不得已需要说到自己的家世的时候，一定是以书信的形式，很少有当面谈论的。北方人会无端地说起这个，还会互相打听。这种事情，不可强加于人。如果别人强加给自己，就应当想法回避。如果自己的名声和地位都还不够高，又被权贵所逼而必须说到家世，就要隐忍克制住自己，便宜行事，尽快结束这个话题；不要让这个话题变得烦琐重复，以致有辱先人。如果人已过世而谈话必须要谈到他，就要严肃端坐，对祖父或父亲要称呼“大门中”，对伯父、叔父则称呼“从兄弟门中”，对兄弟则称呼兄弟的儿子“某门中”，并且要按他们身份地位的尊卑贵贱来确定表情的庄严程度，要和平日的表情有所不同。如果是和君主谈起自己已故的长辈，即使表情上有所变化，仍可以称呼“亡祖”“亡伯”“亡叔”等。我看到有些名士，称呼其亡兄弟为兄子“某门中”或弟子“某门中”，恐怕也不妥帖。北方的风俗，都不这样称呼。泰山人羊侃，在梁朝初年到了南方。我最近来到邺城，羊侃兄长的儿子羊肃来向我了解羊侃的有关情况，我回答说：“您的从门中在梁朝的情况，是这般这般。”羊肃说：“他是我亲七叔，不是堂叔。”祖孝徵当时在座，他早就知道江南的风俗，就对羊肃说：“‘从门中’就是指‘贤从弟门中’，你怎么不明白呢？”

古人皆呼伯父叔父，而今世多单呼伯叔。从父兄弟姊妹已孤[①]，而对其前，呼其母为伯叔母，此不可避者也。兄弟之子已孤，与他人言，对孤者前，呼为兄子弟子，颇为不忍；北土人多呼为侄。按：《尔雅》《丧服经》《左传》②，侄虽名通男女，并是对姑之称。晋世已来，始呼叔侄；今呼为侄，于理为胜也。

〔注释〕

①从父：父亲的兄弟，即伯父或叔父。

②《尔雅》：儒家十三经之一，是我国最早的解释词义的专著，由战国或汉初学者编撰而成。《丧服经》：指《仪礼》中的《丧服》篇。《仪礼》为儒家十三经之一，是春秋战国时期的礼制汇编。内容记载周代的冠、婚、丧、祭、乡、射、朝、聘等各种礼仪，以记载士大夫的礼仪为主。《左传》：原名《左氏春秋》，汉代改称《春秋左氏传》，简称《左传》，是中国古代一部编年体的历史著作。相传是春秋末年左丘明为解释孔子的《春秋》而作，实质上是一部独立撰写的史书。它以《春秋》为本，通过记述春秋时期的具体史实来说明《春秋》的纲目，是儒家重要经典之一，与《公羊传》《穀梁传》合称"春秋三传"。

〔译文〕

古人都称呼"伯父""叔父"，而现代人大多单称"伯""叔"。已经丧父的从父家的兄弟姊妹，在他们面前称呼他们的母亲为"伯母"或"叔母"，这是无法回避的。已经丧父的兄弟的儿子，当着他的面和别人交谈时，称他为"兄子"或"弟子"，就让人很不忍心了；北方人大多称呼"侄"。按：《尔雅》《丧服经》《左传》等书中，"侄"字虽然男女通用，但都是对姑姑而言。晋代以来，才称呼"叔侄"；今天称呼"侄"，从情理上更说得过去。

别易会难，古人所重；江南饯送①，下泣言离。有王子侯②，梁武帝弟，出为东郡③，与武帝别，帝曰："我年已老，与汝分张④，甚以恻怆⑤。"数行泪下。侯遂密云⑥，赧然而出⑦。坐此被责，飘飖舟渚⑧，一百许日，卒不得去。北间风俗，不屑此事，歧路言离，欢笑分首⑨。然人性自有少涕泪者，肠虽欲绝，目犹烂然⑩；如此之人，不可强责。

〔注释〕

①饯送：置酒送别。

②王子侯：诸侯王推私恩分邑给其子弟，故称“王子侯”。

③东郡：治所在今河南滑县。

④分张：分离，离散。

⑤恻怆：哀伤。

⑥密云：“哭而无泪”的歇后隐语，意思是故作悲凄之态，而实则并不悲伤。语本《易·小畜》：“密云不雨。”

⑦赧然：惭愧脸红貌。

⑧飖（yáo）：飘扬。舟渚：船只停泊处。

⑨分首：离别。

⑩烂然：目光明亮的样子。

〔译文〕

别时容易见时难，所以古人很看重别离；江南人置酒送别的时候，都是流着泪诉说离情别恨。有位王子侯，是梁武帝的弟弟，他要出仕去东郡任职，走之前来向梁武帝告别，梁武帝说：“我已经老了，今天和你分离，非常伤心。”说着就流下了几行泪。王子侯也故意做出悲凄的样子，却没流出眼泪，只好惭愧地红着脸出来了。他因此事而被人指责，坐船在江渚边漂荡了一百多天，最终也没能离开。北方人的风俗，不屑于倾诉离别之情，通常是在岔路口欢笑着道别。然而有的人天生就很少流泪，即使悲痛欲绝，双目还是炯炯闪光；对这样的人，就不能去勉强与指责。

凡亲属名称，皆须粉墨①，不可滥也②。无风教者，其父已孤，呼外祖父母与祖父母同，使人为其不喜闻也③。虽质于面④，皆当加“外”以别之；父母之世叔父⑤，皆当加其次第以别之；父母之世叔母，皆当加其姓以别之；父母之群从世叔父母及从祖父母⑥，皆当加其爵位若姓以别之⑦。河北士人，皆呼外祖父母为“家公”“家母”，江南田里间亦言之。以“家”代“外”，非吾所识。

〔注释〕

①粉墨：指区分黑白，分辨清楚。

②滥：虚妄不实。

③为其：其，代彼人。

④质于面：谓当着外祖父母的面。质，相当，对等。

⑤世叔父：伯父和叔父的合称。世父，伯父。

⑥群从（zòng）：指堂兄弟及诸子侄。从祖父母：指伯祖父母或叔祖父母。

⑦若：连词。或，或者。

〔译文〕

凡是亲属的称呼，都必须分辨清楚，不能随便乱用。那些缺乏教养的人，在祖父母去世后，称呼外祖父母与祖父母一样，让人听了不高兴。即使是当着外祖父母的面，也应当加上“外”字以示区别；称呼父母的伯父、叔父，都应当加上他们的排行以示区别；称呼父母的伯母、叔母，都应当加上她们的姓氏以示区别；称呼父母的堂伯父母以及堂伯祖父母、堂叔祖父母，都应当加上他们的爵位或者姓氏以示区别。河北的士人，都称呼外祖父、外祖母为“家公”“家母”，江南乡野的人家也这么称呼。为何用“家”字代替“外”字，我就不清楚其中的原因了。

凡宗亲世数[1],有从父[2],有从祖[3],有族祖[4]。江南风俗,自兹已往,高秩者[5],通呼为“尊”;同昭穆者[6],虽百世犹称兄弟;若对他人称之,皆云“族人”。河北士人,虽三二十世,犹呼为“从伯”“从叔”[7]。梁武帝尝问一中土人曰[8]:“卿北人,何故不知有族?”答云:“骨肉易疏[9],不忍言族耳。”当时虽为敏对[10],于礼未通。

〔注释〕

①宗亲:同宗的亲属。世数:世系的辈数。

②从父:父亲的兄弟,即伯父或叔父。

③从祖:祖父的兄弟,即父亲的伯叔。

④族祖:曾祖的兄弟,即祖父的伯叔。

⑤高秩:高官。秩,官秩。

⑥同昭穆:同一个老祖宗的意思。昭穆,古代宗法制度,宗庙或宗庙中神主的排列次序,始祖居中,以下父、子(祖、父)递为昭穆,左为昭,右为穆。

⑦从伯:父亲的堂兄。从叔:父亲的堂弟。

⑧中土:指中原地区。

⑨骨肉:指同姓的人。

⑩敏对:应对敏捷的意思。

〔译文〕

同宗亲属的辈分,有从父,有从祖,有族祖。江南的风俗,自此以后,官职高的,通常称呼为“尊”;同一个老祖宗的,即使过了很多世代也称“兄弟”;如果是对外人称呼自己宗族的人,都称为“族人”。河北的士人,即使过了二三十代,仍然称呼为“从伯”“从叔”。梁武帝曾经问一位中原地区的人说:“你是北方人,为什么不知道有‘族’这种称呼呢?”回答说:“因为同姓的人容易疏远,所以我不忍心用‘族’来称呼。”这在当时虽然算是敏捷的对答,但从礼法上是讲不通的。

吾尝问周弘让曰[①]:“父母中外姊妹[②],何以称之?”周曰:“亦呼为‘丈人’[③]。”自古未见‘丈人’之称施于妇人也。吾亲表所行[④],若父属者,为某姓姑;母属者,为某姓姨。中外丈人之妇,猥俗呼为‘丈母’[⑤],士大夫谓之“王母”“谢母”云。而《陆机集》有《与长沙顾母书》[⑥],乃其从叔母也,今所不行。

〔注释〕

①周弘让:汝南安城(今河南汝南东南)人,南朝陈官吏。

②中外:指中表之亲。姑之子为外兄弟,舅之子为内兄弟,故有中表之称。

③丈人:对亲戚长辈的通称。

④亲表:表亲。

⑤猥俗:俚俗。丈母:称父辈的妻子。

⑥陆机:字士衡,吴郡吴县(今江苏苏州)人,西晋著名文学家、书法家。出身吴郡陆氏,少有奇才,文章冠世,亦善书法,其《平复帖》是存世最早的古代名人书法真迹。

〔译文〕

我曾问周弘让说:“父母的中表姊妹,怎么称呼她们呢?”周弘让说:“也称呼为‘丈人’。”自古以来没见到把“丈人”的称呼用在妇人身上的。我的表亲所使用的称呼,如果是父亲的中表姊妹,就称呼她为某姓姑;如果是母亲的中表姊妹,就称呼她为某姓姨。家里中表长辈的妻子,俚俗称呼为“丈母”,士大夫称呼为“王母”“谢母”等。《陆机集》里有《与长沙顾母书》,其中的“顾母”是他的从叔母,今天是不这么称呼的。

齐朝士子[①]，皆呼祖仆射为“祖公”[②]，全不嫌有所涉也[③]，乃有对面以相戏者。

〔注释〕

①士子：士大夫官僚阶层。

②祖仆射(yè)：指祖珽，字孝徵，范阳狄道(今河北容城)人，南北朝时期北齐大臣、诗人。仆射，官名。秦始置，汉以后因之。汉成帝建始四年，初置尚书五人，一人为仆射，位仅次于尚书令，职权渐重。汉献帝建安四年，置左右仆射。唐宋左右仆射为宰相之职。宋以后废。祖珽北齐时曾任尚书左仆射一职，故称。祖公：祖父。

③嫌：避忌。

〔译文〕

齐朝的士大夫们，都称呼祖珽为“祖公”，全然不避忌这个称呼同对祖父的称呼有所关联，甚至有人当着祖珽的面拿这开玩笑。

古者，名以正体[①]，字以表德[②]。名终则讳之，字乃可以为孙氏[③]。孔子弟子记事者，皆称仲尼；吕后微时[④]，尝字高祖为“季”[⑤]；至汉爰种，字其叔父曰“丝”[⑥]；王丹与侯霸子语[⑦]，字霸为“君房”；江南至今不讳字也。河北士人全不辨之，名亦呼为字，字固呼为字。尚书王元景兄弟[⑧]，皆号名人，其父名云，字罗汉，一皆讳之[⑨]，其余不足怪也。

〔注释〕

①正体：端正礼仪。正，特指在政治、道德、思想、言论、礼仪等方面，将

违反原则、标准或规定的匡正过来。体,通“礼”。

②表德:表明其人之德。

③氏:上古贵族表明宗族的称号,为姓的分支。姓为大宗,氏为小宗。汉魏以后,姓与氏合。

④吕后:名吕雉,字娥姁(xū),通称吕后,或称汉高后、吕太后等。砀郡单父县(今山东单县)人,汉高祖刘邦的皇后。微:贫贱,卑下。

⑤高祖:即汉高祖刘邦,字季,沛郡丰邑中阳里(今江苏丰县)人,汉朝开国皇帝。

⑥汉爰种,字其叔父曰“丝”:指爰种称呼其叔父爰盎的字“丝”。爰种,爰盎之兄子。

⑦王丹:字仲回,京兆下邽(今陕西渭南)人,东汉官员。侯霸:字君房,河南郡密县(今河南新密东南)人,东汉初年官员。

⑧王元景:王昕,字元景,北海剧(今山东昌乐)人,北齐大臣。

⑨一皆:一律,全部。

〔译文〕

古时,名用来端正礼仪,字用来表明德行。人死去后,就要避讳他的名,他的字却可以作为孙子的氏。孔子弟子在记录孔子的言行时,都称呼孔子的字“仲尼”;吕后微贱的时候,曾称呼高祖的字“季”;汉代的爰种,称呼他叔父爰盎的字“丝”;王丹和侯霸的儿子交谈时,称呼侯霸的字“君房”。江南地区至今不避讳称呼人的字。河北的士人对名和字完全不加以区分,名也称作字,字本来就称作字。尚书王元景兄弟,都号称名人,他们的父亲名“云”,字“罗汉”,他们对父亲的名和字全都加以避讳,其他人的诸多避讳,就不足为怪了。

《礼·间传》云①:“斩缞之哭②,若往而不反;齐缞之哭③,若往而反;大功之哭④,三曲而偯⑤;小功缌麻⑥,哀容可也⑦,此哀之发于声音也。”《孝经》云⑧:“哭不偯⑨。”皆论哭有轻重质文之声也⑩。礼以哭有言者为号;然则哭亦有辞也。江南丧哭,时有哀诉之言耳;山东重丧⑪,则唯呼苍天,期功以下⑫,则唯呼痛深,便是号而不哭。

〔注释〕

①《礼·间传》:《礼记》篇名,记丧服之间轻重所宜。

②斩缞(cuī):也写作“斩衰”。旧时五种丧服中最重的一种,用粗麻布制成,左右和下边不缝。服制三年。子及未嫁女为父母,媳为公婆,承重孙为祖父母,妻妾为夫,均服斩衰。先秦诸侯为天子,臣为君亦服斩衰。

③齐缞:也写作“齐衰”(zīcuī)。“五服”中列位二等,次于斩衰。其服以熟麻布制成,衣裳分制,缘边部分缝缉整齐,故名。服制一年。

④大功:服期九个月。其服用熟布做成,较齐衰稍细,较小功为粗。旧时堂兄弟、未婚的堂姊妹、已婚的姑、姊妹、侄女及众孙、众子妇、侄妇等之丧,都服大功。已婚女为伯父、叔父、兄弟、侄、未婚姑、姊妹、侄女等服丧,也服大功。

⑤三曲:一举声而三折。偯(yǐ):拖长哭的余声。也指哀伤。

⑥小功:五服之第四等。其服以熟布制成,视大功为细,较缌麻为粗。服期五月。凡本宗为曾祖父母、伯叔祖父母、堂伯叔祖父母,未嫁祖姑、堂姑,已嫁堂姊妹,兄弟之妻,从堂兄弟及未嫁从堂姊妹;外亲为外祖父母、母舅、母姨等,均服之。缌麻:五服中之最轻者,用熟布制成,比小功细。服期三月。凡本宗为高祖父母、曾伯叔祖父母、族伯叔父母、族兄弟及未嫁族姊妹,外姓中为表兄弟、岳父母等,均服之。

⑦哀容:致哀之声从容。一说致哀时稍为容饰。

⑧《孝经》:儒家十三经之一。古代儒家的伦理著作,以“孝”为中心比较集中地阐发了儒家的伦理思想。约成书于秦汉之际,作者一般认为是孔门后学。

⑨哭不偯:语出《孝经·丧亲章》:“孝子之丧亲也,哭不偯,礼无容,言不文,服美不安,闻乐不乐,食旨不甘,此哀戚之情也。”

⑩质文:质朴与华美。

⑪山东:太行、恒山以东,即河北之地。重(chóng)丧:旧谓家属有两人

相继死亡。

⑫期(jī)功:古代丧服的名称。期,期服,服丧一年。功,即大功小功。亦用以指五服之内的宗亲。

〔译文〕

《礼记·间传》说:“穿斩缞这种丧服举丧时,哭声要像断气了再也哭不出第二声一样;穿齐缞这种丧服举丧时,哭声要像断气了又缓过来一样;穿大功这种丧服举丧时,哭声要一声三折,还要余音悠长;穿小功、缌麻这两种丧服举丧时,有悲伤的表情就可以了。这些是通过声音来表达哀伤之情。”《孝经》说:“哭声不要带有余音。”都是说哭声有轻有重,有质有文。《礼经》上把边哭边诉说称为“号”,这么说来,那么哭时也可伴有言辞了。江南地区在举丧痛哭时,会边哭边哀诉;河北地区遭逢重丧,就只高呼苍天,在服期功以下的丧时,就只喊多么悲痛,这就是号而不哭。

江南凡遭重丧,若相知者,同在城邑,三日不吊则绝之;除丧①,虽相遇则避之,怨其不己悯也。有故及道遥者,致书可也;无书亦如之。北俗则不尔②。江南凡吊者,主人之外,不识者不执手③;识轻服而不识主人④,则不于会所而吊⑤,他日修名诣其家⑥。

〔注释〕

①除丧:由着丧服变着吉服或由着重丧服改着轻丧服。

②尔:如此,这样。

③江南凡吊者,主人之外,不识者不执手:前人研究认为,此谓吊客与众主人中相识的握手,不相识的不握手,只有主人则不管相识不相识都要握手。

④轻服:轻丧之服。

⑤会所:会聚的处所。此指灵堂。

⑥他日:过些天,日后,将来的某一天或某一时期。修名:置备名帖,以作通报姓名之用。名,名刺,相当于今之名片。

〔译文〕

江南地区凡是遭逢重丧的人家,如果是熟悉的朋友,又住在同一所城邑里,三天内不来吊唁的话,丧家就会和他绝交;除丧后,即使在路上相遇了也要躲开他,这是怨恨他不怜恤自己的缘故。确实另有原因以及路远的,写信表示慰问也可以;没写信的,丧家也像对同在一所城邑而不来吊唁的人一样对待他。北方风俗却不是这样。江南地区凡是来吊丧的人,除了相识的主人,不和不认识的其他主人握手;如果只认识穿轻丧之服的人而不认识主人,就不必去灵堂吊唁,日后再置备名帖到他家去表示慰问即可。

阴阳说云①:“辰为水墓②,又为土墓,故不得哭。”王充《论衡》云③:“辰日不哭,哭必重丧。”今无教者,辰日有丧,不问轻重,举家清谧④,不敢发声,以辞吊客。道书又曰⑤:“晦歌朔哭⑥,皆当有罪,天夺其算⑦。”丧家朔望⑧,哀感弥深,宁当惜寿,又不哭也?亦不谕⑨。

〔注释〕

①阴阳说:阴阳家的学说,其核心内容是“阴阳五行”。

②辰:地支的第五位,用以纪日。

③王充:字仲任,会稽上虞(今浙江上虞)人,东汉唯物主义哲学家、无神论者。《论衡》:东汉思想家王充所著的一部唯物论专著。

④清谧:清静,安宁。

⑤道书:道家或佛家的典籍。

⑥晦歌朔哭：晦日唱歌朔日哭泣。晦，旧历每月的最后一日。朔，旧历每月初一日。

⑦算：寿命。

⑧朔望：朔日和望日。旧历每月初一日和十五日。

⑨谕：明白，领会。

〔译文〕

阴阳家的说法是："辰日是水墓，又是土墓，所以辰日不能哭丧。"王充的《论衡》说："辰日不哭丧，哭的话定是遭逢了重丧。"如今一些不懂礼教的人，如果在辰日遭逢了丧事，不管轻丧重丧，全家都静悄悄的，不敢出声哭，并辞谢前来吊丧的客人。道书又说："晦日唱歌与朔日哭泣，都是有罪的，上天会减损他们的寿命。"然而举丧之家在朔日和望日会更加哀伤，难道要为了爱惜寿命而不哭吗？也搞不明白了。

偏傍之书[①]，死有归杀[②]。子孙逃窜，莫肯在家；画瓦书符[③]，作诸厌胜[④]；丧出之日，门前然火[⑤]，户外列灰，被送家鬼[⑥]，章断注连[⑦]。凡如此比，不近有情，乃儒雅之罪人[⑧]，弹议所当加也[⑨]。

〔注释〕

①偏傍：不正，指旁门左道。

②归杀：归煞，回煞。旧时迷信谓人死之后若干日灵魂回家一次叫"归杀"。杀，通"煞"。

③画瓦书符：旧时迷信，在瓦上画图像，在黄表纸上画符箓，说可以驱鬼避邪。泛指各种迷信活动。

④厌（yā）胜：古代一种巫术，谓能以诅咒制胜，压服人或物。

⑤然火：点火。然，同"燃"。

⑥祓(fú)送:祭送。祓,古代为除灾去邪而举行的祭礼。家鬼:迷信者指家人死后的魂灵。

⑦章断注连:谓上章以求断绝已死之人的灾难连属到家人。章,上章,指道士上表求神。注连,连属,接连不断。

⑧儒雅:指儒术。

⑨弹(tán)议:批评议论。弹,弹劾。

〔译文〕

一些旁门左道的书中说,人死后魂灵会回家一次。于是这一天子孙都纷纷逃窜,没人肯留在家里;他们在瓦上画图像,在黄表纸上画符箓,使用各种厌胜之术;出殡的那天,门前燃火,室外撒灰,还要举行祭礼来祭送死者的魂灵,请道士上表求神以免死者的灾难连及家人。所有这些做法,都表现得不近人情,可以说是儒家思想的罪人,应当加以批评指责。

已孤[①],而履岁及长至之节[②],无父,拜母、祖父母、世叔父母、姑、兄、姊,则皆泣;无母,拜父、外祖父母、舅、姨、兄、姊,亦如之。此人情也。

〔注释〕

①孤:幼年丧父、丧母或父母双亡,都叫“孤”。

②履岁:指元旦,履端岁首之意。长至之节:指冬至,自夏至后日渐短,自冬至后日又渐长,故称。

〔译文〕

父亲或母亲去世后,在元旦或冬至日,没有父亲的情况下,要去拜见母亲、祖父母、伯叔父母、姑母、兄长、姐姐,拜见时要默默地流泪;没有母亲的情况下,要去拜见父亲、外祖父母、舅父、姨母、兄长、姐姐,也要同样地哭泣。这是人之常情啊。

江左朝臣[①],子孙初释服[②],朝见二宫[③],皆当泣涕;二宫为之改容。颇有肤色充泽[④],无哀感者,梁武薄其为人[⑤],多被抑退[⑥]。裴政出服[⑦],问讯武帝[⑧],贬瘦枯槁[⑨],涕泗滂沱[⑩],武帝目送之曰:"裴之礼不死也[⑪]。"

〔注释〕

①江左:江东,指长江下游以东地区。

②释服:除去丧服,谓除丧。

③二宫:指皇帝与太子。

④充泽:丰润。

⑤薄:轻视,鄙薄。

⑥抑退:黜退,贬退。

⑦裴政:字德表,河东闻喜(今山西闻喜)人,南北朝、隋时官员。出服:居丧到期,除去丧服。

⑧问讯:敬礼法之一,即向师长、尊上合掌曲躬而请问其起居安否。武帝信佛,故裴政以僧礼相见。

⑨贬瘦:消瘦。枯槁:消瘦,憔悴。

⑩涕泗滂沱:形容哭得很厉害,眼泪鼻涕像下雨一样。涕泗,眼泪和鼻涕。滂沱,形容泪或血等流得多。

⑪裴之礼:裴政之父,字子义,南朝梁官员,以孝著称,母忧居丧,惟食麦饭。

〔译文〕

江东地区朝臣在去世后,他们的子孙在服丧期满脱去丧服,进宫去朝见皇帝与太子的时候,都要悲伤哭泣;皇帝与太子也会为之动容。但有些人却肤色丰润,毫无悲伤之情,梁武帝便会鄙薄他们,这些人大多会被削职。朝臣裴政脱去丧服后去拜见武帝,向武帝行问讯礼。他消瘦憔悴,哭得泪如雨下。武帝目送他离开的背影说:“这是裴之礼再生啊。”

二亲既没,所居斋寝[①],子与妇弗忍入焉。北朝顿丘李构[②],母刘氏夫人亡后,所住之堂,终身锁闭,弗忍开入也。夫人,宋广州刺史纂之孙女[③],故构犹染江南风教。其父奖[④],为扬州刺史[⑤],镇寿春,遇害。构尝与王松年、祖孝徵数人同集谈宴[⑥]。孝徵善画,遇有纸笔,图写为人[⑦]。顷之,因割鹿尾[⑧],戏截画人以示构,而无他意。构怆然动色[⑨],便起就马而去。举坐惊骇,莫测其情。祖君寻悟[⑩],方深反侧[⑪],当时罕有能感此者。吴郡陆襄[⑫],父闲被刑[⑬],襄终身布衣蔬饭,虽姜菜有切割,皆不忍食;居家惟以掐摘供厨[⑭]。江宁姚子笃[⑮],母以烧死,终身不忍啖炙[⑯]。豫章熊康父以醉而为奴所杀[⑰],终身不复尝酒。然礼缘人情,恩由义断[⑱],亲以噎死[⑲],亦当不可绝食也。

〔注释〕

①斋寝:斋戒时居住的地方。

②顿丘:今河南清丰。李构:字祖基,顿丘人,少以方正见称,北齐名臣。

③广州:治所在今广东广州。刺史:古代官名。原为朝廷所派督察地方之官,后沿为地方官职名称。汉武帝时,分全国为十三部(州),部置刺史。成帝改称州牧,哀帝时复称刺史。魏晋于要州置都督兼领刺史,职权益重。隋炀帝、唐玄宗两度改州为郡,改称刺史为太守。后又改郡为州,称刺史。此后太守与刺史互名。宋于州置知州,而无刺史职任,刺史之名仅为武官升迁之阶。元明废名,清仅用为知州之别称。纂:刘纂。

④奖:李奖,字遵穆,北魏大臣。李构之父,奉命慰劳徐州时遇害,首级被传送至洛阳。

⑤扬州：治所在今江苏扬州。

⑥王松年：北齐名臣。谈宴：谓边宴饮边叙谈。

⑦图写：图物写貌，绘画。

⑧鹿尾：鹿的尾巴。旧时为珍贵食品。

⑨怆然：悲伤貌。

⑩寻：随即。

⑪反侧：辗转反侧，形容睡卧不安。

⑫吴郡：治所在今江苏苏州。陆襄：本名衰，字赵卿，吴县（今江苏苏州）人，南朝梁大臣，以孝心为世人所称道。

⑬闲：陆闲，字遐业，南朝齐官吏。陆襄之父，受始安王萧遥光叛乱的牵连而被杀。

⑭掐：用指甲截取或截断。

⑮江宁：今江苏南京。姚子笃：其人不详。

⑯炙：烤熟的肉食。

⑰豫章：治所在今江西南昌。熊康：其人不详。

⑱断：分，区分。

⑲亲：父母。

〔译文〕

双亲去世后，他们生前斋戒时居住的地方，儿子和儿媳都不忍心进去。北朝顿丘人李构，在母亲刘氏夫人去世后，把她生前的住处锁住，终生不忍心打开进去。刘氏夫人是宋广州刺史刘纂的孙女，因此李构还是受到了江南风俗教化的影响。李构的父亲李奖，曾任扬州刺史，镇守寿春时被杀害。李构曾经与王松年、祖孝徵几个人一起宴饮叙谈，祖孝徵善于作画，看到有纸笔，就画了一幅人物画。不一会儿，拿刀割取鹿尾，他开玩笑地把画上的人像截断拿给李构看，并没有其他的意思。李构却悲伤得变了脸色，立刻起身骑马离开了。在坐的人都感到很惊诧，不明白是怎么回事。祖孝徵随即醒悟过来，他深感不安；当时却很少有人能意识到。吴郡人陆襄，其父陆闲被杀，陆襄终生布衣粗食，即使是切割过的姜菜，他都不忍心吃；家里做饭时只是用手来掐摘蔬菜。江宁人姚子笃，因为母亲被烧死，他终生不忍心吃烤肉。豫章人熊康，其父亲因为喝醉酒而被奴仆杀死，他终生不再饮酒。然而礼法是根据人的情感需要而制定的，感恩父母也应根据事理来区分，假如父母是被噎死的，那也不能因此而绝食啊。

《礼经》：父之遗书，母之杯圈，感其手口之泽，不忍读用①。政为常所讲习②，雠校缮写③，及偏加服用④，有迹可思者耳。若寻常坟典⑤，为生什物⑥，安可悉废之乎？既不读用，无容散逸⑦，惟当缄保⑧，以留后世耳。

〔注释〕

①“父之遗书”数句：语出《礼记·玉藻》：“父没而不能读父之书，手泽存焉尔；母没而杯圈不能饮焉，口泽之气存焉尔。”遗书，指前人的遗著，遗作。圈，屈木所为，谓卮匜之类。杯圈，妇人所用，故母言杯圈，后因用作思念亡母之词。手口之泽，谓父母手汗、口液的润迹。泽，湿润，滋润。

②政：通“正”。只，就。讲习：研讨学习。

③雠(chóu)校：校雠，校对文字。缮写：誊写，抄写。

④偏：专，侧重。服用：即用，古代谓用为“服”。

⑤坟典：三坟、五典的并称，后转为古代典籍的通称。

⑥为生：犹谋生。什物：各种用品器具，多指日常生活用品。

⑦散逸：散失。

⑧缄保：犹封存。

〔译文〕

《礼经》上说：父亲的遗作，母亲使用过的杯圈，在这些物品上能感受到父母的气息，所以不忍心去阅读或使用它们。这正是因为这些物品是父母经常研讨学习、校雠誊写或者专门使用的，上面留下了可供追思的痕迹。如果是寻常的书籍，谋生的器具，怎能都废弃不用呢？父母的遗物如果不去阅读、使用的话，就不要让它们散失了，应当封存起来以留传后人。

思鲁等第四舅母，亲吴郡张建女也[①]，有第五妹，三岁丧母。灵床上屏风[②]，平生旧物，屋漏沾湿，出曝晒之[③]，女子一见，伏床流涕。家人怪其不起，乃往抱持[④]；荐席淹渍[⑤]，精神伤怛[⑥]，不能饮食。将以问医，医诊脉云："肠断矣[⑦]！"因尔便吐血，数日而亡。中外怜之[⑧]，莫不悲叹。

〔**注释**〕

①亲：古人表示亲属关系用语。

②灵床：即灵座，供奉亡人灵位之几筵。

③曝晒：在日光下晒物使干。

④抱持：抱着，抱住。

⑤荐席：垫席。

⑥伤怛（dá）：忧伤，悲伤。怛，悲伤，愁苦。

⑦肠断：形容极度悲痛。肠，内心，情怀。

⑧中外：家庭内外，家人和外人。

〔**译文**〕

思鲁等人的四舅母，是吴郡张建的女儿。她有个五妹，三岁的时候母亲就去世了。当时灵座上摆放的屏风，是她母亲生前用的东西；因屋子漏雨屏风被沾湿，家人把它拿到阳光下晾晒。这个女孩一看到屏风，就趴在床上哭了起来。家人见她长时间不起身感到奇怪，就过去抱她起来，发现她身下的垫席已经被泪水湿透了。女孩精神忧伤，不能饮食。带她去看医生，医生诊脉后说：

"她太悲伤了!"女孩因此而吐血,几天后就死了。家人和外人都怜惜她,没有不悲伤叹息的。

《礼》云:"忌日不乐①。"正以感慕罔极②,恻怆无聊③,故不接外宾④,不理众务耳⑤。必能悲惨自居⑥,何限于深藏也?世人或端坐奥室⑦,不妨言笑⑧,盛营甘美⑨,厚供斋食⑩;迫有急卒⑪,密戚至交⑫,尽无相见之理:盖不知礼意乎!

〔注释〕

①忌日不乐:见《礼记·檀弓上》。忌日,旧指父母及其他亲属逝世的日子。因禁忌饮酒、作乐等事,故称。

②感慕:感念仰慕。罔极:无穷尽。

③恻怆:哀伤。聊:乐。

④外宾:寻常的宾客。

⑤众务:各方面的事情。

⑥自居:自处。

⑦或:代词。有人,有些人。奥室:内室,深宅。

⑧不妨:表示可以、无妨碍之意。

⑨甘美:指美味。

⑩斋食:古人斋戒时所用的饭食。

⑪急卒:仓促。卒,同"猝"。

⑫密戚:亲属,亲戚。至交:交谊最深的朋友。

〔译文〕

《礼记》上说:"不在忌日饮酒作乐。"正因为对亡父母无尽的感念和思慕,心情哀伤沉重,所以不接待一般的宾客,也不打理日常事务。但如果能做到悲伤自处,为什么一定要把自己关在屋里呢？有的人虽然端坐在深宅内室里，却不妨碍他谈笑如常，享受美味的食品、丰足的斋食。当有急事发生，或者是至亲好友来访，却认为不应当出来相见：这恐怕是不懂得礼的本意吧！

魏世王修母以社日亡[①]。来岁社日，修感念哀甚，邻里闻之，为之罢社。今二亲丧亡，偶值伏腊分至之节[②]，及月小晦后[③]，忌之外，所经此日，犹应感慕，异于余辰，不预饮宴、闻声乐及行游也。

〔注释〕

①王修：字叔治，北海营陵（今山东淄博）人，东汉末年官吏。七岁丧母。社日：古时祭祀土神的日子，一般在立春、立秋后第五个戊日。间或有四时致祭者。周代本用甲日，汉至唐各代不同。

②伏腊：古代两种祭祀的名称。“伏”在夏季伏日，“腊”在农历十二月。分至：指春分、秋分、冬至、夏至。

③月小晦后：前人研究认为，此指忌月之晦前后三日，月小则廿七八九。此与伏腊分至，皆在忌日之外。月小，指旧历只有二十九天的月份。晦，农历每月的最后一日。

〔译文〕

魏人王修的母亲在社日去世了。第二年的社日，王修感怀思念母亲，非常悲伤，邻里们听说后，为他停止了社祭。现在双亲去世，偶尔碰上伏祭、腊祭、春分、秋分、冬至、夏至这些节气，忌月晦日的前后三天或小月的最后三天，除了忌日之外，到了这些日子，都应该感念思慕双亲，和别的时间不一样，不参与宴饮、音乐歌舞以及出游等活动。

刘绍、缓、绥[①]，兄弟并为名器[②]，其父名昭[③]，一生不为“照”字，惟依《尔雅》“火”旁作“召”耳。然凡文与正讳相犯④，当自可避；其有同音异字，不可悉然。“刘”字之下，即有“昭”音⑤。吕尚之儿，如不为“上”；赵壹之子⑥，傥不作“一”，便是下笔即妨，是书皆触也。

〔注释〕

①刘绍、缓、绥：当为“刘绍、缓”，“绥”为衍字。刘绍，字言明。刘缓，字含度。平原高唐（今山东聊城）人。均为南朝梁官员。

②名器：知名之器，犹大器，谓国家的栋梁。器，人才。

③昭：刘昭，字宣卿，平原高唐（今山东聊城）人，南朝梁官吏。

④正讳：人的正名。

⑤“刘”字之下，即有“昭”音：指“刘”的繁体字“劉”下面有“釗”字，音同“昭”。

⑥赵壹：字元叔，汉阳西县（今甘肃陇南）人，东汉官吏，辞赋家。

〔译文〕

刘绍、刘缓兄弟，都是知名的人物，因为他们的父亲名为“昭”，所以他们一生不写“照”字，只是依照《尔雅》“火”旁加“召”写成“炤”字。凡是文字与人的正名相同的，自然应当避讳；但若是音同字不同的，就不可都这样了。比如“刘”字的下半部分，就有“釗”字音“昭”。吕尚的儿子如果要避讳“上”字，赵壹的儿子如果要避讳“一”字，那么他们只要下笔就会有阻碍，只要书写就会触犯忌讳了。

尝有甲设宴席，请乙为宾；而旦于公庭见乙之子①，问之曰：“尊侯早晚顾宅②？”乙子称其父已往。时以为笑。如此比例③，触类慎之，不可陷于轻脱④。

〔注释〕

①公庭：朝廷，公室。

②尊侯：对人之父的敬称。早晚：何日，几时。

③比例：可做比照的事例、条例。

④轻脱：轻佻。

〔译文〕

某甲曾经设宴席，邀请某乙来做客。早晨在官署碰见乙的儿子，问他说："您父亲何时光顾寒舍呢？"乙的儿子回答说他父亲已经去了。这事在当时成了笑话。遇到这类事情，一定要谨慎，不能流于草率轻佻。

江南风俗，儿生一期[①]，为制新衣，盥浴装饰[②]，男则用弓矢纸笔，女则刀尺针缕[③]，并加饮食之物，及珍宝服玩[④]，置之儿前，观其发意所取[⑤]，以验贪廉愚智，名之为试儿[⑥]。亲表聚集[⑦]，致宴享焉[⑧]。自兹已后，二亲若在，每至此日，尝有酒食之事耳。无教之徒，虽已孤露[⑨]，其日皆为供顿[⑩]，酣畅声乐[⑪]，不知有所感伤。梁孝元年少之时，每八月六日载诞之辰[⑫]，常设斋讲[⑬]；自阮修容薨殁之后[⑭]，此事亦绝。

〔注释〕

①一期（jī）：一周年。

②盥浴：盥洗沐浴。

③针缕：针和线。缕，线。

④服玩：服饰器用玩好之物。

⑤发意：产生某种意念。

⑥试儿：即抓周。旧俗婴儿周岁时，父母陈列各种小件器物，任其抓取，以试测小儿的未来志趣和成就。

⑦亲表：泛指亲戚。

⑧宴享：指设宴飨客。

⑨孤露：孤单无所荫庇。指丧父、丧母或父母双亡。

⑩供顿：设宴待客。

⑪酣畅：畅快。

⑫载诞之辰：六朝人的说法，即生日。

⑬斋讲：宣讲佛法之集会。

⑭阮修容：梁武帝妃嫔，梁元帝生母。本姓石，名令嬴，会稽余姚（今浙江余姚）人。梁元帝即位后追封为文宣太后。修容，古代宫内女官名，为九嫔之一，始置于三国魏，南朝宋改为昭容，后代仍有置修容者，如隋、宋等。薨殁：薨殂。指王侯死亡。

〔译文〕

江南地区的风俗，小孩出生满一周年的时候，要给他缝制新衣服，洗浴打扮好；男孩用弓、箭、纸、笔，女孩则用剪刀、尺子、针和线，再加上饮食以及服饰、用具、珍宝等物，放在小孩的面前，看他产生念头所拿的东西，来验证此儿将来是贪婪还是廉洁，是愚蠢还是聪明，称之为“试儿”。亲戚们在这一天聚集在一起，主人则置办宴席接待客人。从此以后，父母双亲若还健在，每到这一天，常会置办酒宴。没有教养的人，即使父母已经去世，这一天仍设宴待客，笙歌乐舞很是欢畅，不知道有所感伤。梁孝元帝年少的时候，每年八月六日自己的生日这天，经常开设集会宣讲佛法；自从阮修容去世之后，此事也停止了。

人有忧疾[①]，则呼天地父母，自古而然。今世讳避，触途急切[②]。而江东士庶[③]，痛则称祢[④]。祢是父之庙号，父在无容称庙[⑤]，父殁何容辄呼？《苍颉篇》有“倄”字[⑥]，

《训诂》云[7]:"痛而謼也[8],音'羽罪反'。"今北人痛则呼之。《声类》音"于耒反"[9],今南人痛或呼之。此二音随其乡俗,并可行也。

〔注释〕

①忧疾:忧伤病痛。

②今世讳避,触途急切:是说今世以呼天地父母为触犯禁忌,因为有怨恨祝诅之意。触途,处处,各处。急切,紧要,迫切。

③士庶:士人和庶民,亦泛指百姓。

④祢(mí):父死,神主入庙后称祢。此处"祢"字当为"妳"字之误。妳,母。人穷则呼母,而六朝、唐人呼母为"妳"。

⑤容:可。

⑥《苍颉篇》:我国古代继《史籀篇》之后的又一部启蒙识字课本。最初由三篇文字构成,分别是秦丞相李斯的《苍颉篇》七章、中车府令赵高的《爰历篇》六章和太史令胡母敬的《博学篇》七章,共二十章,是秦始皇统一六国后实行"书同文"政策的产物。苍颉,也作"仓颉"。侑(yáo):象声词,呼痛声。

⑦《训诂》:指解释《苍颉篇》的著述。《汉书·艺文志》:"扬雄《苍颉训纂》一篇。杜林《苍颉训纂》一篇。杜林《苍颉故》一篇。"训诂,对字句(主要是对古书字句)做解释。亦指对古书字句所做的解释。

⑧謼(hū):同"呼",号叫,大声喊叫。

⑨《声类》:音韵学著作。魏左校令李登撰,十卷。

〔译文〕

人们有了忧患或者病痛,就会大声呼叫天地父母,自古以来就这样。如今的人以呼叫天地父母为触犯禁忌,处处比古人严格。江南地区的百姓,痛苦的时候就会呼叫"祢"。"祢"是已故父亲的庙号,父亲在世的时候不可称庙号,父亲去世了怎么就可以动辄呼叫他的庙号呢?《苍颉篇》中有"侑"字,《训诂》说:"这是痛苦时发出的呼叫，读音是'羽罪反'。"如今北方人痛苦时就这样呼叫。《声类》里"脩"字读音是"于耒反"，如今南方人痛苦时也有这样呼叫的。这两种读音分别依从它们的乡俗，都是可行的。

梁世被系劾者①，子孙弟侄，皆诣阙三日②，露跣陈谢③；子孙有官，自陈解职④。子则草屩粗衣⑤，蓬头垢面，周章道路⑥，要候执事⑦，叩头流血，申诉冤情。若配徒隶⑧，诸子并立草庵于所署门⑨，不敢宁宅⑩，动经旬日，官司驱遣⑪，然后始退。江南诸宪司弹人事⑫，事虽不重，而以教义见辱者⑬，或被轻系而身死狱户者⑭，皆为怨仇⑮，子孙三世不交通矣⑯。到洽为御史中丞⑰，初欲弹刘孝绰⑱，其兄溉先与刘善⑲，苦谏不得，乃诣刘涕泣告别而去。

〔注释〕

①系劾：囚禁论罪。

②诣阙：赴朝堂。

③露跣（xiǎn）：露髻赤足，表示有罪。陈谢：表示谢意。

④自陈：自己陈述。解职：解除职务。

⑤草屩（juē）：草鞋。

⑥周章：惊恐，遑遽。

⑦要（yāo）候：中途等候，迎候。执事：有职守之人，官员。

⑧配徒隶：将流放的犯人发配至某地服役。徒隶，指服劳役的犯人。

⑨草庵：草房，草舍。

⑩宁宅：安居。

⑪官司：官府。

⑫宪司：御史的别称。人事：官员的任免升降等事宜。

⑬教义：礼教、名教的旨意。

⑭轻系：因轻罪而被拘囚。狱户：牢门，监狱。

⑮怨仇：指所怨恨仇视的人。

⑯交通：交往，往来。

⑰到洽：字茂沿，彭城武原（今江苏徐州）人，任御史中丞时弹纠无所顾望，号为劲直。御史中丞：官名，秦始置。汉朝为御史大夫的次官，或称御史中执法，秩千石。汉哀帝废御史大夫，以御史中丞为御史台长官，后历代相沿，唯官名时有变动。

⑱刘孝绰：本名冉，字孝绰，小字阿士，彭城（今江苏徐州）人，南朝梁官员，能文善草隶，少有盛名，负才仗气。

⑲溉：到溉，字茂灌，到洽之兄。

〔译文〕

梁代被囚禁论罪的官员，他们的子孙弟侄都要连续三天赶赴朝堂，露髻赤脚地来谢罪；子孙中有做官的，就自己主动请求解除官职。儿子则穿上草鞋和粗布衣服，蓬头垢面、惊恐遑遽地在路上迎候主管官员，叩头至流血，来为父亲申诉冤情。如果父亲被发配至某地服劳役，儿子们就在主管官署的门前搭起草房栖身，而不敢在家中安居；这样动辄要经过十多天，直到官府来驱逐才离去。江南地区的御史们弹劾官员，有些罪行虽然不严重却因教义受到弹劾之辱的，或者因犯轻罪而被拘囚死于狱中的，这些人家同御史就都成了仇人，子孙三代不相往来。到洽任御史中丞的时候，起初打算弹劾刘孝绰；他的哥哥到溉先前与刘孝绰交好，苦劝他未能如愿，只好到刘孝绰家挥泪告别。

兵凶战危，非安全之道。古者，天子丧服以临师，将军凿凶门而出[①]。父祖伯叔，若在军阵，贬损自居[②]，不宜奏乐宴会及婚冠吉庆事也[③]。若居围城之中，憔悴容色，除去饰玩④，常为临深履薄之状焉⑤。父母疾笃，医虽贱虽少，则涕泣而拜之，以求哀也。梁孝元在江州，尝有不豫⑥，世子方等亲拜中兵参军李猷焉⑦。

〔注释〕

①凶门：古代将军出征时，凿一扇向北的门，由此出发，如办丧事一样，以示必死的决心，称“凶门”。

②贬损：减少，减省。

③冠（guàn）：古代男子到成年则举行加冠礼，叫作冠。一般在二十岁。

④饰玩：装饰之品，玩好之器。

⑤临深履薄：面临深渊，脚踩薄冰。比喻小心谨慎，唯恐有失。

⑥不豫：天子有病的诲称。

⑦世子：太子，帝王和诸侯的嫡长子。方等：萧方等，字实相，梁孝元帝长子。中兵参军：官名，为中兵曹的主官。李猷：其人不详。

〔译文〕

战事凶险可怕，不是安全之道。古时候，天子在军队出征前，要穿上丧服亲临军队；将军出征时要开凿一扇凶门，率领军队由此出征。如果有父、祖、伯、叔在军阵行伍中，自己应减省活动，不应进行奏乐、宴会以及婚嫁、加冠礼等吉庆活动。如果长辈被围困在城内，应容貌神色憔悴，去掉装饰、器玩，时常流露出战战兢兢、小心谨慎的样子。如果父母病重，医生即使比自己位卑年少，也要流着泪跪拜他，求他怜悯自己。梁元帝在江州的时候，曾经生过病，世子方等就为此亲自跪拜过中兵参军李猷。

四海之人，结为兄弟，亦何容易。必有志均义敌①，令终如始者，方可议之。一尔之后②，命子拜伏③，呼为“丈人”④，申父友之敬；身事彼亲，亦宜加礼⑤。比见北人⑥，甚轻此节，行路相逢，便定昆季[7]，望年观貌，不择是非，至有结父为兄，托子为弟者。

〔注释〕

①志均义敌：志同道合之意。均，等同。敌，对等，相当。

②一尔：一经这样。

③拜伏：跪拜俯伏，表示恭敬的一种礼节。

④丈人：对亲戚长辈的通称。

⑤加礼：以礼相待。

⑥比：先前，以前。北人：泛称北方之人。

⑦昆季：兄弟。长为昆，幼为弟。

〔译文〕

四海之内的异姓人结为兄弟，也不是容易的事。必须是志同道合、善始善终的人，才能考虑这事。一经结拜为兄弟，就要命儿子伏地拜见他，称为"丈人"，表达对父亲朋友的敬重；自己对结拜兄弟的双亲，也要以礼相待。我以前见到北方人对此很轻率，在路上相逢就结拜为兄弟，只是看年龄和相貌来排定长幼次序，却不考虑合适不合适，以至于有把父辈结拜为兄，把儿子辈结拜为弟的。

昔者，周公一沐三握发，一饭三吐餐[1]，以接白屋之士[2]，一日所见者七十余人。晋文公以沐辞竖头须，致有图反之诮[3]。门不停宾，古所贵也。失教之家，阍寺无礼[4]，或以主君寝食嗔怒[5]，拒客未通，江南深以为耻。黄门侍郎裴之礼[6]，号善为士大夫，有如此辈，对宾杖之；其门生僮仆[7]，接于他人，折旋俯仰[8]，辞色应对，莫不肃敬[9]，与主无别也。

〔注释〕

①一沐三握发，一饭三吐餐：成语，形容求贤若渴，谦恭下士。语出《史记·鲁周公世家》："我一沐三捉发，一饭三吐哺，起以待士，犹恐失天下之贤人。"沐，洗头。捉，用手攥住。三，泛指多次。哺，口中含的食物。

②白屋之士：指贫寒的士人。白屋，指不施彩色、露出本材的房屋。一说，指以白茅覆盖的房屋。为古代平民所居。

③晋文公以沐辞竖头须，致有图反之诮：晋文公出逃的时候，负责保管财物的小臣头须没有跟从流亡。文公回国后，他请求进见，文公推托说正在洗头而拒绝接见。头须对仆人说："沐则心覆，心覆则图反，宜吾不得见也……"是说洗头的时候心就会倒过来，心倒过来所想的就会反过来，无怪我不能被接见了。晋文公，姬姓，名重耳，春秋时期晋国君主，公元前636年至前628年在位。文治武功卓著，为春秋五霸之一。竖，古代地位低微的小吏。图，考虑，谋划，计议。

④阍（hūn）寺：豪贵之家的守门人。

⑤主君：对一家之主的称呼。

⑥黄门侍郎：官名。本秦官，汉因之。因给事黄门，故名。

⑦门生：门子，古代在官署中侍候官员的差役。

⑧折旋：曲行，古代行礼时的动作。俯仰：周旋，应付。

⑨肃敬：犹恭敬。

〔译文〕

从前，为了延揽贤才，周公洗一次头、吃一顿饭都要中断多次，起身来接见贫寒的士人，有时一天要接见七十多人。而晋文公以正在洗头为由拒绝接见小臣头须，以致遭到想法反常的讥诮。不让客人在门外滞留，是古人所看重的礼节。一些缺乏教养的人家，守门人也不懂礼节，有时以主人正在吃饭、睡觉或发脾气为借口，拒绝给客人通报。江南地区深深地以这种做法为耻。黄门侍郎裴之礼，号称士大夫楷模；如果家里有慢待客人的奴仆，就当着客人的面鞭打他。因此他家的门子、仆人们在接待客人的时候,都能举止礼貌,言辞神色恭敬,和对待主人的态度一样。

慕贤第七

〔题解〕

作者仰慕贤人,对于所遇到的名贤,都是“心醉魂迷向慕之”。这表现了作者重视人才的思想。在交友对象的择取方面,作者认为圣贤难得,因此“但优于我,便足贵之”。他指出世人存在贵耳贱目、重远轻近、以地位高低取人的偏颇倾向,这些错误的认识如果存在于当政者身上,甚至会带来亡国的严重后果。他以几个事例证明了贤人的生死同社稷兴衰存亡的密切关联。本篇中作者还专门指出不应掠人之美,认为“窃人之美,鬼神之所责”。

古人云:“千载一圣,犹旦暮也[①];五百年一贤,犹比髆也[②]。”言圣贤之难得,疏阔如此[③]。傥遭不世明达君子[④],安可不攀附景仰之乎?吾生于乱世,长于戎马[⑤],流离播越[⑥],闻见已多;所值名贤,未尝不心醉魂迷向慕之也[⑦]。人在年少,神情未定,所与款狎[⑧],熏渍陶染[⑨],言笑举动,无心于学,潜移暗化,自然似之。何况操履艺能[⑩],较明易习者也[⑪]?是以与善人居,如入芝兰之室,久而自芳也;与恶人居,如入鲍鱼之肆,久而自臭也[⑫]。墨子悲于染丝[⑬],是之谓矣。君子必慎交游焉[⑭]。孔子曰:“无友不如己者[⑮]。”颜、闵之徒[⑯],何可世得!但优于我,便足贵之。

〔注释〕

①旦暮:早晚,喻短时间内。

②比髆(bó):肩碰肩。髆,肩膀,胳膊,亦泛指身体的上部。

③疏阔:久隔,久别。

④不世:非一世所能有,罕有,多谓非凡。明达:对事理有明确透彻的认识,通达。

⑤戎马:战乱,战争。

⑥流离:漂泊离散。播越:逃亡,流离失所。

⑦向慕:向往仰慕。

⑧款狎:亲近,亲昵。

⑨熏渍:熏染浸渍。陶染:熏陶感染。

⑩操履:操守。艺能:技艺才能。

⑪较明:明显,明白。

⑫“是以与善人居”数句:语出《宋书·颜延之传》:“故曰:‘与善人居,如入芝兰之室,久而不知其芬。’与之化矣。‘与不善人居,如入鲍鱼之肆,久而不知其臭。’与之变矣。是故古人慎所与处。”芝兰,芷和兰,皆香草。芝,通“芷”。鲍鱼,盐渍鱼,干鱼,其气味腥臭。肆,作坊,店铺,市集。

⑬墨子悲于染丝:《墨子·所染》篇载:“子墨子言见染丝者而叹,曰:‘染于苍则苍,染于黄则黄,所入者变,其色亦变。五入必,而已则为五色矣。故染不可不慎也。’”

⑭交游:交际,结交朋友。

⑮无友不如己者:见《论语·学而》篇。

⑯颜、闵:颜,颜回,字子渊。闵,闵损,字子骞。均为孔子弟子。

〔译文〕

古人说:“一千年出现一位圣人,已经像从早上到晚上那么快了;五百年出现一位贤人,已经像是摩肩接踵那么多了。”这是说圣贤难得,千载难逢。既然这样,那么倘若遇上世所罕见的通达君子,怎能不去依附仰慕他呢?我出生在乱世,在兵荒马乱中长大，于流离失所中所闻所见的已经很多了；但对所遇到的名人贤者，从来都是心醉魂迷地向往仰慕。人在年少的时候，思想和性情还没有定型，他同谁接近，就会受到谁的熏陶感染，即使并没有有意去学，言谈举止在潜移默化中自然就会和他们相像了。何况操守和技艺才能，都是明显而且容易学习的呢？所以和善人在一起，就像是进入了满是香草的屋子，时间长了自己浑身就会充满芳香；和恶人在一起，就像是进入了臭鱼铺子，时间长了自己也就浑身散发臭味了。墨子看到染丝者而悲叹，说的就是这个道理。所以君子结交朋友一定要谨慎啊。孔子说："不跟不如自己的人交往。"像颜回、闵损这样的人怎能每个时代都有呢！一个人只要超过我，就值得我尊敬了。

世人多蔽[①]，贵耳贱目[②]，重遥轻近。少长周旋[③]，如有贤哲，每相狎侮[④]，不加礼敬；他乡异县，微藉风声[⑤]，延颈企踵[⑥]，甚于饥渴。校其长短，核其精粗，或彼不能如此矣。所以鲁人谓孔子为东家丘[⑦]。昔虞国宫之奇，少长于君，君狎之，不纳其谏，以至亡国[⑧]，不可不留心也[⑨]。

〔注释〕

①蔽：昏聩，不明是非。

②贵耳贱目：以所闻为贵，以所见为贱。

③少长：从年少到长大。周旋：引申为交往，交际应酬。

④狎侮：轻慢侮弄。

⑤风声：声望，声誉。

⑥延颈：伸长头颈。企踵：踮起脚，多形容急切仰望之状。

⑦鲁人谓孔子为东家丘：《后汉纪·孝灵皇帝纪》："鲁人谓仲尼东家丘，荡荡体大，民不能名。"丘，孔子名丘。

⑧"昔虞国宫之奇"数句：《左传·僖公二年》载，前655年晋国向虞国借

道攻打虢国,目的是先灭亡虢国,再趁虞国不备灭亡虞国,从而一箭双雕。宫之奇看出了晋国的野心,他力谏虞公,但虞公不听,最终被晋国灭亡。虞国,西周分封的姬姓诸侯国,在今山西平陆北。宫之奇,春秋时期虞国政治家。狎,轻慢。

⑨留心:小心,当心。

〔译文〕

世人大多是非不分,重视传闻的东西而轻视亲眼所见,重视远处的而轻视眼前的。从小一起长大的人中,如果有谁成了贤达名人,也常常轻慢侮弄他,对他不尊敬。而他乡异县的人,借着一点名声,就能使人们伸长脖子踮起脚跟,急切地仰慕他。比较他们的长短,审察他们的优劣,很可能远处的不如身边的。所以鲁国人称圣人孔子是"东家丘"。从前虞国的宫之奇,和虞国国君从小一起长大,虞国国君轻慢他而不采纳他的建议,以致亡国,对此不可不小心啊!

用其言,弃其身,古人所耻。凡有一言一行,取于人者,皆显称之①,不可窃人之美,以为己力;虽轻虽贱者,必归功焉。窃人之财,刑辟之所处②;窃人之美,鬼神之所责。

〔注释〕

①显称:称美,公开称誉。

②刑辟:刑法,刑律。处:处罚,惩办。

〔译文〕

采纳一个人的意见却抛弃这个人,这是古人所引以为耻的。只要有一言一行取自他人,都要公开称赞他;不可窃取别人的美名，作为自己的功劳。即使是卑微的人，也一定要归功于他。窃取别人的财产，会受到刑律的处罚；窃取别人的美名，就会受到鬼神的处罚。

梁孝元前在荆州①，有丁觇者②，洪亭民耳，颇善属文③，殊工草隶④。孝元书记⑤，一皆使之⑥。军府轻贱⑦，多未之重，耻令子弟以为楷法⑧，时云："丁君十纸，不敌王褒数字⑨。"吾雅爱其手迹，常所宝持⑩。孝元尝遣典签惠编送文章示萧祭酒⑪，祭酒问云："君王比赐书翰⑫，及写诗笔⑬，殊为佳手⑭，姓名为谁？那得都无声问⑮？"编以实答。子云叹曰："此人后生无比，遂不为世所称，亦是奇事。"于是闻者稍复刮目。稍仕至尚书仪曹郎⑯，末为晋安王侍读⑰，随王东下。及西台陷殁⑱，简牍湮散⑲，丁亦寻卒于扬州；前所轻者，后思一纸，不可得矣。

〔**注释**〕

①荆州：古时又称"江陵"，今属湖北省。

②丁觇（chān）：南北朝时梁书法家。

③属（zhǔ）文：撰写文章。属，缀。

④草隶：专指草隶书。初期草书乃为隶书的草写体，故名。

⑤书记：书写，记录。

⑥一皆：一律，全部。

⑦军府：将帅的府署。

⑧楷法：典范，法则。

⑨王褒：字子渊，琅琊临沂（今山东临沂）人，南北朝文学家。东晋宰相王导之后。

⑩宝持：珍重保存。

⑪典签：官名。处理文书的官吏。萧祭酒：即萧子云，字景齐，南兰陵

人。南朝梁史学家、文学家，善草隶书法。曾任梁国子祭酒。

⑫比：近日，近来。书翰：文字，书信。翰，笔。

⑬诗笔：诗和散文。

⑭佳手：犹言高手，能手。

⑮声问：名誉，名声。

⑯尚书：即尚书省。东汉设置，称尚书台，或称中台。南北朝时始称尚书省，下分各曹，为中央执行政务的总机构。仪曹：官名，掌礼乐制度。

⑰晋安王：指梁简文帝萧纲，初封晋安王。侍读：陪侍帝王读书论学或为皇子等授书讲学。

⑱西台：即江陵。因其位置在西，故名。

⑲湮散：湮没散佚。

〔译文〕

梁元帝以前在荆州的时候，府中有个叫丁觇的，是洪亭人，很会写文章，特别擅长草隶书。梁元帝的文书抄写等事务，全都交给他来做。但军府中的人大都看不起他，耻于让子弟去向他学习书法，当时的说法是："丁君写十张纸，不敌王褒几个字。"我素来喜欢他的墨迹，常把它们珍藏起来。梁元帝曾派典签惠编送文章给祭酒萧子云看，萧子云问惠编："君王近日赐给我的书信以及诗文，看其书法都是高手所写，他姓甚名谁？怎么没有一点名气呢？"惠编据实答复了他。萧子云感叹道："这是个无比优秀的年轻人，却不被世人称道，也是怪事了。"听到这话的人从此之后渐渐改变了对他的看法。丁觇随后做了尚书仪曹郎，最后任晋安王侍读，随晋安王东下。等到江陵沦陷的时候，文书信札全都毁坏散失了，丁觇不久也死于扬州；之前看轻他的人，后来想得到他的一张纸，也不可能了。

侯景初入建业①，台门虽闭②，公私草扰③，各不自全。

太子左卫率羊侃坐东掖门[④]，部分经略[⑤]，一宿皆办，遂得百余日抗拒凶逆[⑥]。于时，城内四万许人，王公朝士[⑦]，不下一百，便是恃侃一人安之，其相去如此[⑧]。古人云："巢父、许由[⑨]，让于天下；市道小人[⑩]，争一钱之利。"亦已悬矣[⑪]。

〔注释〕

①侯景：字万景，北魏怀朔镇（今内蒙古固阳南）人，羯族。后入东魏，梁武帝太清元年（547）率部投降梁朝，第二年即起兵叛乱，进攻梁朝，史称"侯景之乱"。梁大宝二年（551）篡位自立为帝，改国号为"汉"，称南梁汉帝。不久被梁将王僧辩、陈霸先等击败，为部下所杀。建业：即建康，今江苏南京。西晋末年因避晋愍帝司马邺讳，改称建康。

②台门：台城门。台城即禁城。

③草扰：仓促纷乱。

④太子左卫率：官职名，主门卫。羊侃：字祖忻，泰山梁父（今山东泰安东南）人，南北朝时期南梁名将。坐：拒守。东掖门：台城正南端门，其左、右二门曰东、西掖门。

⑤部分：部署，安排。经略：筹划治理。

⑥凶逆：凶恶悖逆的人。

⑦王公：被封为王爵和公爵者，亦泛指达官贵人。朝士：朝廷之士。泛称中央官员。

⑧相去：相距，相差。

⑨巢父：传说为尧时的隐士，因筑巢而居，人称巢父。尧把天下让给他，他不肯接受。许由：亦作"许繇"。传说中的隐士。相传尧让以天下，不受，遁居于颍水之阳箕山之下。尧又召为九州长，由不愿闻，洗耳于颍水之滨。

⑩市道：指市井及道路之人，普通人。

⑪悬：悬殊，差别大。

〔译文〕

侯景刚进入建业城的时候，城门虽然是关闭的，但官吏百姓都恐慌混乱,人人自危。太子左卫率羊侃防守东掖门,筹划部署,一夜时间把各项事务都安排好了,这才能够抗拒凶恶的叛军一百多天。当时,台城内约有四万人,达官贵人不下一百人,就是依靠羊侃一人才得以稳定了局势。他们之间的差距如此巨大。古人说:"巢父、许由,争着让出天下;而市井小人却去争一文钱的好处。"差距也太悬殊了。

齐文宣帝即位数年[①],便沉湎纵恣[②],略无纲纪[③];尚能委政尚书令杨遵彦[④],内外清谧[⑤],朝野晏如[⑥],各得其所,物无异议,终天保之朝[⑦]。遵彦后为孝昭所戮[⑧],刑政于是衰矣。斛律明月,齐朝折冲之臣[⑨],无罪被诛,将士解体,周人始有吞齐之志,关中至今誉之。此人用兵,岂止万夫之望而已也!国之存亡,系其生死。

〔注释〕

①齐文宣帝:高洋,字子进,鲜卑名侯尼干,渤海蓨县(今河北景县)人,因生于晋阳,一名晋阳乐。高欢次子,南北朝时期北齐开国皇帝。

②纵恣:肆意放纵。

③略无:全无,毫无。纲纪:法律制度。

④委政:付以政柄。尚书令:官名,尚书省的长官。杨遵彦:杨愔(yīn),字遵彦,小字秦王,弘农华阴(今陕西华阴)人。南北朝时期北齐尚书令。

⑤清谧:清静,安宁。

⑥朝野:朝廷与民间,亦指政府方面与非政府方面。晏如:安定,安宁,恬适。

⑦天保:是北齐文宣帝高洋的年号,550—559年。天保十年十月废帝高殷即位沿用。

⑧孝昭:即北齐孝昭帝高演,字延安,渤海蓨县(今河北景县)人,高欢第六子,南北朝时期北齐第三位皇帝。

⑨斛律明月：斛律光，字明月，朔州敕勒部（今山西西北）人，北齐名将、军事家。折冲之臣：忠勇之臣。折冲，克敌制胜。冲，冲车，战车的一种。

〔译文〕

齐文宣帝即位几年后，便沉湎酒色，肆意放纵，朝中纲纪废弛；但他还能把政事交付给尚书令杨遵彦，因此朝廷内外倒也清静安宁，大臣们各得其所，大家都没有意见，这种局面一直延续到天保朝结束。杨遵彦后来被孝昭帝杀了，国家的刑法政令也从此衰落。斛律明月是齐朝的忠勇之臣，他无罪却被杀害，导致将士们人心涣散，斗志瓦解，周人这才有了吞并齐的念头，关中地区的人民至今仍对斛律明月称赞不已。此人用兵，岂止是众望所归而已呢？他的生死，直接关系到了国家的存亡。

张延隽之为晋州行台左丞①，匡维主将②，镇抚疆埸③，储积器用，爱活黎民④，隐若敌国矣⑤。群小不得行志，同力迁之⑥。既代之后，公私扰乱，周师一举，此镇先平。齐亡之迹，启于是矣⑦。

〔注释〕

①张延隽：其人不详。晋州：今属河北。行台：朝廷派遣到外地监督军队的大臣。左丞：官名。

②匡维：匡正维护。

③疆埸（yì）：边界，边境。

④黎民：民众，百姓。

⑤隐若敌国：对国家起举足轻重作用的人。隐，威严庄重的样子。敌国，相当于一国。敌，匹敌，同等。

⑥迁：去，离开。

⑦启：始，开始。

〔译文〕

张延隽任晋州行台左丞的时候,匡正维护主将,镇守安抚边境,储蓄积聚物资,爱护救助百姓,使晋州威严庄重得像一个国家一样。众小人不能胡作非为,就合力把他排挤走了。张延隽被取代后,晋州陷入混乱,周朝军队一起兵,就先攻下了晋州。齐朝灭亡的迹象,就是从这时开始的。

卷　三

勉学第八

〔题解〕

本篇作者强调了学习的重要性，认为“若能常保数百卷书，千载终不为小人也”。除了论述学习的意义，作者对于如何学、学什么也分别进行了阐述，比如应向先达学习；学习应持谦虚谨慎的态度，因为读了几卷书便骄傲自大则不如不学；学习应从小开始，但如果幼年时不具备条件而没能读书，成年后再开始犹未为晚；学贵博闻，应广涉群书、勤学好问；重视文字学，认为文字是典籍的根本；等等。作者还批评了专注疏义的治学方式，认为其无益于事；对于魏晋南北朝时期盛行的玄学，认为其不利于济助世人、形成良好的社会风气。

自古明王圣帝，犹须勤学，况凡庶乎①！此事遍于经史，吾亦不能郑重②，聊举近世切要③，以启寤汝耳④。士大夫子弟，数岁已上，莫不被教，多者或至《礼》《传》⑤，少者不失《诗》《论》⑥。及至冠婚⑦，体性稍定⑧，因此天机⑨，倍须训诱⑩。有志尚者⑪，遂能磨砺⑫，以就素业⑬；无履立者⑭，自兹堕慢⑮，便为凡人。人生在世，会当有业：农民则计量耕稼[16]，商贾则讨论货贿[17]，工巧则致精器用[18]，伎艺则沉思法术[19]，武夫则惯习弓马，文士则讲议经书。多见士大夫耻涉农商，差务工伎[20]，射则不能穿札[21]，笔则才记姓名，饱食醉酒，忽忽无事[22]，以此销日[23]，以此终年[24]。或因家世余绪[25]，得一阶半级[26]，便自为足，全忘修学[27]；及有吉凶大事，议论得失，蒙然张口[28]，如坐云雾；公私宴集，谈古赋诗，塞默低头[29]，欠伸而已[30]。有识旁观，代其入地[31]。何惜数年勤学，长受一生愧辱哉！

〔**注释**〕

①凡庶：平民，平常人。

②郑重：频繁，反复多次。

③切要：要领，纲要。

④启寤：启发使觉悟。

⑤《礼》《传》：《礼》指《周礼》，《传》指《左传》。

⑥《诗》《论》：《诗》指《诗经》，《论》指《论语》。

⑦冠婚：谓行加冠、结婚礼。

⑧体性：秉性，性情，性格。

⑨天机：天赋的灵机，即灵性。

⑩训诱：教诲诱导。

⑪志尚：志向，理想。

⑫磨砺：磨炼。

⑬素业：先世所遗之业。旧时多指儒业。

⑭履立：操守。

⑮堕慢：怠惰散漫。

⑯计量：考虑，打算。耕稼：泛指种庄稼。

⑰货贿：财货，财物。金玉曰货，布帛曰贿。

⑱工巧：泛指匠人，工匠。致精：显示精巧。器用：器皿用具。

⑲伎艺：有技艺的人。沉思：深思。法术：方法，技术。

⑳差：当为“羞”字之误。工伎：技艺方术。
㉑穿札：射穿铠甲。形容射箭功力之强。札，铠甲的叶片。
㉒忽忽：迷糊，恍惚。
㉓销日：消磨时日。
㉔终年：终其天年。
㉕余绪：留传给后世的部分。
㉖一阶半级：指一官半职。阶，官阶，品级。级，等第，特指官爵的品级。
㉗修学：治学，研习学业。
㉘蒙然：迷糊貌，蒙昧貌。
㉙塞默：犹沉默，不作声。
㉚欠伸：打呵欠，伸懒腰。疲倦的表示。
㉛入地：钻入地下。形容十分羞惭。

〔译文〕

自古以来的圣明帝王，尚且需要勤奋学习，何况平民百姓呢！这种事情经书史书中到处都是，我也不能一一举例，姑且列举一些近代的主要事例，来启发开导你们。士大夫的子弟们，到了几岁的时候，都要接受教育，多的学了《周礼》和《左传》，少的也学了《诗经》和《论语》。等到了加冠、结婚的年龄，性情逐渐稳定下来，借着此时的灵性，更需要对他们加倍教诲诱导。他们中有志向的，就能够磨炼自己，来完成先世所遗留之业了；那些没有操守的，从此开始怠惰散漫，就成了平庸之人。人生在世，当须有自己的事业：农民就要考虑如何种庄稼，商贾就要讨论如何交易赚钱，工匠就要打磨器具，有技艺的人要钻研技术，武士要熟练骑射，文士则要讲说经义。我见到很多士大夫耻于涉足农业和商业，也不愿去学技艺方术，射箭连一片铠甲都不能射穿，提笔则只能写下自己的姓名；整日吃饱喝足无所事事，这样来消磨时日，终其一生。有的借先人的荫庇，得个一官半职，就自我满足了，全然忘了要研习学业；等到有了吉凶大事，议论得失的时候，茫茫然张口结舌，如同坐在云里雾里一样；遇到公私宴饮集会的场合，别人谈古赋诗，自己只能默然低头，打呵欠伸懒腰而已。有识之士从旁观察，都要替他感到羞愧，恨不能钻入地下。为什么不能勤学几年，而甘心忍受一生的羞愧和耻辱呢！

梁朝全盛之时，贵游子弟①，多无学术，至于谚云："上车不落则著作，体中何如则秘书②。"无不熏衣剃面③，傅粉施朱④，驾长檐车⑤，跟高齿屐⑥，坐棋子方褥⑦，凭斑丝隐囊⑧，列器玩于左右⑨，从容出入，望若神仙。明经求第⑩，则顾人答策⑪；三九公宴⑫，则假手赋诗⑬。当尔之时，亦快士也⑭。及离乱之后，朝市迁革⑮，铨衡选举⑯，非复曩者之亲⑰；当路秉权⑱，不见昔时之党⑲。求诸身而无所得，施之世而无所用。被褐而丧珠⑳，失皮而露质㉑，兀若枯木㉒，泊若穷流㉓，鹿独戎马之间㉔，转死沟壑之际㉕。当尔之时，诚驽材也㉖。有学艺者㉗，触地而安㉘。自荒乱以来㉙，诸见俘虏，虽百世小人㉚，知读《论语》《孝经》者，尚为人师；虽千载冠冕㉛，不晓书记者㉜，莫不耕田养马。以此观之，安可不自勉耶？若能常保数百卷书㉝，千载终不为小人也。

〔注释〕

①贵游子弟：没有官职的贵族子弟。游，游闲，即无官职的。

②上车不落则著作，体中何如则秘书：这是南北朝时的民间谚语。指不学无术的王公贵族子弟做了著作郎、秘书郎。上车不落，登车不下，指贵族子弟，无官职的王公子弟。著作，即著作郎，专掌编纂国史。体中何如，为当时尺牍客套语，是说贵族子弟没有真才实学，仅能作一般问候起居的书信而已。秘书，即秘书郎，掌典籍或起草文书的官。

③剃面：刮脸。

④傅粉：搽粉。施朱：犹言涂脂抹粉。

⑤长檐车：即幔车。一种以牛驾车、用车幔覆盖整个车身的车子。

⑥跟：穿着鞋，趿。高齿屐：高齿木屐。

⑦棋子方褥：以织成方格图案的绮所制成的方形坐褥。棋子，是以棋枰罫（guǎi）目形容方格。罫，围棋盘上的方格。

⑧凭：依着，靠着。斑丝：杂色丝之织成品。隐囊：供人倚凭的软囊，犹今之靠枕之类。

⑨器玩：可供玩赏的器物。

⑩明经求第：以通晓经术求取科第。第，科第。

⑪顾：通“雇”。雇赁。答策：朝廷选人时，提出当时政治、经济等问题，要求对答，应选者作答，谓之“答策”。

⑫三九：指三公九卿。公宴：即“公讌”，公卿高官或官府的宴会。

⑬假手：特指请人代笔。假，借。

⑭快士：豪爽之士。

⑮朝市：朝廷。迁革：变革，变化。

⑯铨（quán）衡：考核、选拔（人才）。

⑰曩（nǎng）者：以往，从前，过去的。

⑱当路：执政，掌权。秉权：执掌政权。

⑲党：亲族。

⑳被（pī）褐：穿着粗布短袄，谓处境贫困。被，同“披”。

㉑质：底子。

㉒兀若枯木：像干枯的树木一样静止无声。兀，静止，使静止。

㉓泊若穷流：像干涸的河流一样寂静无声。泊，寂泊，寂静无声。穷流，干涸的河流。

㉔鹿独戎马之间：在征战生活中颠沛流离。鹿独，犹落拓，颠沛流离的样子。

㉕转死沟壑之际：谓弃尸于山沟水渠之间。

㉖驽材：平庸低劣之材。

㉗学艺：学问、技艺的统称。

㉘触地:犹言无论何地。

㉙荒乱:饥荒兵乱。

㉚小人:平民百姓。

㉛冠冕:冠族,仕宦之家。

㉜书记:指文字、书籍、文章等。

㉝保:占有,拥有。

〔译文〕

梁朝全盛的时候,没有官职的贵族子弟们,大多不学无术,以至于当时的谚语说:“只要能登上车不摔跤,就可以做著作郎;只要能写问候的书信,就可以做秘书郎。”他们没有一个不是熏衣刮脸、涂脂抹粉,驾着长檐车,穿着高齿木屐,坐在织有方格图案的方形坐褥上,靠着五色丝织成的靠枕,身旁摆放着可供玩赏的器物,进进出出悠闲自得,看上去像神仙一样。需要用经术来求取功名科第的时候,就雇人来答策;参加官府宴会的时候,就请人代笔赋诗。每当这些时候,他们也算是豪爽之士了。等到战乱之后,改朝换代了,负责考核、选拔人才的,不再是以前的亲属;执掌政权的人中,也看不到往日的朋党。他们想自力更生却一无所长,想到社会上一展身手却毫无用处。他们就像穿着粗布衣服而丢失了宝珠,褪掉了皮毛而露出了底子,就像干枯的树木和干涸的河流一样悄然无声,在征战生活中颠沛流离,弃尸于山野沟壑之间。此时此刻,他们可真是平庸低劣之才了。而那些有学问、有技艺的人,却无论何地都能安居下来。自从战乱发生以来,那些我见到的俘虏,即使祖上历代都是平民百姓,他们当中通晓《论语》《孝经》的,还能给人当老师;即使祖上历代都是仕宦之家,那些不读书的人,也都去耕田养马了。由此看来,怎能不勉励自己勤奋读书呢?如果能长久地拥有数百卷书,即使经过上千年,也不会成为小人啊。

夫明《六经》之指[①]，涉百家之书，纵不能增益德行，敦厉风俗[②]，犹为一艺[③]，得以自资[④]。父兄不可常依，乡国不可常保[⑤]，一旦流离，无人庇荫，当自求诸身耳。谚曰："积财千万，不如薄伎在身[⑥]。"伎之易习而可贵者，无过读书也。世人不问愚智，皆欲识人之多，见事之广，而不肯读书，是犹求饱而懒营馔[⑦]，欲暖而惰裁衣也。夫读书之人，自羲、农已来[⑧]，宇宙之下，凡识几人，凡见几事，生民之成败好恶[⑨]，固不足论，天地所不能藏，鬼神所不能隐也。

〔注释〕

①《六经》：《诗》《书》《礼》《易》《乐》《春秋》六部儒家经典的合称。指：旨意，意向。

②敦厉：亦作"敦励"。劝勉，勉励。

③一艺：即一经。

④自资：自谋生计，自给。

⑤乡国：家乡。

⑥薄伎：薄技。伎，才智，才能。

⑦营馔：置办膳食。

⑧羲、农：伏羲氏和神农氏。伏羲，古代传说中的三皇之一。风姓。相传其始画八卦，又教民渔猎，取牺牲以供庖厨，因称庖牺。亦作"伏戏""伏牺"。神农，传说中的太古帝王名。始教民为耒耜，务农业，故称神农氏。又传他曾尝百草，发现药材，教人治病。也称炎帝，谓以火德王。

⑨生民：民众。

〔译文〕

明了《六经》的旨意，涉猎诸子百家的著述，纵然不能增广自己的德行，劝勉风俗教化，也算是一项才能，可以此来自谋生计。父兄不能够永远依赖，家乡不能够永远安定无事，一旦离散，没人能够庇护你，只能依靠自己。谚语说："积财千万，不如薄技在身。"容易习得而值得珍视的技艺，不过是读书了。世上之人，不论是愚昧的还是聪慧的，都想多多地见识人和事；这样想却不肯去读书的话，就好比想吃饱饭却懒得去置办膳食，想穿暖和却懒得去裁剪衣料缝制衣服一样。那些读书的人，从伏羲氏、神农氏以来，在这宇宙之中，见识了多少人、多少事以及民众的成败好恶，本来就不值得谈论，对他们而言这是天地、鬼神都隐藏不了的。

有客难主人曰[①]："吾见强弩长戟，诛罪安民[②]，以取公侯者有矣；文义习吏[③]，匡时富国[④]，以取卿相者有矣；学备古今，才兼文武，身无禄位[⑤]，妻子饥寒者，不可胜数，安足贵学乎？"主人对曰："夫命之穷达，犹金玉木石也；修以学艺，犹磨莹雕刻也[⑥]。金玉之磨莹，自美其矿璞[⑦]；木石之段块[⑧]，自丑其雕刻。安可言木石之雕刻，乃胜金玉之矿璞哉？不得以有学之贫贱，比于无学之富贵也。且负甲为兵[⑨]，咋笔为吏[⑩]，身死名灭者如牛毛，角立杰出者如芝草[⑪]；握素披黄[⑫]，吟道咏德，苦辛无益者如日蚀[⑬]，逸乐名利者如秋荼[⑭]，岂得同年而语矣。且又闻之：生而知之者上，学而知之者次。所以学者，欲其多知明达耳。必有天才，拔群出类，为将则暗与孙武、吴起同术[⑮]，执政则悬得管仲、子产之教[⑯]，虽未读书，吾亦谓之学矣。今子即不能然[⑰]，不师古之踪迹，犹蒙被而卧耳。"

〔注释〕

①难（nàn）：责难，诘问。

②诛罪：讨伐有罪之人。

③文义：文，修饰，文饰。义，“仪”的古字。仪制，法度。习吏：学习为官之道。吏，治理，为官。

④匡时：匡正时世，挽救时局。

⑤禄位：俸禄与爵位。

⑥磨莹：磨治光亮。莹，磨治。

⑦矿璞：未经炼制的矿石。璞，含玉的石头，未雕琢的玉。

⑧段：锻，锤击。

⑨负甲：身披铠甲。

⑩咋（zé）笔：犹操笔。古人构思为文时常以口咬笔杆，故称。

⑪角立：卓然特立。芝草：灵芝。古以为瑞草，服之能成仙。

⑫握素披黄：素，白绢，古代用以书写。黄，雌黄，古代用以校点书籍。犹言握铅抱椠（qiàn）。握铅抱椠，语本《西京杂记》卷三：“扬子云好事，常怀铅提椠，从诸计吏，访殊方绝域四方之语。”铅，铅粉。椠，木简。皆书写用具。后遂以“握铅抱椠”为勤于写作、校勘的典故。

⑬日蚀：日食。

⑭逸乐：闲适安乐。秋荼：荼至秋而繁茂，因以喻繁多。

⑮孙武：字长卿，春秋末期齐国乐安（今山东北部）人，春秋时期著名的军事家、政治家，被尊为“兵圣”。吴起：卫国左氏（今山东菏泽）人，战国初期军事家、政治家。

⑯悬得：先得。悬，先。管仲：姬姓，管氏，名夷吾，字仲，谥敬，颍上（今安徽颍上）人，春秋时期法家代表人物，著名的经济学家、政治家、军事家。子产：春秋时期郑国著名政治家、思想家，姬姓，公孙氏，名侨，字子产，又字子美，谥成，出身于郑国贵族，辅佐郑简公、郑定公二十余年。

⑰即：假如。

［译文］

有客人诘问我说：“我见过有的人手持强弩长戟，讨伐罪人使得百姓安乐，以此取得了公侯之位；有的人学习法度和为官之道，挽救时局使得国家富强，以此取得了卿相之位；有的人学问通达古今，才能兼备文武，却没有得到官位俸禄，他的妻子儿女也遭受饥寒。这样的人数不胜数，既然这样，那么学习又有什么值得崇尚的呢？”我回答说：“一个人的命运是困顿还是显达，就像金玉和木石一样；通过学习来学习技艺，就好像是琢磨金玉，雕刻玉石。金玉经过琢磨，自然比未经炼制的矿石、璞玉要美；一段木头、一块石头，自然比它们的雕刻品丑陋。难道能说经过雕刻的木石胜过含有金玉的矿石吗？所以不能拿有学问之人的贫贱，同无学问之人的富贵相比。而且，那些披上铠甲去当兵的和手执笔杆做小吏的人，身死名灭的多如牛毛，出类拔萃的却少如芝草；勤奋读书，修养品性，辛辛苦苦却没有收获的如同日食一样少，闲适安乐却拥有名利的如同秋荼一样多，怎能把二者相提并论呢？而且我又听说：生来就知道的是上等人，通过学习才知道的次之。之所以要学习，是为了增长智慧，让自己更加聪明通达罢了。如果有这样出类拔萃的天才人物，他们做将领则能不约而同地使用孙武、吴起那样的计谋，执掌政权就像事先得到管仲、子产的指点一样，这些人即使没有读过书，我也说他们学习了。现在你如果不能做到这样，再不去效法古人，就如同蒙着被子睡觉一样，什么也看不到了。”

人见邻里亲戚有佳快者①，使子弟慕而学之；不知使学古人，何其蔽也哉②！世人但知跨马被甲，长矟强弓③，便云我能为将；不知明乎天道，辩乎地利，比量逆顺④，鉴达兴亡之妙也⑤。但知承上接下，积财聚谷⑥，便云我能为相；不知敬鬼事神，移风易俗，调节阴阳，荐举贤圣之至也⑦。但知私财不入，公事夙办⑧，便云我能治民；不知诚己刑物⑨，执辔如组⑩，反风灭火⑪，化鸱为凤之术也⑫。但知抱令守律⑬，早刑晚舍⑭，便云我能平狱⑮；不知同辕观罪⑯，分剑追财⑰，假言而奸露⑱，不问而情得之察也⑲。爰及农商工贾，厮役奴隶⑳，钓鱼屠肉，饭牛牧羊㉑，皆有先达㉒，可为师表，博学求之，无不利于事也。

〔注释〕

①佳快：优秀。

②蔽：昏聩，不明是非。

③矟（shuò）：同“槊”，古代兵器。

④比量：比较。

⑤鉴达：明察洞彻。

⑥谷：谷物。古代常以谷物计禄，这里指官俸。

⑦至：准则。

⑧夙：早。

⑨诚己刑物：谓自己做到真诚，以匡正社会，为众人所取法。刑，效法。

⑩执辔如组：手握缰绳如丝带，喻治理民众。执辔，手持马缰驾车。组，丝带。

⑪反风灭火：《后汉书·儒林列传·刘昆传》载，刘昆任江陵令时，县里连年火灾，刘昆就向火叩头，多能降雨止风。迁弘农太守，仁化大行，虎皆负子渡河。光武帝问他“行何德政而致是事”，刘昆回答：“偶然耳。”左右都笑他质讷。光武帝却感叹：“此乃长者之言也。”反，覆，翻转。

⑫化鸱（chī）为凤：鸱，猫头鹰，古人以为凶鸟。《后汉书·循吏列传·仇览传》载，仇览任蒲亭长的时候，有个叫陈元的人，同母亲一起生活，其母来找仇览，告陈元不孝。仇览亲自来到陈元家，与其母子饮，为陈人伦孝行，譬以祸福之言。陈元最终成为孝子。乡邑为之谚曰：“父母何在在我庭，化我鸱枭哺所生。”考城令王涣听闻仇览以德化人，署为主簿。他对陈览曰：“主簿闻陈元之过，不罪而化之，得无少鹰鹯之志邪？”览曰：“以为鹰鹯，不若鸾凤。”

⑬抱令守律：谓死守着律令，不知变通。《汉书·杜周传》：“前王所是著为律，后王所是疏为令。”

⑭早刑晚舍（shě）：判刑宁早，赦免宁迟。刑，惩罚，处罚。舍，开释，

赦免。

⑮平狱：公正判案。狱，讼案。

⑯同辕观罪：《左传·成公十七年》："郤犨与长鱼矫争田，执而梏之，与其父母妻子同一辕。"辕，车。

⑰分剑追财：《通典·刑法六·决断》载，沛县有位富家翁，资三千余万。小妾的儿子才几岁的时候其母就去世了。富翁病重，没有更亲近可以托付的人，女儿又不贤德，他担心儿子的财产被夺走，就喊来族人写下遗书，把财产全部给了女儿，只留下一把剑，说等到儿子十五岁的时候交给他。待儿子长到十五岁，女儿又不肯把剑交给儿子，儿子就告到郡守那里，请求要回剑。当时的太守何武了解情况后，回头对掾吏说："女性强梁，婿复贪鄙。畏残害其儿，又计小儿得此财不能护，故且与女，实寄之耳，不当以剑与之。夫剑者，所以决断。限年十五者，智力足以自居。度此女婿必不复还其剑，当关县官，县官或能证察，得见申展。此凡庸何能思虑弘远如是哉！"于是，把财产全部夺取过来还给了儿子。

⑱假言而奸露：《魏书·李崇传》载，李崇做扬州刺史的时候，寿春县人苟泰有个三岁的孩子丢了好几年，后来看到孩子在同县人赵奉伯家。两家都说是自己的孩子，并有邻居做证。郡县不能断案，李崇说："这个容易。"让两个父亲和孩子分别住在不同的地方，过了些日子，派人告诉他们说："你的孩子得了病，已经死了。"苟泰听说后大哭，非常伤心；赵奉伯只是叹息，并没有哀痛的意思。李崇得知这个情况，就把孩子还给了苟泰。假言，虚言，假话。

⑲不问而情得之察：《晋书·陆云传》载，陆云做浚仪令的时候，有个人被杀了，一直找不到线索，陆云传唤了他的妻子，但什么都没问她。过了十天左右把她放了出来，命人暗中跟随，告诉说："不出十里，会有一名男子在等候她，并和她说话，就把这人抓来。"之后发生的事情果然像陆云所说的那样。审问他们，两人都认罪了。陆云的判断是："与此妻通，共杀其夫，闻妻得出，欲与语，惮近县，故远相要候。"

⑳厮役：旧称干杂事劳役的奴隶，后泛指受人驱使的奴仆。

㉑饭牛：喂牛，饲养牛。

㉒先达：德行高、学问深的知名先辈。

〔译文〕

人们看到亲戚邻里中有优秀的人物，就让子弟向他学习；却不知道让子弟向古人学习，这是多么糊涂啊！世人只知道将领跨马披甲，手持长矛强弓，就说我也能做将领；却不知道作为将领要了解天时和地利、比较逆境和顺境、明察洞彻兴亡盛衰的奥妙。只知道宰相秉承旨意统领百官，积聚财富和粮食，就说我也能做宰相；却不知道作为宰相需要懂得敬事鬼神、移风易俗、调节阴阳、荐举贤圣的准则。只知道地方官不聚敛私财，公事及早办妥，就说我也能治理百姓；却不知道做地方官需要诚实做人为人楷模，御民有方，懂得反风灭火、变恶为善的方法。只知道断案依据律令，判刑宁早，赦免宁迟，就说我也能公正判案；却不知道断案需要同车观罪、分剑追财、用假话诱使奸情败露，不用审问就能查出实情的洞察力。甚至农商工贾、童仆奴隶、渔夫屠夫、养牛牧羊之人中，都有德行高、学问深的知名先辈，可以作为学问、品德方面的表率，广泛地去向他们学习，对于事业是有帮助的。

夫所以读书学问，本欲开心明目，利于行耳。未知养亲者，欲其观古人之先意承颜①，怡声下气②，不惮劬劳③，以致甘腝④，惕然惭惧⑤，起而行之也。未知事君者，欲其观古人之守职无侵⑥，见危授命⑦，不忘诚谏⑧，以利社稷，恻然自念⑨，思欲效之也。素骄奢者，欲其观古人之恭俭节用，卑以自牧⑩，礼为教本，敬者身基⑪，瞿然自失⑫，敛容抑志也。素鄙吝者⑬，欲其观古人之贵义轻财，少私寡欲，忌盈恶满，赒穷恤匮⑭，赧然悔耻⑮，积而能散也⑯。素暴悍者⑰，欲其观古人之小心黜己⑱，齿弊舌存⑲，含垢藏疾⑳，尊贤容众㉑，苶然沮丧㉒，若不胜衣也。素怯懦者，欲其观古人之达生委命[23]，强毅正直，立言必信，求福不回[24]，勃然奋厉[25]，不可恐慑也：历兹以往，百行皆然[26]。纵不能淳[27]，去泰去甚[28]。学之所知，施无不达。世人读书者，但能言之，不能行之，忠孝无闻，仁义不足。加以断一条讼[29]，不必得其理；宰千户县[30]，不必理其民；问其造屋，不必知楣横而棁竖也[31]；问其为田，不必知稷早而黍迟也[32]；吟啸谈谑[33]，讽咏辞赋，事既优闲，材增迂诞[34]，军国经纶[35]，略无施用，故为武人俗吏所共嗤诋[36]，良由是乎？

〔注释〕

①先意承颜：本谓孝子先父母之意而承顺其志，后泛指揣摸人意，谄媚逢迎。亦作“先意承旨”“先意承指”。

②怡声下气：形容声音柔和，态度恭顺。怡声，声音和悦。下气，态度恭顺。语出《礼记·内则》：“及所，下气怡声，问衣燠寒。”

③不惮劬(qú)劳：不害怕劳累。劬劳，劳累，劳苦。

④甘腝(ér)：鲜美柔软的食物。腝，同“胹”，熟烂。

⑤惕然：警觉醒悟貌。

⑥守职：忠于职守。侵：行事超出特定的范围、职权或限度。

⑦见危授命：在危急关头勇于献出自己的生命。授命，献出生命。语见《论语·宪问》：“见利思义，见危授命。”

⑧诚谏：即忠谏。避隋文帝父杨忠名讳而改。

⑨恻然：哀怜貌，悲伤貌。

⑩自牧：自我修养。

⑪身基：立身的根本。语出《左传·成公十三年》：“礼，身之干也；敬，身之基也。”

⑫瞿(jù)然：惊骇貌。

⑬鄙吝：过分爱惜钱财。

⑭赒(zhōu)穷恤匮：接济、救助鳏寡孤独及其他贫困的人。赒，周济，救济。恤，抚恤。匮，缺乏，不足。

⑮赧(nǎn)然:惭愧脸红貌。悔耻:因知耻而悔恨。

⑯积而能散:语见《礼记·曲礼上》:“爱而知其恶,憎而知其善,积而能散,安安而能迁。”

⑰暴悍:凶暴强悍。

⑱黜:贬下。

⑲齿弊舌存:指刚者易折,柔者难毁。语出刘向《说苑·敬慎》:“老子曰:‘夫舌之存也,岂非以其柔耶?齿之亡也,岂非以其刚耶?’”

⑳含垢藏疾:包容污垢,藏匿恶物,形容宽仁大度。语出《左传·宣公十五年》:“川泽纳污,山薮藏疾,瑾瑜匿瑕,国君含垢,天之道也。”

㉑尊贤容众:语出《论语·子张》:“君子尊贤而容众,嘉善而矜不能。”容众,谓心怀宽广,能与各种人交往。

㉒苶(nié)然:疲惫貌。

㉓达生:指参透人生、不受世事牵累的处事态度。语出《庄子·达生》:“达生之情者,不务生之所无以为。”委命:委心任命。

㉔求福不回:《诗经·大雅·旱麓》:“岂弟君子,求福不回。”求福,求神赐福。不回,正直,不行邪僻。回,违,邪。

㉕勃然:兴起貌。奋厉:激励,振奋。

㉖百行:各种品行。

㉗淳:纯粹。

㉘去泰去甚:适可而止,不可过分。泰、甚,皆指过分。语出《老子》:“天下神器不可为也……是以圣人去甚、去奢、去泰。”

㉙断一条讼:谓凡言条者,一一而疏举之,像木条的样子。

㉚宰:主宰,治理。

㉛楣:门楣,门框上边的横木。棁(zhuō):梁上短柱。

㉜不必:未必。稷:一种农作物,即粟。黍:一年生草本植物,叶线形,子实淡黄色,去皮后称黄米,比小米稍大,煮熟后有黏性。

㉝吟啸:犹呼啸,呼叫。谈谑:谈笑戏谑。

㉞迂诞:迂阔荒诞,不合事理。迂,大言。诞,远。

㉟军国:军事与国务。经纶:整理丝缕、理出丝绪和编丝成绳,统称经纶,引申为筹划治理国家大事。

㊱嗤诋:讥笑嘲骂。

〔译文〕

读书学习,本来是为了启迪心智,开阔视野,以利于自己的行动。对那些不知道如何奉养双亲的人,要让他们知道古人是如何不等父母开口就能顺承父母的心意去做事,面对父母声音柔和、态度恭顺,不怕劳累地为父母准备鲜美柔软的食物;从而使他们能猛然觉醒,感到羞愧恐惧进而去效仿古人。对那些不知道如何侍奉君主的人,要让他们知道古人是如何忠于职守,不僭越不犯上,在危急关头勇于献出自己的生命;如何不忘忠心进谏,以利于社稷国家,从而使他们痛心地自我反省进而想去效仿古人。对那些素来骄横奢侈的人,要让他们知道古人是如何恭敬节俭,谦卑地修身养性,以礼作为教化的根本,以敬作为立身的根本,从而使他们震惊于自己的不足,进而有所收敛,抑制自己骄奢的心志。对那些素来吝啬的人,要让他们知道古人是如何重义轻财,少私寡欲,忌惮盈满,接济、救助贫困之人,从而使他们惭愧脸红,因知耻而心生悔恨,进而做到既能积聚钱财又能施舍钱财。对那些素来凶暴强悍的人,要让他们看到古人是如何小心谨慎,委曲求全,宁柔勿刚,宽仁大度,尊重贤人,从而使他们气焰受挫,流露出小心谦恭的样子来。对那些素来怯懦的人,要让他们看到古人是如何参透人生、委心任命,强毅正直,言而有信,不用邪僻的方法去求神赐福,从而使他们勃然振奋,无所畏惧:由此类推,各种品行的培养都可以通过这种方式。即使不能够做到完全与古人一样,也能够去掉那些过分的行为了。从学习中获得的知识,运用起来没有做不成的。世上的读书人,只知空谈却没有行动,说不上忠孝,也不够仁义。他们审理一个案子,未必知道其中的道理;管理一个千户县,未必能治理好民众;问他们如何建造房屋,未必知道门楣要横放、梁上短柱要竖放;问他们如何种田,未必知道稷应早种、黍应晚种；整天只知吟咏诗赋，谈笑戏谑，悠闲自在，除了给自身增添迂阔荒诞之外，对治理国家治理军队毫无用处，所以他们被将帅军人和才智凡庸的官吏共同讥笑嘲骂，确实是因为这些吧！

夫学者所以求益耳。见人读数十卷书，便自高大，凌忽长者①，轻慢同列②。人疾之如仇敌，恶之如鸱枭③。如此以学自损，不如无学也。

〔注释〕

①凌忽：轻慢。

②轻慢：对人不尊重，态度傲慢。同列：同僚。

③鸱枭：亦作“鸱鸮”。俗称猫头鹰，常用以比喻贪恶之人。

〔译文〕

学习，是为了使自己获益。可我看到有的人读了几十卷书，就自高自大，轻慢年长者及同僚。人们像痛恨仇敌一样痛恨他，像讨厌鸱鸮一样讨厌他。这样因学习而使自己受损，还不如不学呢。

古之学者为己，以补不足也；今之学者为人，但能说之也。古之学者为人，行道以利世也；今之学者为己，修身以求进也。夫学者犹种树也，春玩其华①，秋登其实②。讲论文章，春华也，修身利行，秋实也。

〔注释〕

①华：花。

②登：成熟，丰收。

〔译文〕

古人学习是为了自己，为了弥补自己的不足；今人学习是为了别人，只为了取悦别人。古人学习是为了别人，为了推行自己的政治主张或学说以造福社会；今人学习是为了自己，为了修养身心以求得仕进。学习就像种树一样，春天可以观赏它的花，秋天可以收获它的果实。讲谈论议学问文章，是春花；修身养性以利于行，是秋实。

人生小幼，精神专利①，长成已后，思虑散逸②，固须早教，勿失机也。吾七岁时，诵《灵光殿赋》③，至于今日，十年一理，犹不遗忘；二十之外，所诵经书，一月废置，便至荒芜矣。然人有坎壈④，失于盛年，犹当晚学，不可自弃。孔子云："五十以学《易》，可以无大过矣⑤。"魏武、袁遗，老而弥笃⑥，此皆少学而至老不倦也。曾子七十乃学⑦，名闻天下；荀卿五十，始来游学⑧，犹为硕儒；公孙弘四十余，方读《春秋》，以此遂登丞相⑨；朱云亦四十，始学《易》《论语》⑩；皇甫谧二十，始受《孝经》《论语》⑪：皆终成大儒，此并早迷而晚寤也。世人婚冠未学⑫，便称迟暮⑬，因循面墙⑭，亦为愚耳。幼而学者，如日出之光；老而学者，如秉烛夜行，犹贤乎瞑目而无见者也。

〔注释〕

①专利：专注敏锐。

②散逸：流散。

③《灵光殿赋》：即《鲁灵光殿赋》，东汉文学家王延寿曾游鲁国，作《灵光殿赋》，叙述汉代建筑及壁画等，反映了当时社会生活的一个侧面。

④坎壈(kǎnlǎn):困顿,不顺利。

⑤五十以学《易》,可以无大过矣:见《论语·述而》篇。

⑥魏武、袁遗,老而弥笃:魏武指魏武帝曹操。《三国志·魏书·武帝纪》载其御军三十余年,手不舍书,昼则讲武策,夜则思经传,登高必赋,及造新诗,被之管弦,皆成乐章。袁遗字伯业,袁绍堂兄。为长安令。曹操称:"长大而能勤学者,惟吾与袁伯业耳。"

⑦曾子(前505—前435):名参(shēn),字子舆,春秋末年鲁国南武城(今山东嘉祥)人。与其父曾点同师孔子,为孔子的晚期弟子之一,是儒家学派的重要代表人物。

⑧荀卿五十,始来游学:《史记·孟子荀卿列传》:"荀卿,赵人。年五十,始来游学于齐。"荀卿(约前313—前238),名况,字卿,战国末期赵国人,著名思想家、文学家、政治家。西汉时因避汉宣帝刘询讳,"荀"与"孙"二字古音相通,故又称孙卿。曾三次出任齐国稷下学宫的祭酒,后为楚兰陵(今山东兰陵)令。

⑨公孙弘四十余,方读《春秋》,以此遂登丞相:《汉书·公孙弘传》载:"弘,甾川薛人。年四十余,乃学春秋杂说,六十为博士……元朔中,代薛泽为丞相。"公孙弘(前200—前121),名弘,字季,一字次卿,齐地菑川(今山东寿光南纪台乡)人,西汉名臣。《春秋》,即《春秋经》,又称《麟经》或《麟史》,周朝时期鲁国的国史,中国古代儒家典籍"六经"之一。现存版本由孔子修订而成。

⑩朱云亦四十始学《易》《论语》:《汉书·朱云传》:"云,字游,鲁人。少时通轻侠,年四十乃变节,从博士白子友受《易》,又事将军萧望之,受《论语》,皆能传其业。当世高之。"

⑪皇甫谧二十,始受《孝经》《论语》:《晋书·皇甫谧传》:"谧,字士安,安定朝那人。年二十,不好学,游荡无度所,后叔母任氏对之流涕,乃感激,就乡人席坦受书,勤力不怠,遂博综典籍百家之言,以著述为务,自号玄晏先生。"皇甫谧(215—282),魏晋时期学者、医学家、史学家,东汉名将皇甫嵩曾孙。其著作《针灸甲乙经》是中国第一部针灸学的专著,他被誉为"针灸鼻祖"。除此之外,他还编撰了《历代帝王世纪》《高士传》《逸士传》《列女传》《元晏先生集》等书,在医学史和文学史上都负有盛名。

⑫婚冠：指婚冠的年龄，喻年少。

⑬迟暮：指时间晚。

⑭因循：疏懒，怠惰，闲散。

〔译文〕

人在童稚时期，精神专注敏锐，长大之后，思虑就流散了，所以需要提早教导，不要失去机会。我七岁的时候，诵读《灵光殿赋》，直到今天，十年一个道理，还不曾遗忘；二十岁之后，所诵读的经书，废弃搁置一个月，就会荒芜了。然而人生会有坎坷，少壮之时错过了，以后还需要学习，不能自我放弃。孔子说："五十岁学习《周易》，可以没有大的过错了。"魏武帝曹操、袁遗，老了更加专一，这都是年少时就好学、到老也不倦怠的。曾子七十岁才学习，天下闻名；荀卿五十岁了才来游学，还成了大儒；公孙弘四十多岁才读《春秋》，靠这个当上了丞相；朱云也四十岁才学《易》《论语》；皇甫谧二十岁，才学习《孝经》《论语》：他们最终都成了大儒，这都是早年迷失而晚年觉悟的。世人年少的时候没学习，就说已经晚了，于是就怠惰不学习，也是愚蠢的。小时学习的人，像日出时的光芒；老年学习的人，像手持蜡烛走夜路，仍比闭着眼睛什么也不看的人好。

学之兴废，随世轻重。汉时贤俊，皆以一经弘圣人之道，上明天时，下该人事①，用此致卿相者多矣。末俗已来不复尔②，空守章句③，但诵师言，施之世务④，殆无一可。故士大夫子弟，皆以博涉为贵⑤，不肯专儒⑥。梁朝皇孙以下，总丱之年⑦，必先入学，观其志尚⑧，出身已后⑨，便从文史⑩，略无卒业者⑪。冠冕为此者⑫，则有何胤、刘瓛、明山宾、周捨、朱异、周弘正、贺琛、贺革、萧子政、刘绍等[13]，兼通文史，不徒讲说也。洛阳亦闻崔浩、张伟、刘芳[14]，邺下又见邢子才[15]：此四儒者，虽好经术，亦以才博擅名[16]。如此诸贤，故为上品[17]，以外率多田野间人[18]，音辞鄙陋[19]，风操蚩拙[20]，相与专固[21]，无所堪能[22]，问一言辄酬数百[23]，责其指归[24]，或无要会[25]。邺下谚云："博士买驴[26]，书券三纸[27]，未有驴字。"使汝以此为师，令人气塞[28]。孔子曰："学也禄在其中矣[29]。"今勤无益之事[30]，恐非业也[31]。夫圣人之书，所以设教[32]，但明练经文[33]，粗通注义，常使言行有得[34]，亦足为人；何必"仲尼居"即须两纸疏义[35]，燕寝讲堂[36]，亦复何在？以此得胜，宁有益乎？光阴可惜[37]，譬诸逝水。当博览机要[38]，以济功业；必能兼美[39]，吾无间焉[40]。

〔注释〕

①该：包容，包括。

②末俗：末世的习俗，低下的习俗。

③章句：剖章析句。经学家解说经义的一种方式。亦泛指书籍注释。

④世务：谋身治世之事。

⑤博涉：广泛地涉猎、阅读。

⑥专儒：能说一经的儒生。与"鸿儒"相对。

⑦总丱(guàn)：古时儿童束发为两角。丱，两角貌。

⑧志尚：志向，理想。

⑨出身：指为官。

⑩便从文史：依各本，当作"便从文吏"。文吏，文职官吏。

⑪略无：全无，毫无。略，皆，全。卒业：完成学业，毕业。

⑫冠冕：冠族，仕宦之家。

⑬何胤、刘瓛、明山宾、周捨、朱异、周弘正、贺琛、贺革、萧子政：何胤，庐江潜县(今安徽霍山)人，南朝梁学者。刘瓛，字子珪，沛国相县(今安徽淮

北)人,南朝齐学者。明山宾,字孝若,平原鬲(今山东平原)人,南朝梁学者。周捨,字升逸,汝南安城(今河南汝南)人,南朝梁大臣。朱异,字彦和,吴郡钱唐(今浙江杭州)人,南朝梁大臣。周弘正,字思行,汝南安城(今河南汝南)人,南朝梁大臣。贺琛,字国宝,会稽山阴(今浙江绍兴)人,南朝梁大臣。贺革,字文明,贺琛堂弟,南朝梁大臣。萧子政,南朝梁大臣。

⑭崔浩、张伟、刘芳:崔浩,字博渊,清河东武城(今河北清河)人,北魏大臣。张伟,字仲业,太原中都(今山西平遥)人,北魏官吏。刘芳,字伯文,彭城(今江苏徐州)人,北魏大臣。

⑮邺下:古地名,在古时邺城,今河北临漳。邢子才:本名邢邵,字子才,河间鄚县(今河北任丘)人,北齐学者。

⑯擅名:享有名声。

⑰上品:上等。

⑱率多:大多。田野:泛指农村。

⑲音辞:言谈,辞令。鄙陋:庸俗浅薄。

⑳风操:指人的志行品德。蚩拙:愚昧,笨拙。

㉑相与:相处,相交往。专固:固执。

㉒堪能:才能,擅长。

㉓辄:每每,总是。酬:应对,对答。

㉔责:诘问。指归:主旨,意向。

㉕或:又。要会:主旨,要旨。

㉖博士:古代学官名。六国时有博士,秦因之,诸子、诗赋、术数、方伎皆立博士。汉文帝置一经博士,武帝时置"五经"博士,职责是教授、课试,或奉使、议政。晋置国子博士。

㉗书券:写契据。券,契据。古代常用竹木等刻成,分为两半,各执其一,合以征信。后世多以纸为之。

㉘气塞:气息堵塞,形容极度气愤。

㉙学也禄在其中矣:语见《论语·卫灵公》。

㉚勤:忙于,致力于。

㉛业:基业,功业。

㉜设教:实施教化。

㉝明练:熟悉,通晓。练,练习。

㉞有得:有所得,有所领悟。

㉟疏义:疏通和阐发文义。是对经注而言。注以释经文,疏以演注义。

㊱燕寝:闲居之处。讲堂:讲习之所。

㊲可惜:应予爱惜。

㊳机要:机微精要。

㊴兼美:犹言完善,样样擅长。

㊵无间:无可非议,无懈可击。

〔译文〕

学习风气的兴盛或衰微,随着朝代的兴衰而变化。汉代的贤才俊士们,都是用一种经典来弘扬圣人的政治主张或思想体系,往上阐明了天道运行的规律,往下涵盖了人世间之事,靠这做到卿相的人很多了。汉末的习俗就不是这样了,士人们徒然地剖章析句,只是讲述老师的言论,应用到实际生活中,几乎没有行得通的。所以士大夫子弟都以广泛地涉猎、阅读为贵,不肯专攻一种经典。梁朝从皇孙以下,在童年的时候就要先进入学堂,观察他们的志向,到了步入仕途的年龄就去做文职官吏,全然没有能完成学业的。仕宦之家而能坚持学业的,有何胤、刘瓛、明山宾、周捨、朱异、周弘正、贺琛、贺革、萧子政、刘绍等,他们都兼通文史,不仅仅能讲解经义而已。我还听说洛阳有崔浩、张伟、刘芳,邺下有邢子才:这四名儒士,虽然喜好经术,同时也以学问渊博而闻名。上述这些贤士,诚然为上品,除此之外大多是乡野粗人,言谈庸俗浅薄,品性愚昧笨拙,与人相处固执己见,什么事情也不能胜任,问他一句话总是应对数百句,诘问他说的主旨,他也说不出什么。邺下的谚语说:“博士买驴,契据写了三页纸,还没有见到一个‘驴’字。”让你们以这样的人为师,会把人气坏的。孔子说:“学习吧,俸禄就在其中了。”现在如果致力于没有意义的事情,恐怕不是正道。圣人的书，是用来实施教化的，只要通晓经文，略通注解，使之对自己的言行常常有所帮助，也足以为人了；何必仅对“仲尼居”三个字就要用两张纸来疏通和阐发文义，孔子的闲居之处和讲习之所，又在哪里呢？在这个问题上胜过别人，又有什么好处呢？光阴就像一去不返的流水，应予以爱惜。你们应当博览群书的精要，用来成就功业；如果能做到博览与专精同时擅长，我也不加非议。

俗间儒士[①]，不涉群书，经纬之外[②]，义疏而已[③]。吾初入邺，与博陵崔文彦交游[④]，尝说《王粲集》中难郑玄《尚书》事[⑤]，崔转为诸儒道之，始将发口[⑥]，悬见排蹙[⑦]，云：“文集只有诗赋铭诔[⑧]，岂当论经书事乎？且先儒之中[⑨]，未闻有王粲也。”崔笑而退，竟不以《粲集》示之。魏收之在议曹[⑩]，与诸博士议宗庙事[⑪]，引据《汉书》[⑫]，博士笑曰：“未闻《汉书》得证经术[⑬]。”收便忿怒，都不复言，取《韦玄成传》[⑭]，掷之而起。博士一夜共披寻之[⑮]，达明，乃来谢曰：“不谓玄成如此学也[⑯]。”

〔注释〕

①俗间：世间。

②经纬：经书和纬书。纬书是汉代附会儒家经义的一类书，主要宣扬神学迷信，但也记述了一些天文、历法等方面的知识。

③义疏：疏解经义的书。其名源于六朝佛家解释经典。后泛指补充和解释旧注的疏证。

④博陵：郡名。今河北安平。

⑤《王粲集》中难郑玄《尚书》事：见于《新唐书·元行冲列传》元行冲《释疑》一文。“王粲曰：‘世称伊、雒以东，淮、汉以北，康成一人而已。咸言先儒多阙，郑氏道备。’粲窃嗟怪，因求所学，得《尚书注》，退思其意，意皆尽

矣,所疑犹未喻焉,凡有二篇。”王粲,字仲宣,山阳高平(今山东微山)人,东汉末年文学家,“建安七子”之一。难,责难,诘问。

⑥发口:出口,开口。

⑦悬:先。排蹙:排挤,引申为斥责。

⑧赋:文体名。是韵文和散文的综合体,讲究辞藻、对偶、用韵。最早以“赋”名篇的为战国荀况,今实存《礼赋》《知赋》等五篇。后盛行于汉、魏、六朝。铭:文体名。古代常刻于碑版或器物,或以称功德,或用以自警。诔(lěi):古代列述死者德行,表示哀悼并以之定谥(多用于上对下)。

⑨先儒:先世儒者,已去世的儒者。

⑩魏收:字伯起,小字佛助,巨鹿下曲阳(今河北晋州)人,南北朝时期北齐史学家、文学家,撰《魏书》一百三十篇。议曹:官署名。掌言职。

⑪宗庙:古代帝王、诸侯祭祀祖宗的庙宇。

⑫引据:引证。《汉书》:又称《前汉书》,是中国第一部纪传体断代史,“二十四史”之一,东汉史学家班固编撰,全书主要记述了上起西汉汉高祖元年(前206),下至新朝王莽地皇四年(23)共二百三十年的史事。包括本纪十二篇,表八篇,志十篇,传七十篇,共一百篇,八十万字,后人划分为一百二十卷。与《史记》《后汉书》《三国志》并称为“前四史”。

⑬经术:经学。

⑭《韦玄成传》:见《汉书》卷七十三。其中有“议罢郡国庙”等事迹。韦玄成,字少翁,鲁国邹(今山东邹城)人,西汉大臣。

⑮批寻:批阅文章,寻找其中蕴含的真理。

⑯不谓:不料。

〔译文〕

世间的读书人,不博览群书,在经书和纬书之外,就只是读一些疏解经义的书而已。我刚到邺城的时候,与博陵人崔文彦交往,曾经说起《王粲集》中有关王粲责难郑玄《尚书注》一事。崔文彦转而和几位读书人说起这事,刚开口就被他们责难说:“文集中只有诗、赋、铭、诔四种文体,怎能论及经书呢?而且先世的儒者之中,也没听说有个叫王粲的人。”崔文彦笑着告退了,到底也没有把《王粲集》拿给他们看。魏收在议曹和博士们议论宗庙之事的时候，引证了《汉书》，博士们笑着说："没听说《汉书》能证明经学。"魏收就很生气，不再说话，拿来《汉书·韦玄成传》，扔给他们就起身走了。博士们用了一晚上研读此书，天亮的时候来向魏收道歉说："没想到韦玄成还有这样的学问。"

夫老、庄之书[1]，盖全真养性[2]，不肯以物累己也。故藏名柱史，终蹈流沙[3]；匿迹漆园，卒辞楚相[4]，此任纵之徒耳[5]。何晏、王弼[6]，祖述玄宗[7]，递相夸尚[8]，景附草靡[9]，皆以农、黄之化[10]，在乎己身，周、孔之业[11]，弃之度外。而平叔以党曹爽见诛，触死权之网也[12]；辅嗣以多笑人被疾，陷好胜之阱也[13]；山巨源以蓄积取讥，背多藏厚亡之文也[14]；夏侯玄以才望被戮，无支离拥肿之鉴也[15]；荀奉倩丧妻，神伤而卒，非鼓缶之情也[16]；王夷甫悼子，悲不自胜，异东门之达也[17]；嵇叔夜排俗取祸，岂和光同尘之流也[18]；郭子玄以倾动专势，宁后身外己之风也[19]；阮嗣宗沉酒荒迷，乖畏途相诫之譬也[20]；谢幼舆赃贿黜削，违弃其余鱼之旨也[21]：彼诸人者，并其领袖[22]，玄宗所归。其余桎梏尘滓之中[23]，颠仆名利之下者[24]，岂可备言乎[25]！直取其清谈雅论[26]，剖玄析微[27]，宾主往复[28]，娱心悦耳，非济世成俗之要也[29]。洎于梁世[30]，兹风复阐[31]，《庄》《老》《周易》，总谓《三玄》。武皇、简文[32]，躬自讲论[33]。周弘正奉赞大猷[34]，化行都邑[35]，学徒千余，实为盛美[36]。元帝在江、荆间[37]，复所爱习[38]，召置学生，亲为教授，废寝忘食，以夜继朝，至乃倦剧愁愤[39]，辄以讲自释[40]。吾时颇预末筵[41]，亲承音旨[42]，性既顽鲁[43]，亦所不好云。

〔注释〕

①老、庄:指老子、庄子。

②全真:保全天性。养性:谓修养身心,涵养天性。

③藏名柱史,终蹈流沙:《史记·老子韩非列传·集解》引《列仙传》:"老子,姓李名耳……为周柱下史……关令尹喜者,周大夫也,善内学星宿,服精华,隐德行仁,时人莫知。老子西游,喜先见其气,知真人当过,候物色而迹之,果得老子。老子亦知其奇,为著书,授之。与老子俱之流沙之西,服巨胜实,莫知其所终。"柱史,"柱下史"的省称,周、秦官名,即汉以后的御史,因其常侍立殿柱之下,故名。流沙,指西域地区。

④匿迹漆园,卒辞楚相:《史记·老子韩非列传》:"庄子者,蒙人也,名周。周尝为蒙漆园吏……楚威王闻庄周贤,使使厚币迎之,许以为相。庄周笑谓楚使者曰:'千金,重利;卿相,尊位也。子独不见郊祭之牺牛乎?养食之数岁,衣以文绣,以入大庙。当是之时,虽欲为孤豚,岂可得乎?子亟去,无污我。'"

⑤任纵:任性放纵。

⑥何晏、王弼:何晏,字平叔,南阳宛(今河南南阳)人,三国时期曹魏大臣、玄学家,东汉大将军何进之孙,有文集十一卷。王弼,字辅嗣,三国曹魏山阳高平(今山东微山)人,经学家、哲学家,魏晋玄学的主要代表人物及创始人之一,其作品主要包括《老子注》《老子指略》及《周易注》《周易略例》等。

⑦祖述:阐述,发扬。玄宗:指道家所谓道的深奥旨意。

⑧递相:互相。夸尚:夸耀推崇。

⑨景附:如影附身,比喻依附密切。草靡:草顺风倒伏,比喻教化风行。

⑩农、黄:神农、黄帝。

⑪周、孔:周公、孔子。

⑫平叔以党曹爽见诛,触死权之网也:何晏字平叔。《三国志·魏书·曹爽传》载曹爽掌权后,乃进叙南阳何晏等为腹心。司马懿以计夺曹爽兄弟权,曹爽、何晏等被收下狱,后皆遭族诛。死权,指贪恋权势至死不休。

⑬辅嗣以多笑人被疾,陷好胜之阱也:王弼字辅嗣。《三国志·魏书·

钟会传》裴注载其“论道傅会文辞，不如何晏，自然有所拔得，多晏也。颇以所长笑人，故时为士君子所疾”。疾，怨恨。

⑭山巨源以蓄积取讥，背多藏厚亡之文也：山涛字巨源。此句不详所出。背，违背，违反。多藏厚亡，指积聚很多财物而不能周济别人，引起众人的怨恨，最后会损失更大。厚亡，亡失很多。厚，大。亡，损失。文，指文字记载。

⑮夏侯玄以才望被戮，无支离拥肿之鉴也：《三国志·魏书·夏侯玄传》：“玄字太初。少知名，弱冠为散骑黄门侍郎……玄以爽抑黜，内不得意。中书令李丰虽宿为大将军司马景王所亲待，然私心在玄，遂结皇后父光禄大夫张缉，谋欲以玄辅政……大将军微闻其谋，请丰相见，丰不知而往，即杀之……于是丰、玄、缉、敦、贤等皆夷三族。”支离，即支离疏，《庄子》寓言人物。肢体畸形，于事无补，而坐受赈济。拥肿，臃肿。引申为无所可用或无用。

⑯荀奉倩丧妻，神伤而卒，非鼓缶之情也：荀粲字奉倩。《三国志·魏书·荀彧传》裴注：“粲常以妇人者，才智不足论，自宜以色为主。骠骑将军曹洪女有美色，粲于是聘焉，容服帷帐甚丽，专房欢宴。历年后，妇病亡，未殡，傅嘏往唁粲，粲不哭而神伤……曰：‘佳人难再得！顾逝者不能有倾国之色，然未可谓之易遇。’痛悼不能已，岁余亦亡。”《庄子·至乐》：“庄子妻死，惠子吊之，庄子则方箕踞鼓盆而歌。惠子曰：‘与人居，长子老身，死不哭亦足矣，又鼓盆而歌，不亦甚乎！’庄子曰：‘不然。是其始死也，我独何能无概然！察其始而本无生，非徒无生也而本无形，非徒无形也而本无气……人且偃然寝于巨室，而我嗷嗷然随而哭之，自以为不通乎命，故止也。’”缶，瓦质的打击乐器。

⑰王夷甫悼子，悲不自胜，异东门之达也：王衍字夷甫。《晋书·王衍传》载其“尝丧幼子，山简吊之。衍悲不自胜，简曰：‘孩抱中物，何至于此！’衍曰：‘圣人忘情，最下不及于情。然则情之所钟，正在我辈。’简服其言，更为之恸”。《列子·力命》篇：“魏人有东门吴者，其子死而不忧。其相室曰：‘公之爱子，天下无有。今子死不忧，何也？’东门吴曰：‘吾常无子，无子之时不忧。今子死，乃与向无子同，臣奚忧焉？’”

⑱嵇叔夜排俗取祸，岂和光同尘之流也：嵇康字叔夜。《晋书·嵇康传》载其“早孤，有奇才，远迈不群……山涛将去选官，举康自代。康乃与涛书告绝……此书既行，知其不可羁屈也”。后因不礼遇钟会而为其所诬，遇害。

和光同尘，指不露锋芒、与世无争的消极处世态度。也比喻同流合污。和光，混合各种光彩。同尘，与尘俗相同。和、同，混合。

⑲郭子玄以倾动专势，宁后身外己之风：郭象字子玄。《晋书·郭象传》载其“少有才理，好老、庄，能清言……东海王越引为太傅主簿，甚见亲委，遂任职当权，熏灼内外，由是素论去之”。倾动，指倾倒，十分佩服、敬慕。专势，专擅权势。后身外己，把自己放在后面，反而能赢得爱戴；把自己置于度外，反而能保全生命。《老子》第七章：“后其身而身先，外其身而身存。”

⑳阮嗣宗沉酒荒迷，乖畏途相诫之譬也：阮籍字嗣宗。《晋书·阮籍传》载其“本有济世志，属魏晋之际，天下多故，名士少有全者，籍由是不与世事，遂酣饮为常。文帝初欲为武帝求婚于籍，籍醉六十日，不得言而止。钟会数以时事问之，欲因其可否而致之罪，皆以酣醉获免……时率意独驾，不由径路，车迹所穷，辄恸哭而反”。《庄子·达生》篇：“夫畏途者，十杀一人，则父子兄弟相戒也。”畏途，艰险可怕的道路。譬，晓谕，劝导。

㉑谢幼舆赃贿黜削，违弃其余鱼之旨也：谢鲲字幼舆。《晋书·谢鲲传》载“太傅东海王越闻其名，辟为掾，任达不拘，寻坐家僮取官藁除名……鲲不徇功名，无砥砺行，居身于可否之间，虽自处若秽，而动不累高”。《淮南子·齐俗训》：“惠子从车百乘以过孟诸，庄子见之，弃其余鱼。”黜削，罢免，削除。多指地位、官职而言。

㉒领袖：比喻同类人或物中之突出者。

㉓桎梏：刑具，指脚镣手铐。木在足曰桎，在手曰梏。尘滓：比喻世间烦琐的事务。

㉔颠仆：死亡，灭亡。

㉕备言：详说。

㉖直：副词。特，但，只不过。清谈雅论：清雅的谈论。

㉗剖玄析微：剖辨玄奥，分析细微。

㉘宾主往复：宾主问答。

㉙济世：救世，济助世人。成俗：形成良好的风俗。

㉚洎(jì)：至，到。

㉛阐：显露。

㉜武皇、简文：梁武帝萧衍、梁简文帝萧纲。

㉝躬自：自己，亲自。

㉞周弘正奉赞大猷：《陈书·周弘正传》载大同八年（542），周弘正“启梁武帝《周易》疑义五十条”。周弘正，字思行，汝南安城（今河南汝南）人，南朝梁大臣。大猷，治国大道。

㉟化行：教化施行。

㊱盛美：美善。

㊲江、荆：江陵、荆州。

㊳爱习：乐于学习。

㊴至乃：连词，犹言甚至，竟至。倦剧：倦极。愁愤：悲愤。

㊵自释：自行宽解。

㊶颇：略微，稍微。预：参与，参加。末筵：末座。

㊷亲承音旨：谓亲自接受梁元帝的讲说。音旨，言辞旨意。

㊸顽鲁：顽劣愚钝，不敏锐。

〔译文〕

老子、庄子的书，讲的是如何保全、涵养天性，不被外物拖累自己。因此老子隐藏名气去做柱下史，最终遁迹于黄沙大漠；庄子隐匿行迹去做漆园吏，最终辞却了楚国相位，他们都是任性放纵的一类人。何晏、王弼，阐述道的深奥意旨，互相夸耀推崇老、庄学说，当时的人如影随形、像草随风一样，都认为神农、黄帝的教化在自己身上体现出来了，而把周公、孔子的功业根本不放在心上。然而何晏因为党附曹爽而被杀，是因为他触碰了贪恋权势的罗网；王弼因为经常取笑别人而遭人怨恨，是因为他陷入了争强好胜的陷阱；山涛因为聚敛财物太多而遭到讥笑，是因为他违背了多藏厚亡的古训；夏侯玄因为才能声望而被杀，是因为他没有把支离疏因肢体残疾、樗树因臃肿无用而得以保全的故事引为教训；荀粲在妻子死后自己也悲伤过度而死，这不同于庄子丧妻后鼓盆而歌的情致；王衍哀悼儿子而悲不自胜，也有异于东门吴丧子后的达观；嵇康因为排斥世俗而招致祸患，他岂是和光同尘的那种人呢；郭象因声名显赫而专擅权势，哪里有甘居人后的风范呢；阮籍纵酒荒迷，背离了险途应多加小心的劝导；谢幼舆因贪赃受贿而被罢免，违背了庄子不贪恋财物的宗旨：这些人，都是深谙道的深奥旨意的领袖人物。至于其余的把自己桎梏在世间琐事中、奔走于名利之下的人，哪里能够说尽呢？他们只不过是择取老子、庄子书中那些清雅的谈论，剖析其中的玄微之处，宾主问答以娱心悦耳，对济助世人、形成良好的社会风气并无益处。到了梁朝，这种风气又盛行起来，《庄子》《老子》《周易》，被总称《三玄》。梁武帝和简文帝都亲自讲论。周弘正奉命宣扬以道治国的大道理，教化施行于京城，学徒达到上千人，确实是盛况空前。梁元帝在江陵、荆州的时候，也乐于学习《三玄》，他延揽来学生亲自为他们讲解，废寝忘食，夜以继日，甚至他自己很疲倦或悲愤的时候，也用讲论玄学来自我宽解。我当时偶尔陪侍在末座，亲耳聆听了梁元帝的讲说，只是我天性顽劣愚钝，对此也没有太大的兴趣。

齐孝昭帝侍娄太后疾①，容色憔悴，服膳减损②。徐之才为灸两穴③，帝握拳代痛，爪入掌心，血流满手。后既痊愈，帝寻疾崩④，遗诏恨不见太后山陵之事⑤。其天性至孝如彼，不识忌讳如此，良由无学所为⑥。若见古人之讥欲母早死而悲哭之⑦，则不发此言也。孝为百行之首⑧，犹须学以修饰之⑨，况余事乎！

〔注释〕

①齐孝昭帝：名高演，字延安，渤海蓨（今河北景县）人。南北朝时期北齐第三位皇帝，560—561 年在位。娄太后：名娄昭君，代郡平城（今山西大同）人，鲜卑族。北齐神武帝高欢的皇后，孝昭帝生母。谥号武明皇后。

②容色：容貌神色。服膳：服用和饮食。亦泛指衣食所需。

③徐之才：南北朝时期北齐大臣，丹阳（今属江苏）人，善医术。

④崩：古代称帝王、皇后之死。

⑤山陵：帝王或皇后的坟墓。《水经注·渭水》："秦名天子冢曰山，汉曰陵，故通曰山陵矣。"

⑥良：副词。确实，果然。无学：没有学问或学识。

⑦古人之讥欲母早死而悲哭之：《淮南子·说山训》："东家母死，其子哭之不哀。西家子见之，归谓其母曰：'社何爱速死，吾必悲哭社。'（江、淮谓母为社）夫欲其母之死者，虽死亦不能悲哭矣。"

⑧百行：各种品行。

⑨修饰：修养品德。

〔译文〕

齐孝昭帝服侍患病的娄太后的时候，面容憔悴，茶饭不思。徐之才为娄太后的两个穴位做针灸，孝昭帝为了代替太后疼痛而紧握双拳，以致指甲嵌入了掌心，双手流满了鲜血。娄太后病愈后不久，孝昭帝就因病去世，遗诏中说很遗憾自己没能为太后送终。他天性是如此孝顺，却如此不知忌讳，确实是因为没有学识导致的。如果他知道古人曾讥讽那个为了自己可以去痛哭而盼母亲早死的人，就不会说这话了。孝在各种品行中居首位，尚且需要通过学习来加强修养，何况其他的事呢？

梁元帝尝为吾说："昔在会稽①，年始十二，便已好学。时又患疥②，手不得拳③，膝不得屈④。闲斋张葛帏避蝇独坐⑤，银瓯贮山阴甜酒⑥，时复进之，以自宽痛⑦。率意自读史书⑧，一日二十卷。既未师受，或不识一字，或不解一语，要自重之⑨，不知厌倦。"帝子之尊，童稚之逸⑩，尚能如此，况其庶士⑪，冀以自达者哉⑫？

〔注释〕

①会稽:郡名。秦置,辖今江苏省东部及浙江省西部地。

②疥:疥疮。

③拳:卷曲,弯曲。

④屈:弯曲。

⑤葛帏:葛布制成的帷帐。

⑥银瓯(ōu):银酒杯。瓯,杯、盅之类的饮具。山阴:今浙江绍兴。

⑦宽痛:减轻痛苦。

⑧率意:悉心尽意。

⑨要自:应自,须自。

⑩童稚:儿童,小孩。逸:闲适,安乐。

⑪庶士:众士。

⑫冀:希望,盼望。自达:自己勉力以显达。

〔译文〕

梁元帝曾对我说:“我从前在会稽郡的时候,刚十二岁,就已经很好学了。当时我又得了疥疮,手不能握拳,膝不能弯曲。我就在闲斋里挂上葛布帷帐以挡避苍蝇,一人独坐,用银杯盛上山阴的甜酒,不时地喝上几口,来缓解疼痛。我自己用心地去读一些史书,一天读二十卷。因为没有老师教授,如果有一个字不认识,一句话不理解,就要引起重视,不知厌倦。”梁元帝以帝王之子的尊贵,孩童的闲适,尚且能够这样努力学习,何况那些希望通过学习以显达的芸芸众生呢?

古人勤学,有握锥投斧①,照雪聚萤②,锄则带经③,牧则编简④,亦为勤笃⑤。梁世彭城刘绮⑥,交州刺史勃之孙⑦,早孤家贫,灯烛难办⑧,常买荻尺寸折之⑨,然明夜读[10]。孝元初出会稽[11]，精选寮寀[12]，绮以才华，为国常侍兼记室[13]，殊蒙礼遇[14]，终于金紫光禄[15]。义阳朱詹[16]，世居江陵，后出扬都[17]。好学，家贫无资，累日不爨[18]，乃时吞纸以实腹[19]。寒无毡被，抱犬而卧。犬亦饥虚[20]，起行盗食，呼之不至，哀声动邻，犹不废业[21]，卒成学士[22]，官至镇南录事参军[23]，为孝元所礼。此乃不可为之事，亦是勤学之一人。东莞臧逢世[24]，年二十余，欲读班固《汉书》，苦假借不久[25]，乃就姊夫刘缓乞丐客刺书翰纸末[26]，手写一本。军府服其志尚[27]，卒以《汉书》闻。

〔注释〕

①握锥投斧：握锥，指的是战国苏秦的故事。《战国策·秦策》载苏秦读书欲睡，则引锥自刺其股，血流至踵。投斧，指的是文仲翁的故事。《文史通义·内篇五》注引《庐江七贤传》："文党字仲翁。未学之时，与人俱入山取木，谓侣人曰：'吾欲远学，先试投我斧高木上，斧当挂。'仰而投之，斧果上挂，因之长安受经。"

②照雪聚萤：照雪，指晋代孙康的故事。《初学记》引《宋齐语》："孙康家贫，常映雪读书，清淡，交游不杂。"聚萤，指的是晋代车胤的故事。《晋书·车胤传》载车胤"恭勤不倦，博学多通。家贫不常得油，夏月则练囊盛数十萤火以照书，以夜继日焉"。

③锄则带经：锄地的时候带着经书。著名的有汉代的兒宽、三国魏的常林等。《汉书·兒宽传》载兒宽贫无资用，"时行赁作，带经而锄，休息辄读诵"；《三国志·魏书·常林传》引《魏略》："林少单贫。虽贫，自非手力，不取之于人。性好学，汉末为诸生，带经耕锄。"

④牧则编简：《汉书·路温舒传》："路温舒字长君，巨鹿东里人也。父为里监门。使温舒牧羊，温舒取泽中蒲，截以为牒，编用写书。"

⑤勤笃：勤奋专一。

⑥彭城：今江苏徐州的古称。刘绮：其人不详。

⑦交州：古地名。包括今广东、广西、越南北部和中部。勃：刘勃。

⑧办：置办，筹措。

⑨荻(dí)：多年生草本植物，与芦同类。生长在水边。根茎都有节似竹，叶抱茎生，秋天生紫色或白色、草黄色花穗，茎可以编席箔。

⑩然明：点火以照明。

⑪孝元初出会稽：《梁书·元帝纪》载梁元帝天监十三年“封湘东郡王，邑二千户。初为宁远将军、会稽太守”。

⑫寮寀(liáocǎi)：亦作“寮采”。指僚属或同僚。寮，指同官。寀，官职，官吏。

⑬常侍：官名。《隋书·百官志》：“王国置郎中令、将军、常侍官。”记室：官名。东汉置，掌章表书记文檄。后世因之，或称记室督、记室参军等。

⑭殊：副词。甚，极。

⑮金紫光禄：即金紫光禄大夫。金紫，即金印紫绶，黄色印章和系印的紫色绶带。古代相国、丞相、太尉、大司空、太傅、太师、太保、前后左右将军及六宫后妃皆金印紫绶。魏晋以后，光禄大夫得假金章紫绶，因亦称金紫光禄大夫。

⑯义阳：郡名。治所在今河南信阳境内。朱詹：其人不详。

⑰扬都：南北朝时对建康(今江苏南京)的称谓。

⑱爨：烧火煮饭。

⑲实腹：充饥。

⑳饥虚：腹中空虚而饥饿。

㉑废业：中止学业。

㉒学士：官名。南北朝以后，以学士为司文学撰述之官。

㉓镇南录事参军：官名。即镇南将军的录事参军。梁元帝曾出任镇南将军。录事参军，晋公府置录事参军，掌总录众官署文簿，举弹善恶。后代刺史领军而开府者亦置之。省称“录事”。

㉔东莞：古地名，位于今山东临沂。臧逄世：见《风操篇》。

㉕假借：借。

㉖乞丐：讨取，索取。客刺：名刺，名片。书翰：文字，书信。

㉗志尚：志向，理想。

〔译文〕

古人勤奋学习的，有握锥刺股的苏秦、投斧远学的文党、映雪读书的孙康、聚萤夜读的车胤、锄地带经的兒宽、牧羊编简的路温舒，都很勤奋专一。梁代彭城人刘绮，是交州刺史刘勃的孙子，早年丧父，家境贫寒，没钱买灯烛，就经常买了荻草，折成数截，点燃了用来夜间读书时照明。孝元帝刚到会稽郡做太守的时候，精选了一些僚属，刘绮因才华出众做了湘东王府的常侍兼记室参军，受到优厚的礼遇，最后做到了金紫光禄大夫。义阳人朱詹，世代居住在江陵，后来到了扬都。他非常好学，因家贫没有钱财，一连几天不生火做饭，只能不时吞咽纸张来充饥。天气寒冷家里没有毡被盖，就抱着狗取暖睡觉。他家的狗也腹中饥饿，就爬起来出去偷东西吃，朱詹呼唤它也不回来，他悲哀的呼声惊动了邻居。即使这样他也不废弃学业，终于成为学士，做了镇南将军府的录事参军，受到孝元帝的礼遇。这是常人做不到的事，也是勤奋学习的一个例子。东莞人臧逢世，二十多岁的时候，想读班固的《汉书》，但苦于借来的书不能长期读，就到姐夫刘缓处求取一些客人的名片或书信的边角纸，自己亲手誊写了一本。将军府里的人都敬佩他的志向，他最终以研究《汉书》而闻名。

齐有宦者内参田鹏鸾[①]，本蛮人也[②]。年十四五，初为阍寺[③]，便知好学，怀袖握书[④]，晓夕讽诵[⑤]。所居卑末[⑥]，使役苦辛[⑦]，时伺间隙[⑧]，周章询请[⑨]。每至文林馆[⑩]，气喘汗流，问书之外，不暇他语。及睹古人节义之事，未尝不感激沉吟久之[⑪]。吾甚怜爱，倍加开奖[⑫]。后被赏遇[⑬]，赐名敬宣，位至侍中开府[⑭]。后主之奔青州[⑮]，遣其西出，参伺动静[⑯]，为周军所获。问齐主何在，给云[17]:“已去,计当出境[18]。”疑其不信[19],欧捶服之[20],每折一支[21],辞色愈厉[22],竟断四体而卒[23]。蛮夷童丱[24],犹能以学成忠,齐之将相,比敬宣之奴不若也。

〔注释〕

①宦者:宦官。内参:太监。

②蛮人:旧称未开化的南方少数民族。

③阍寺:宦官。

④怀袖:犹怀藏。

⑤讽诵:朗读,诵读。

⑥卑末:低级的官吏或职位。

⑦使役:服役,服事,伺候。苦辛:犹辛苦。劳苦艰辛。

⑧伺:守候,等待。

⑨周章:周流,周游。询请:询问请教。

⑩文林馆:官署名。北齐后主武平三年(572)置。文学之士入馆者称待诏文林馆。由侍中、开府仪同三司张景仁总制馆事,颜之推掌知馆事。先后入馆者达数十人,主要职务是编撰供皇帝阅览的书籍,撰成后名《修文殿御览》。

⑪感激:感奋激发。沉吟:深思。此处有咏叹之意。

⑫开奖:开导奖励。

⑬赏遇:赏识和礼遇。

⑭开府:古代指高级官员(如三公、大将军、将军等)成立府署,选置僚属。

⑮后主之奔(bèn)青州:此为武平七年(576)事。后主,指高纬,北齐第五位皇帝,565—576年在位。奔,直趋,投向。

⑯参伺:侦查,窥视。

⑰绐(dài):欺诳。

⑱计:估计,料想。

⑲信:诚实不欺。

⑳欧捶:殴打。欧,通“殴”。

㉑支:同“肢”。

㉒辞色:言辞和神色。厉:威猛,猛烈,激烈。

㉓四体：指人的四肢。

㉔童丱(guàn)：指童子，童年。丱，丱角，儿童发式。

〔译文〕

北齐有个叫田鹏鸾的太监，本是南方少数民族。十四五岁刚开始做太监的时候，就知道努力学习，总是随身带着书，终日诵读。他地位低下，差役辛苦，但仍能不时利用空余时间，四处向人询问请教。每次到文林馆，都是气喘吁吁大汗淋漓，除了请教书中的问题，顾不上说别的。每当看到古人重节操、讲义气之事，总是深受触动，赞叹不已。我很喜欢他，总是加倍开导奖励他。后来他得到皇帝的赏识和礼遇，被赐名"敬宣"，官至侍中开府。齐后主逃往青州的时候，派他去西边侦查动静，结果被周军抓获。周军问他齐后主在哪里，他欺诳对方说："已经离开了，估计已经出国境了。"周军怀疑他说谎，就拷打他，企图使他屈服，但每被打断一肢，他的言辞和神色就愈发刚烈，最后被打断四肢而死。蛮夷之族的小孩子，尚且能因学习而成为忠臣，北齐的将相们，不如敬宣这个奴仆啊！

邺平之后，见徙入关①。思鲁尝谓吾曰："朝无禄位②，家无积财③，当肆筋力④，以申供养⑤。每被课笃⑥，勤劳经史，未知为子，可得安乎？"吾命之曰⑦："子当以养为心，父当以学为教。使汝弃学徇财⑧，丰吾衣食，食之安得甘？衣之安得暖？若务先王之道，绍家世之业⑨，藜羹缊褐⑩，我自欲之。"

〔注释〕

①邺平之后，见徙入关：北齐武平七年(576)北周灭北齐，俘虏齐后主，

将北齐君臣押送到长安。

②禄位：俸禄与爵次。泛指官位俸禄。

③积财：积累的财富。

④肆筋力：尽力。肆，极力，勤苦。

⑤申：施展。

⑥课笃：课督，指考课督责。笃，通“督”。

⑦命：告诉，告诫。

⑧徇财：不惜身以求财。徇，通“殉”。

⑨绍家世之业：继承祖宗的家业。绍，承继。家世，人出生的门第，家庭世系。业，家业，产业。

⑩藜羹：用藜菜做的羹。泛指粗劣的食物。缊(yùn)褐：犹缊袍。泛指贫者所穿的粗陋之衣。

〔译文〕

邺城被北周军队平定之后，我们被移送到长安。思鲁曾对我说：“我们在朝廷没有官位俸禄，家里也没有积累的财富，我应当尽自己之力，来供养亲长。但我常常被考课督责，要致力于经史，您可知道我身为人子，这样能安心吗？”我告诉他说：“做儿子的固然应当把奉养双亲放在心上，做父亲的也应当把自己学到的东西教给子女。如果让你放弃学业去求取财富，来使得我衣食丰足，我吃起来怎能觉得甘美，穿上去又怎能觉得暖和呢？如果你致力于先王之道，承继祖宗的家业，即使吃的是粗茶淡饭，穿的是破衣烂衫，我也乐意。”

《书》曰：“好问则裕。”[①]《礼》云：“独学而无友，则孤陋而寡闻。”[②]盖须切磋相起明也[③]。见有闭门读书，师心自是[④]，稠人广坐[⑤]，谬误差失者多矣[⑥]。《穀梁传》称公子友与莒挐相搏，左右呼曰“孟劳”[⑦]。“孟劳”者，鲁之宝刀名，亦见《广雅》[8]。近在齐时，有姜仲岳谓[9]："'孟劳'者，公子左右，姓孟名劳，多力之人，为国所宝。"与吾苦诤[10]。时清河郡守邢峙[11]，当世硕儒，助吾证之，赧然而伏[12]。又《三辅决录》云[13]，"灵帝殿柱题曰：'堂堂乎张，京兆田郎。'"盖引《论语》[14]，偶以四言，目京兆人田凤也[15]。有一才士，乃言："时张京兆及田郎二人皆堂堂耳。"闻吾此说，初大惊骇，其后寻愧悔焉。江南有一权贵，读误本《蜀都赋》注[16]，解"蹲鸱，芋也"，乃为"羊"字；人馈羊肉，答书云："损惠蹲鸱[17]。"举朝惊骇，不解事义[18]，久后寻迹[19]，方知如此。元氏之世[20]，在洛京时[21]，有一才学重臣[22]，新得《史记音》[23]，而颇纰缪[24]，误反"颛顼"字[25]，顼当为"许录反"，错作"许缘反"，遂谓朝士言："从来谬音'专旭'，当音'专翾'耳。"此人先有高名[26]，翕然信行[27]；期年之后[28]，更有硕儒，苦相究讨[29]，方知误焉。《汉书·王莽赞》云："紫色蛙声，余分闰位[30]。"谓以伪乱真耳。昔吾尝共人谈书，言及王莽形状，有一俊士，自许史学[31]，名价甚高[32]，乃云："王莽非直鸱目虎吻[33]，亦紫色蛙声。"又《礼乐志》云："给太官挏马酒。"[34]李奇注："以马乳为酒也，揰挏乃成[35]。"二字并从"手"。揰挏，此谓撞捣挺挏之，今为酪酒亦然[36]。向学士又以为种桐时，太官酿马酒乃熟。其孤陋遂至于此。太山羊肃[37]，亦称学问，读潘岳赋"周文弱枝之枣"[38]，为"杖策"之"杖"；《世本》："容成造历。"[39]以"历"为"碓磨"之"磨"[40]。

〔注释〕

①好问则裕：语见《尚书·商书·仲虺之诰》。意为遇到疑难就向别人

请教,学识就会渊博精深。好,喜欢。裕,富裕。

②独学而无友,则孤陋而寡闻:语见《礼记·学记》。意为独自学习,无人切磋,就会孤陋寡闻。形容孤偏鄙陋,见闻不多。

③起明:启发使明了。

④师心自是:形容自以为是,不肯接受别人的正确意见。师心,以心为师,这里指只相信自己。自是,按自己的主观意图行事。

⑤稠人广坐:指人很多的地方,即公共场合。坐,同"座"。

⑥差失:各本俱作"羞惭"。

⑦《穀梁传》称公子友与莒挐相搏,左右呼曰"孟劳":事在《春秋穀梁传·僖公元年》。《穀梁传》,即《春秋穀梁传》,战国时穀梁赤所撰的解释《春秋》之作,与《左氏传》《公羊传》合称"春秋三传"。孟劳,宝刀名。

⑧《广雅》:三国魏时张揖仿照《尔雅》体裁编纂的一部训诂书。其篇目名称、顺序、说解的方式及全书的体例等都仿《尔雅》,又博采《三苍》《说文》等增广《尔雅》所未备,故称《广雅》。为研究汉魏以前词汇和训诂的重要著作。

⑨姜仲岳:其人不详。

⑩诤:通"争"。争讼,争论。

⑪清河郡:属古冀州。邢峙:字士峻,河间鄚(今河北任丘)人。通《三礼》《左氏春秋》。北齐官吏。皇建初为清河太守,有惠政。

⑫赧然:惭愧脸红貌。伏:通"服"。佩服,服气。

⑬《三辅决录》:东汉赵岐撰。内容主要记载从东汉光武帝建武年间至汉献帝建安年间二百余年的汉代贵族官僚的有关史实。共七卷(一作十卷)。三辅,指汉代的左冯翊、右扶风、京兆尹。泛称京城附近地区。原书在宋代已佚,清代甘肃学者张澍辑佚成书。

⑭盖引《论语》:《论语·子张》篇:"曾子曰:'堂堂乎张也,难与并未仁矣。'"

⑮目:品题,品评。

⑯《蜀都赋》:西晋文学家左思所写,系他所著"三都赋"(另为《吴都赋》《魏都赋》)中的一篇。该赋颇为细致地描述了巴蜀的物产、山川、风俗等,描绘了当时四川豪门的宴饮生活。

⑰损惠:谢人馈送礼物的敬辞。意为对方降抑身份而加惠于己。

⑱事义:指典故的意义。

⑲寻迹:寻访。

⑳元氏:即元魏,北魏。北魏帝王本姓拓跋,孝文帝迁都洛阳后改“拓跋”为“元”。

㉑洛京:太和十八年元魏迁都洛阳,故称洛京。

㉒重臣:权威之臣。

㉓《史记音》:梁邹诞生撰,三卷。

㉔纰缪:差错,谬误。

㉕反:反切。颛顼:上古帝王名。五帝之一,号高阳氏。相传为黄帝之孙、昌意之子,生于若水,居于帝丘。在位七十八年。

㉖高名:盛名,名声大。

㉗翕然:指一致称颂。信行:谓诚实守信。

㉘期年:一年。

㉙究讨:研究探讨。

㉚紫色蛙声,余分闰位:紫色,不正之色。蛙声,不正之声。闰位,不正之位。

㉛自许:即自诩。自夸,自我评价。

㉜名价:名誉声价。

㉝直:特,但,只不过。

㉞《礼乐志》云:“给太官挏(dòng)马酒”:见《汉书·礼乐志》。挏,推引,撞击。

㉟揰挏(chòngdòng):上下推击。

㊱酪酒:用马、牛、羊等乳汁制成的酒。

㊲太山羊肃:参见卷二。

㊳潘岳赋“周文弱枝之枣”:语见潘岳《闲居赋》。今见《文选》。李周翰注:“周文王时,有弱枝枣树,味甚美。”潘岳,字安仁,荥阳中牟(今属河南)人,西晋大臣、文学家。

㊴《世本》:“容成造历”:《世本》,为古史官记黄帝以来讫春秋时诸侯大夫事。《汉书·艺文志》载:“《世本》十五篇。”今不传,诸书尚有引用者。容成,传说中的黄帝之臣。

㊵碓(duì):舂米的工具。

〔译文〕

《尚书》说："遇到疑难就向别人请教，学识就会渊博精深。"《礼记》说："独自学习而无人切磋，就会孤陋寡闻。"这是说学习需要相互切磋、相互启发。我见到很多只知道闭门读书、自以为是，在公众场合却出错的人。《穀梁传》说公子友和莒挐搏斗，公子友手下的人大喊"孟劳"。"孟劳"，是鲁国的宝刀名，《广雅》中也有记载。近来我在齐国时，有个叫姜仲岳的人说："'孟劳'，是公子友身边一个姓孟名劳的人，他力气很大，为鲁国所器重。"为此和我苦苦争论。当时的清河郡太守邢峙，是当世的大儒，他帮助我论证了这个问题，姜仲岳这才惭愧地信服了。另外《三辅决录》说："灵帝在殿柱上题写：'堂堂乎张，京兆田郎。'"这里是引用《论语》，用四字对偶，来品评京兆人田凤。有一位有才学的人，把这句话解释为："当时张京兆和田郎两人都容貌壮伟。"他听到我这种说法，起初非常惊讶，接着就感到羞愧懊悔了。江南有一位权贵，读了有错误的《蜀都赋》注本后，把"蹲鸱，芋也"中的"芋"字当成了"羊"字。别人送给他羊肉，他回信说："感谢您惠赠我蹲鸱。"满朝人都很吃惊，不明白他用的什么典故。后来探究原因，才知道是这么回事。元魏之世，洛京有一位有才学的权威大臣，新近得到了一本《史记音》，但其中谬误很多，如"颛顼"中的"顼"字，读音应当反切作"许录反"，却错作"许缘反"了，于是他就对朝中人说："以前把'颛顼'错读成'专旭'，应当读'专翾'啊。"此人素来名望很高，大家便都相信并采用了他的说法。一年以后，另有大儒对此刻苦研究，才知道读"专翾"错了。《汉书·王莽赞》说："紫色蛙声，余分闰位。"这句话说的是王莽以假乱真。以前我曾和别人一起谈论书籍，说到王莽的长相时，有一位才俊之士，自诩精通史学，有很高的声望，他居然说："王莽不仅是如鸱之目，如虎之口，还是紫色的皮肤，声如青蛙。"又如《汉书·礼乐志》说："给太官挏马酒。"李奇注为："以马乳为酒也，撞挏乃成。""撞""挏"两个字都从"手"。所谓"撞挏"，是指上下推击，现在做酪酒也是这种做法。而刚才那位学士则把李奇的注理解为：等到种桐树时，太官才酿造好了马酒。其孤陋寡闻就到了这种程度。泰山人羊肃，也以学问著称，他读潘岳的《闲居赋》，把"周文弱枝之枣"的"枝"当成"杖策"的"杖"；《世本》记载："容成造歷。"他把"歷"当成"碓磨"的"磨"。

谈说制文①，援引古昔②，必须眼学③，勿信耳受④。江南闾里间⑤，士大夫或不学问，羞为鄙朴⑥，道听途说，强事饰辞：呼"徵""质"为"周""郑"⑦，谓"霍乱"为"博陆"⑧，上荆州必称"陕西"⑨，下扬都言去"海郡"⑩，言食则"糊口"⑪，道钱则"孔方"⑫，问移则"楚丘"⑬，论婚则"宴尔"⑭，及王则无不"仲宣"⑮，语刘则无不"公幹"⑯。凡有一二百件，传相祖述⑰，寻问莫知原由，施安时复失所⑱。庄生有乘时鹊起之说⑲，故谢朓诗曰："鹊起登吴台⑳。"吾有一亲表，作《七夕》诗云："今夜吴台鹊，亦共往填河。"《罗浮山记》云㉑："望平地树如荠。"故戴暠诗云㉒："长安树如荠。"又邺下有一人《咏树》诗云："遥望长安荠。"又尝见谓"矜诞"为"夸毗"㉓，呼"高年"为"富有春秋"㉔，皆耳学之过也㉕。

〔注释〕

①制文：撰写文章。

②援引：引证。古昔：犹言古人。指去世的人。

③眼学：亲自阅读研习。

④耳受：犹耳闻。谓得之传闻的话。

⑤闾里：里巷，平民聚居之处。

⑥鄙朴：粗俗质朴。

⑦呼“徵”“质”为“周”“郑”：《左传·隐公三年》：“周、郑交质。”即周、郑互相派人为质，作为守信的保证。

⑧谓“霍乱”为“博陆”：西汉霍光字子孟，封博陆侯。霍乱，病名。中医泛指具有剧烈吐泻、腹痛等症状的肠胃疾病。

⑨上荆州必称“陕西”：《南齐书·州郡志》：“江左大镇，莫过荆、扬。弘农郡陕县，周世二伯总诸侯，周公主陕东，召公主陕西，故称荆州为陕西也。”

⑩扬都：南北朝时称建康为扬都。

⑪糊口：谓寄食，勉强维持生活。

⑫孔方：钱的谑称。旧时铜钱外圆，中有方孔，故名。

⑬问移则“楚丘”：《左传·闵公二年》：“僖之元年，齐桓公迁邢于夷仪，封卫于楚丘。邢迁如归，卫国忘亡。”楚丘，春秋卫地。在今河南滑县东。后用为迁移之典。

⑭宴尔：安乐。《诗经·邶风·谷风》：“宴尔新昏，如兄如弟。”后以“宴尔”指新婚。

⑮及王则无不“仲宣”：王粲，字仲宣。

⑯语刘则无不“公幹”：刘桢，字公幹。

⑰祖述：效法，仿效。

⑱施安：施行。失所：失宜，失当。

⑲庄生有乘时鹊起之说：此条不见于传本《庄子》，当出《庄子》逸篇。《资治通鉴·后汉纪》注引庄子曰：“鹊上高城，乘危而巢于高枝之巅；城坏巢折，凌风而起。故君子之居世也，得时则义行，失时则鹊起。”

⑳谢朓：字玄晖，陈郡阳夏（今河南太康）人。南朝齐著名的山水诗人，与谢灵运同族，世称“小谢”。鹊起登吴台：出自谢朓《和伏武昌登孙权故城诗》。

㉑《罗浮山记》：此篇无考。罗浮山，在广东省东江北岸。风景优美，为粤中游览胜地。

㉒戴暠：梁朝诗人。

㉓矜诞：自大狂妄。夸毗（pí）：以谄谀、卑屈取媚于人。

㉔高年：年岁大。富有春秋：指年纪小。春秋，年纪，年数。
㉕耳学：指仅凭听闻所得。

〔译文〕

谈话或者写文章，引证古人的话，必须是自己亲自阅读研习过的，不要相信得之传闻的话。江南的里巷间，士大夫有的不学不问，又羞于被视为粗俗鄙陋之人，就把一些道听途说的东西，勉强拿来修饰自己的语言。比如把“徵”“质”说成“周”“郑”，把霍乱称为“博陆”，上荆州一定要说去“陕西”，去扬都则说去“海郡”，说吃饭则说“糊口”，说钱则说“孔方”，问起迁徙则说“楚丘”，论及结婚则说“宴尔”，说到姓“王”的则必说“仲宣”，说到姓“刘”的则一定说“公幹”。这样的说法总计有一二百种，人们互相传述，人云亦云，询问起来没人知道这些说法的缘由，使用时又不得当。庄子有“乘时鹊起”的说法，所以谢朓的诗说：“鹊起登吴台。”我有一位表亲，他作了一首《七夕》诗说：“今夜吴台鹊，亦共往填河。”《罗浮山记》说：“望平地树如荠。”所以戴暠的诗说：“长安树如荠。”邺下便有人作《咏树》诗说：“遥望长安荠。”我还曾经见过称“矜诞”为“夸毗”，称呼年龄大的人为“富有春秋”的，这些都是仅凭听闻去获取知识而导致的过失啊。

夫文字者，坟籍根本①。世之学徒，多不晓字：读《五经》者②，是徐邈而非许慎③；习赋诵者，信褚诠而忽吕忱④；明《史记》者，专徐、邹而废篆籀⑤；学《汉书》者，悦应、苏而略《苍》《雅》⑥。不知书音是其枝叶⑦，小学乃其宗系⑧。至见服虔、张揖音义则贵之⑨，得《通俗》《广雅》而不屑⑩。一手之中，向背如此⑪，况异代各人乎？

〔注释〕

①坟籍:古代典籍。

②《五经》:《诗经》《尚书》《礼记》《周易》《春秋》的合称。

③徐邈:字仙民,东莞姑幕(今山东莒县)人。东晋官员、学者,著有《穀梁传注》《五经同异评》等。许慎:字叔重,汝南召陵(今河南漯河)人。东汉著名经学家、文字学家,著有《五经异义》《说文解字》等。

④褚诠:褚诠之,南朝宋、齐时人。吕忱:字伯雍,任城(今山东济宁)人,西晋文字学家,作《字林》七卷。

⑤徐、邹:徐指徐广,字野民,南朝宋中散大夫,撰《史记音义》十二卷。邹指邹诞生,南朝梁轻车录事参军,撰《史记音》三卷。篆籀(zhòu):篆文和籀文。籀文即大篆。

⑥应、苏:应指应劭,字仲瑗,汝南南顿(今河南项城)人。东汉学者,撰有《汉官仪》《风俗通义》《汉书集解音义》等。苏指苏林,字孝友,陈留外黄(今河南商丘)人。三国魏学者,注《汉书》。《苍》《雅》:《苍》,指《三苍》三卷,郭璞注。秦相李斯作《苍颉篇》,汉扬雄作《训纂篇》,后汉郎中贾鲂作《滂喜篇》,称为《三苍》。《雅》,指《小尔雅》一卷,孔鲋撰,李轨略解。训诂学著作。

⑦书音:字音。

⑧小学:汉代称文字学为小学。因儿童入小学先学文字,故名。隋唐以后为文字学、音韵学、训诂学之总称。宗系:喻指主体、根本。

⑨服虔:字子慎,初名重,又名祇,后更名虔,河南荥阳人。东汉经学家,著有《春秋左氏解谊》《春秋左氏音》《通俗文》《汉书音训》等。张揖:字稚让,清河(今河北清河)人。三国魏学者,著有《广雅》《埤苍》《古今字诂》等,后两种已亡佚。音义:六朝以来注释古书字音字义的一种著作体。

⑩《通俗》:指服虔所著《通俗文》。一卷,为我国第一部俗语词辞书,已亡佚。

⑪向背:谓迎合或背弃。

〔译文〕

文字,是典籍的根本所在。世上的学子们,大都不精通文字:

研读《五经》的，赞同徐邈而非议许慎；研习赋诵的，信从褚诠而轻视吕忱；研究《史记》的，专攻徐广和邹诞生的著述而废弃对大小篆文的研究；学习《汉书》的，喜欢应劭和苏林的著作而忽略《三苍》和《小尔雅》。他们不明白字音只是文字的枝叶，字义才是文字的根本。他们对服虔、张揖所著的音义非常看重，而得到了同是这两人所著的《通俗文》和《广雅》却不屑一顾。对同出一人之手的著作，人们的态度就如此截然不同，何况不同时代不同人的著作呢？

夫学者贵能博闻也。郡国山川[①]，官位姓族，衣服饮食，器皿制度，皆欲根寻，得其原本[②]；至于文字，忽不经怀[③]，己身姓名，或多乖舛[④]，纵得不误，亦未知所由。近世有人为子制名：兄弟皆"山"傍立字，而有名"峙"者[⑤]；兄弟皆"手"傍立字，而有名"机"者[⑥]；兄弟皆"水"傍立字，而有名"凝"者[⑦]。名儒硕学，此例甚多。若有知吾钟之不调[⑧]，一何可笑[⑨]。

〔注释〕

①郡国：郡和国的并称。汉初，兼采封建及郡县之制，分天下为郡与国。郡直属中央，国分封诸王、侯，封王之国称王国，封侯之国称侯国。南北朝仍沿郡、国并置之制，至隋始废国存郡。后亦以"郡国"泛指地方行政区划。

②原本：事物之所由起，根源。

③经怀：经心。

④乖舛（chuǎn）：谬误，差错。

⑤兄弟皆"山"傍立字，而有名"峙"者：颜之推的时代，俗书"峙"作"峙"，正体"峙"字本不从"山"。

⑥兄弟皆"手"傍立字，而有名"机"者：颜之推时俗书"機"作"擽"，正体"機"字本不从"手"。

⑦兄弟皆“水”傍立字，而有名“凝”者：“凝”字亦为颜之推时俗字，俗本从“水”。

⑧吾钟之不调：“吾”字疑当作“晋”字。《吕氏春秋·长见》：“晋平公铸为大钟，使工听之，皆以为调矣。师旷曰：‘不调，请更铸之。’平公曰：‘工皆以为调矣。’师旷曰：‘后世有知音者，将知钟之不调也，臣窃为君耻之。’至于师涓而果知钟之不调也。”

⑨一何：为何，多么。

〔译文〕

做学问的人，贵在见闻广博。大凡郡国、山川、官位、姓族、衣服、饮食、器皿、制度，都想追根究底，找到它的根源；而对于文字，却忽略而不经心，甚至连自家的姓名，也往往有差错，即使没有差错，也不知道它的由来。近代有人给儿子取名字：兄弟们的名字都是用“山”旁，其中却有叫“峙”的；都是用“手”旁，却有叫“机”的；都是用“水”旁，却有叫“凝”的。有名的大儒和博学的人，这种例子都很多。如果有人知道这和晋国的乐工听不出大钟的音调不和谐是一回事，是多么可笑啊！

吾尝从齐主幸并州①，自井陉关入上艾县②，东数十里，有猎闾村。后百官受马粮在晋阳东百余里亢仇城侧③。并不识二所本是何地，博求古今，皆未能晓。及检《字林》《韵集》④，乃知猎闾是旧䝤余聚⑤，亢仇旧是䅪䜌亭⑥，悉属上艾。时太原王劭欲撰乡邑记注⑦，因此二名闻之，大喜。

〔注释〕

①齐主：指北齐文宣帝高洋。幸：封建时代称帝王亲临。并州：古州名。其地约当今河北保定和山西太原、大同一带地区。

②井陉(xíng)关:即井陉口。井陉,山名。太行山的支脉。有要隘名井陉口,又称土门关。秦汉时为军事要地。上艾县:属太原郡。

③晋阳:古县名。故址在今山西太原西南。

④《字林》:按汉字形体分部编排的字书。晋弦令吕忱撰,已佚。《韵集》:韵书。《隋书·经籍志》载:"《韵集》十卷,(又)《韵集》六卷,晋安复令吕静撰。"

⑤獵(liè)余聚:村落名。聚,村落。故址在今山西平定县境内。

⑥馒鈗(mǎnqiú)亭:古亭名。故址在今山西平定县境内。

⑦王劭:字君懋,太原晋阳(今山西太原)人。学者,先后入职北齐、北周、隋。

〔译文〕

我曾跟从北齐文宣帝临幸并州。从井陉关进入上艾县,县东数十里,有个猎闾村。后来百官在晋阳东一百余里的亢仇城旁接受马饲料。大家都不认识这两个地方原本是哪里,查阅了大量古今书籍,都没能弄清楚。直到我翻检《字林》和《韵集》,才知道猎闾村就是过去的獵余聚,亢仇是过去的馒鈗亭,这两个地方都属于上艾县。当时太原人王劭想撰写乡邑记注,我把这两个地名告诉他,他非常高兴。

吾初读《庄子》"螝二首"①,《韩非子》曰:"虫有螝者,一身两口,争食相龁,遂相杀也"②,茫然不识此字何音③,逢人辄问,了无解者④。案:《尔雅》诸书,蚕蛹名螝,又非二首两口贪害之物。后见《古今字诂》⑤,此亦古之"虺"字⑥,积年凝滞⑦,豁然雾解⑧。

〔注释〕

①《庄子》"螝二首":今本《庄子》无此语。螝(huǐ),古同"虺"。

②《韩非子》曰："虫有螝者，一身两口，争食相龁（hé），遂相杀也"：见《韩非子·说林下》。《韩非子》，战国末期思想家韩非的著作集。二十卷，五十五篇。龁，咬嚼。

③音：通"意"。意思，意义。

④了无：一点儿也没有。了，绝。

⑤《古今字诂》：训诂工具书。三卷，三国魏张揖撰。已佚。

⑥虺：泛指小蛇。

⑦凝滞：犹困阻。此处指疑难。

⑧豁然：开悟貌。雾解：比喻疑团完全消除。

〔译文〕

我最初读《庄子》的时候，看到了"螝二首"这句话，《韩非子》中也说："有种叫螝的虫，一个身子上长着两张嘴，为了争吃的互相咬噬，以致互相残杀。"我茫然不知道"螝"这个字是什么意思，见人就问，却没人知道。按：《尔雅》等书，蚕蛹名叫螝，但蚕蛹并不是那种长有两个头两张嘴、因贪吃而互相残害的东西。后来见到《古今字诂》，才知道"螝"字也就是古时的"虺"字，于是心中多年的疑团一下子解开了。

尝游赵州[①]，见柏人城北有一小水[②]，土人亦不知名。后读城西门《徐整碑》云[③]："洦流东指[④]。"众皆不识。吾案《说文》[⑤]，此字古"魄"字也[⑥]，洦，浅水貌。此水汉来本无名矣，直以浅貌目之[⑦]，或当即以"洦"为名乎？

〔注释〕

①赵州：古州名，治所在广阿（今河北隆尧）。颜之推在北齐河清末年任赵州功曹参军，游赵州当在此时。

②柏人：古地名，在今河北隆尧。小水：小水流。

③徐整:字文操,豫章(今江西南昌)人,三国时吴国大臣。

④洦(pò):(水)浅。指:向,向目标前进。

⑤案:通“按”。查考,考核。《说文》:《说文解字》的简称。

⑥此字古“魄”字也:此处疑颜之推有误。“魄”当作“泊”。“洦”为“泊”的古字。

⑦直:副词。特,但,只不过。目:称。

〔译文〕

我曾经游览赵州,看到柏人城北有一条小水流,当地人也不知道它的名字。后来我读城西门的《徐整碑》,碑文中说:“洦流东指。”众人都不认识“洦”这个字。我查考《说文》,才知道“洦”字是古时的“泊”字,洦,是浅水的样子。这条小水流从汉代以来本来就没有名字,人们只不过以水浅的样子来称呼它,或者就应当用这个“洦”字来给它命名吧?

世中书翰[①],多称“勿勿”,相承如此,不知所由,或有妄言此“忽忽”之残缺耳[②]。案:《说文》:“‘勿’者,州里所建之旗也[③],象其柄及三斿之形[④],所以趣民事[⑤]。故悤遽者称为‘勿勿’[⑥]。”

〔注释〕

①书翰:文字,书信。亦谓作书。

②妄言:胡说,随便说说。

③州里:古代二千五百家为州,二十五家为里。本为行政建制,后泛指乡里或本土。

④斿(liú):古代旌旗下垂的飘带等饰物。

⑤所以:用以,用来。趣(cù):督促,催促。民事:指农事。

⑥悤(cōng)遽:急遽,匆促。悤,同“匆”。

〔译文〕

世人的书信中,常常写“匆匆”这个词,历来相承都这样写,却不知道它的由来。有人就胡说“匆匆”是“忽忽”残缺了。按:《说文解字》说:“‘勿’,是乡里所立的旗子,它的字形就像旗杆和三条下垂的飘带的形状,是用来督促农事的。所以把匆忙紧迫称为‘勿勿’。”

吾在益州[①],与数人同坐,初晴日晃,见地上小光,问左右:“此是何物?”有一蜀竖就视[②],答云:“是豆逼耳。”相顾愕然[③],不知所谓。命取将来[④],乃小豆也。穷访蜀土[⑤],呼“粒”为“逼”,时莫之解。吾云:“《三苍》《说文》,此字‘白’下为‘匕’[⑥],皆训粒,《通俗文》音‘方力反’。”众皆欢悟。

〔注释〕

①益州:古地名,今四川一带。
②竖:未成年的童仆。
③愕然:惊讶貌。
④将:助词,用于动词之后。
⑤穷:彻底推求,深入钻研。
⑥此字“白”下为“匕”:即皀(bī)字,一粒,粒。

〔译文〕

我在益州的时候,有一次和几个人在一起闲坐。当时天气刚放晴,阳光照耀着地面。我看到地上有个小光点,就问身边的人:“这是什么东西?”有个蜀地的童仆过来看了一下,回答说:“是豆逼。”大家惊讶地互相看看,都不知道他说的是什么意思。我让他取过来看，原来是一粒小豆。我遍访蜀地，对于为什么称“粒”为“逼”，当时的人都不能做出解释。我说：“在《三苍》和《说文》中，这个字是‘白’下加‘匕’（皀），都解释为粒，《通俗文》的注音是‘方力反’。”众人都明白了。

愍楚友婿窦如同从河州来[①]，得一青鸟，驯养爱玩，举俗呼之为鹖[②]。吾曰：“鹖出上党[③]，数曾见之，色并黄黑，无驳杂也[④]。故陈思王《鹖赋》云[⑤]：‘扬玄黄之劲羽。’”试检《说文》：“鴶雀似鹖而青，出羌中[⑥]。”《韵集》音“介”。此疑顿释。

〔注释〕

①愍（mǐn）楚：颜之推次子。友婿：连襟。窦如同：其人无考。河州：古地名，位于今甘肃省南部。

②举俗：举族。鹖（hé）：鸟名。即鹖鸡。宋高承《事物纪原·虫鱼禽兽·鹖》：“上党诸山中多鹖，似雉而大，青色，顶有毛角，健斗，至死而止。古之为将士者，取其毛尾插于胄上；今军士插雉尾，即此也。”

③上党：古郡名，位于今山西省东南部。

④驳杂：混杂不纯。

⑤陈思王：曹植生前曾为陈王，去世后谥号“思”，故称陈思王。

⑥羌中：古羌族聚居地区，大致在今甘肃、青海、四川一带。

〔译文〕

愍楚的连襟窦如同从河州回来，从那里得了一只青鸟来驯养把玩，全族的人都把这只鸟叫作鹖。我说：“鹖产自上党，我曾经见过多次，它的颜色是黄黑两色，没有斑驳杂色。所以曹植的《鹖赋》说：‘鹖张开黄黑色的劲翅。’”我试着翻检《说文》，其中说：“鴶雀形状像鹖而颜色是青色，产自羌地。”《韵集》里“鴶”读音为

“介”。这个疑团顿时解开了。

梁世有蔡朗者讳纯，既不涉学①，遂呼莼为露葵②。面墙之徒③，递相仿效。承圣中④，遣一士大夫聘齐⑤，齐主客郎李恕问梁使曰⑥：“江南有露葵否？”答曰：“露葵是莼，水乡所出。卿今食者绿葵菜耳。”李亦学问⑦，但不测彼之深浅，乍闻无以覈究⑧。

〔注释〕

①涉学：研究学问。

②莼：莼菜，又名凫葵。多年生水草。叶片椭圆形，浮水面。茎上和叶的背面有黏液。花暗红色，嫩叶可做汤菜。露葵：冬葵。明李时珍《本草纲目·草五·葵》：“古人采葵必待露解，故曰露葵。今人呼为滑菜。”由此可见露葵并非产于水中之莼菜。

③面墙：比喻不学而识见浅薄。

④承圣：南朝梁元帝萧绎的年号，552年11月—555年4月，共计二年余。梁元帝554年逝世，梁敬帝萧方智555年即位，沿用该年号到本年4月。

⑤聘：泛指国与国或方镇与方镇间的遣使访问。

⑥主客郎：官名。尚书省主客曹长官通称，掌接待宾客和少数民族事务。李恕：当为“李庶”。《北史·李崇传附李庶传》称其“历位尚书郎、司徒掾，以清辩知名。常摄宾司，接对梁客，梁客徐陵深叹美焉”。

⑦学问：指有学问的人。

⑧覈(hé)究：犹查究。覈，查验，核实。

〔译文〕

梁代有个叫蔡朗的人忌讳“纯”字，他又不研究学问，就把莼菜叫作露葵。那些不学无术的人也互相仿效这种叫法。承圣年间，梁朝派一名士大夫出使北齐，北齐的主客郎李庶问梁使：“江南有露葵吗?”梁使回答说:“露葵就是莼菜,是水乡出产的。您今天吃的是绿葵菜。”李恕也是有学问的人,但不知道对方学问的深浅,乍一听到这种说法也无法查究。

思鲁等姨夫彭城刘灵①,尝与吾坐,诸子侍焉。吾问儒行、敏行曰②:“凡字与谘议名同音者③,其数多少,能尽识乎?”答曰:“未之究也,请导示之④。”吾曰:“凡如此例,不预研检⑤,忽见不识⑥,误以问人⑦,反为无赖所欺⑧,不容易也⑨。”因为说之,得五十许字。诸刘叹曰:“不意乃尔⑩!”若遂不知⑪,亦为异事。

〔注释〕

①刘灵:颜之推连襟,官谘议参军。

②儒行、敏行:刘灵之子。

③谘议:即谘议参军。官名。掌顾问谏议之事。此处代指刘灵。

④导示:指导启示。

⑤预:事先,事先有准备。研检:研究考查。

⑥忽:副词。或,倘或。

⑦误:迷惑。

⑧无赖:没有才干,不中用。欺:压倒,胜过。

⑨不容:不允许。易:轻视。

⑩不意:不料,意想不到。乃尔:如此。

⑪遂:全部,完全,尽。

〔译文〕

思鲁等人的姨夫彭城人刘灵,曾和我在一起闲坐,他的几个儿子在旁陪侍。我问儒行、敏行说:“与你们父亲的名字同音的字,一共有多少?你们都能认识吗?”儒行、敏行回答说:“我们没有研究过这个问题，请您给予指导和启示。”我说：“像这样的字，事先如果没有翻检研究，倘或见到了不认识，困惑地去问别人，反而会被无才的人压倒，不能轻视啊。”于是我就为他们讲说了一下，找出了大约五十个字。刘灵的儿子们都感叹说：“想不到有这么多啊！”这些字如果他们全部不认识，也是怪事了。

校定书籍，亦何容易，自扬雄、刘向①，方称此职耳。观天下书未遍，不得妄下雌黄②。或彼以为非，此以为是；或本同末异，或两文皆欠，不可偏信一隅也③。

〔注释〕

①扬雄：字子云，蜀郡成都（今四川成都）人，西汉辞赋家、思想家。著有《法言》《太玄》等。刘向：字子政，原名更生，沛郡丰邑（今江苏徐州）人，西汉经学家、目录学家、文学家。著有《别录》《新序》《说苑》《列女传》等。

②雌黄：改易，驳正。宋周密《齐东野语·著书》：“近世诸公，多作考异、证误、纠谬等书，以雌黄前辈。”

③一隅：指一个角落。亦泛指事物的一个方面。

〔译文〕

校堪核定书籍，谈何容易。只有扬雄、刘向这样的人，才算是称职的。没读遍天下的书，就不能随意改易书中的文字。有时这种版本以为是错的，那种版本却以为是对的；有时两种版本大同小异；有时两种版本都有欠缺，所以不能偏信一种说法。

卷　四

文章第九

〔题解〕

关于写文章，作者首先强调的是文人不能忽视操守，这会给别人带来伤害，给自己招来祸患；如果缺乏才思，就不要勉强去写文章从而流布丑拙。对于当时流行的浮艳文风，作者认为是趋末弃本，他提出自己的主张："文章当以理致为心肾，气调为筋骨，事义为皮肤，华丽为冠冕。"同时他对时人的文章进行了点评，指出了其中在用典、地理等方面的过失，代他人写文章应注意的问题等。文末作者还谈了自己对诗歌的一些见解。此篇集中体现了作者的文学观，呈现了作者有价值的文学思想与其思想局限性。

夫文章者，原出《五经》：诏命策檄①，生于《书》者也；序述论议②，生于《易》者也；歌咏赋颂③，生于《诗》者也；祭祀哀诔④，生于《礼》者也；书奏箴铭⑤，生于《春秋》者也。朝廷宪章⑥，军旅誓诰⑦，敷显仁义⑧，发明功德⑨，牧民建国⑩，施用多途⑪。至于陶冶性灵，从容讽谏，入其滋味，亦乐事也。行有余力，则可习之。然而自古文人，多陷轻薄⑫：屈原露才扬己，显暴君过⑬；宋玉体貌容冶，见

遇俳优[14]；东方曼倩，滑稽不雅[15]；司马长卿，窃赀无操[16]；王褒过章《僮约》[17]；扬雄德败《美新》[18]；李陵降辱夷虏[19]；刘歆反覆莽世[20]；傅毅党附权门[21]；班固盗窃父史[22]；赵元叔抗竦过度[23]；冯敬通浮华摈压[24]；马季长佞媚获诮[25]；蔡伯喈同恶受诛[26]；吴质诋忤乡里[27]；曹植悖慢犯法[28]；杜笃乞假无厌[29]；路粹隘狭已甚[30]；陈琳实号粗疏[31]；繁钦性无检格[32]；刘桢屈强输作[33]；王粲率躁见嫌[34]；孔融、祢衡，诞傲致殒[35]；杨修、丁廙，扇动取毙[36]；阮籍无礼败俗[37]；嵇康凌物凶终[38]；傅玄忿斗免官[39]；孙楚矜夸凌上[40]；陆机犯顺履险[41]；潘岳乾没取危[42]；颜延年负气摧黜[43]；谢灵运空疏乱纪[44]；王元长凶贼自诒[45]；谢玄晖侮慢见及[46]。凡此诸人，皆其翘秀者[47]，不能悉纪，大较如此[48]。至于帝王，亦或未免。自昔天子而有才华者，唯汉武、魏太祖、文帝、明帝、宋孝武帝[49]，皆负世议，非懿德之君也[50]。自子游、子夏、荀况、孟轲、枚乘、贾谊、苏武、张衡、左思之俦[51]，有盛名而免过患者[52]，时复闻之，但其损败居多耳[53]。每尝思之，原其所积，文章之体，标举兴会[54]，发引性灵[55]，使人矜伐[56]，故忽于持操[57]，果于进取。今世文士，此患弥切，一事惬当[58]，一句清巧[59]，神厉九霄[60]，志凌千载，自吟自赏，不觉更有傍人[61]。加以砂砾所伤，惨于矛戟；讽刺之祸，速乎风尘，深宜防虑[62]，以保元吉[63]。

〔**注释**〕

①诏命策檄：均为文体名。诏，诏书。命，帝王的诏令。策，古代君主对臣下封土、授爵、免官或发布其他教令的文件。檄，古代官府用以征召、晓谕、声讨的文书。

②序述论议：均为文体名。序，同“叙”，亦称“序文”“序言”。一般是作者陈述作品的主旨、著作的经过等，他人所作的对著作的介绍评述也称序。述，为史篇后的论述。论，即议论文。议，多用以论事说理或陈述意见。

③歌咏赋颂：均为文体名。歌，诗体的一种。咏，诗体名。赋，文体名。是散文和韵文的综合体。讲究辞藻、对偶、用韵。颂，文体名，以颂扬为宗旨的诗文。

④祭祀哀诔：均为文体名。祭，祭文。祭祀或祭奠时表示哀悼或祷祝的文章。祀，古代对神鬼、先祖所举行的祭礼。哀，诗体的一种。诔，悼念死者的文章。

⑤书奏箴铭：均为文体名。书，用以铺叙国家典章制度。奏，臣子上帝王的文书。箴，以规劝告诫为主。铭，古代常刻于碑版或器物，用以称功德，或用以自警。

⑥宪章：典章制度。

⑦誓诰：誓和诰的并称。誓，军中发布有关告诫、约束将士的号令。诰，《书》六体之一。用于告诫或勉励。

⑧敷显：传布显扬。

⑨发明：建树，建白。

⑩牧民：治民。

⑪施用：使用。

⑫轻薄：清靡，浅薄。

⑬屈原露才扬己，显暴君过：《史记·屈原列传》载屈原“疾王听之不聪也，谗谄之蔽明也，邪曲之害公也，方正之不容也，故忧愁幽思而作《离骚》”。屈原，战国时期楚国诗人、政治家。出生于楚国丹阳秭归（今湖北宜昌）。芈姓，屈氏，名平，字原；又自云名正则，字灵均。早年任左徒、三闾大夫，后因遭贵族排挤诽谤被流放。楚国郢都被秦军攻破后，屈原自沉于汨罗江，以身殉国。显暴，显露。

⑭宋玉体貌容冶，见遇俳（pái）优：宋玉《讽赋》：“玉为人身体容冶。”宋玉，又名子渊，楚国鄢（今湖北宜城）人。屈原弟子，战国时期著名辞赋家。曾事楚顷襄王。容冶，容貌美艳。俳优，古代以乐舞谐戏为业的艺人。

⑮东方曼倩，滑稽不雅：《汉书·东方朔传》称其“依隐玩世，诡时不逢”，

"其滑稽之雄乎!"东方曼倩,即东方朔,本姓张,字曼倩,西汉平原厌次(今山东德州)人。西汉文学家。滑稽,谓能言善辩,言辞流利。后指言语、动作或事态令人发笑。

⑯司马长卿,窃赀无操:《汉书·司马相如传》载司马相如与新寡的卓文君私奔后生活拮据,"卓王孙不得已,分与文君僮百人,钱百万,及其嫁时衣被财物。文君乃与相如归成都,买田宅,为富人"。司马长卿,即司马相如,字长卿,蜀郡成都(今四川成都)人,西汉辞赋家。窃赀,占有别人的资财。赀,通"资"。货物,钱财。

⑰王褒过章《僮约》:王褒有《僮约》一篇,自言到寡妇杨惠舍,所以颜之推谓其"过章"。王褒,字子渊,蜀资中(今四川资阳)人。西汉著名辞赋家,与扬雄并称"渊云"。章,显示,表明。《僮约》,王褒所作的奴婢契约。

⑱扬雄德败《美新》:扬雄有《剧秦美新》篇,为扬雄仿司马相如《封禅文》,上封事给王莽,指斥秦朝、美化新朝之作。此文曾被看作扬雄的"白圭之玷",所以说"德败"。

⑲李陵降辱夷虏:《史记·李将军列传》记载李陵率兵出征匈奴,兵败后投降匈奴,"自是之后,李氏名败,陇西之士居门下者皆用为耻焉"。李陵,字少卿,陇西成纪(今甘肃秦安)人。西汉名将李广之孙。

⑳刘歆反覆莽世:《汉书》记载,刘歆先为王莽腹心,拥护王莽,后又谋诛王莽,事泄自杀。刘歆,字子骏,后改名秀,字颖叔,刘邦四弟刘交后裔,刘向之子。建平元年(前6)改名刘秀。反覆,变化无常。

㉑傅毅党附权门:《后汉书·文苑列传》载:"及宪迁大将军,复以毅为司马,班固为中护军。宪府文章之盛,冠于当时。"傅毅,字武仲,扶风茂陵(今陕西兴平东北)人,东汉辞赋家。党附,结党阿附。

㉒班固盗窃父史:陈直曰:"《后汉书·班彪列传》叙彪作后传数十篇,王充《论衡》作百篇。今《汉书》中仅在《韦玄成》《翟方进》《元后传》,称司徒掾班彪曰,其他皆讳不言彪,故之推目为盗窃父书也。"班固,字孟坚,扶风安陵(今陕西咸阳东北)人,东汉著名史学家、文学家。

㉓赵元叔抗竦过度:《后汉书·文苑列传》载赵壹"恃才倨傲,为乡党所摈,乃作《解摈》。后屡抵罪,几至死,有人救,得免"。赵元叔,即赵壹,字元叔,汉阳西县(今甘肃天水西南)人,东汉辞赋家。抗竦,高傲,倨傲。

㉔冯敬通浮华摈压:《后汉书·冯衍列传》载:“冯衍字敬通……显宗即位,人多短衍以文过其实,遂废于家。”冯敬通,即冯衍,字敬通,京兆杜陵(今陕西西安东南)人,东汉初期辞赋家。浮华,讲究表面上的华丽或阔气,不务实际;虚浮不实的荣华富贵。摈压,摈弃压抑。

㉕马季长佞媚获诮:《后汉书·马融列传》载:“初,融征于邓氏,不敢复违忤势家,遂为梁冀草奏李固,又作大将军《西第颂》,以此颇为正直所羞。”马季长,即马融,字季长,扶风茂陵(今陕西兴平东北)人,东汉著名经学家。佞媚,谄媚。诮,嘲笑,讥刺。

㉖蔡伯喈同恶受诛:《后汉书·蔡邕列传》载:“卓重邕才学,厚相遇待……及卓被诛,邕在司徒王允坐,殊不意言之而叹,有动于色。允勃然叱之曰……即收付廷尉治罪……邕遂死狱中。”蔡伯喈,即蔡邕(yōng),字伯喈。陈留圉县(今河南开封圉镇)人。东汉著名文学家、书法家。同恶,共同作恶。亦指共同作恶者。

㉗吴质诋忤乡里:《三国志·魏书·王粲传》注引《质别传》:“质先以怙威肆行,谥曰丑侯。”吴质,字季重,兖州济阴(今山东菏泽)人,三国时期著名文学家,曹魏大臣。诋忤,触忤,冒犯。诋,通“抵”。

㉘曹植悖慢犯法:《三国志·魏书·陈思王植传》:“黄初二年,监国谒者灌均希旨,奏‘植醉酒悖慢,劫胁使者’。有司请治罪。帝以太后故,贬爵安乡侯。”曹植,字子建,沛国谯(今安徽亳州)人,曹操第三子,生前曾为陈王,去世后谥号“思”,因此又称陈思王。悖慢,违逆不敬,背理傲慢。

㉙杜笃乞假无厌:《后汉书·文苑列传》载杜笃“居美阳,与美阳令游,数从请托,不谐,颇相恨”。杜笃,字季雅,京兆杜陵(今陕西西安东南)人,东汉文学家。乞假,请托。

㉚路粹隘狭已甚:《三国志·魏书·王粲传》裴松之注引《典略》曰路粹“承指数致融罪……融诛之后,人睹粹所作,无不嘉其才而畏其笔也。至十九年……坐违禁贱请驴伏法”。路粹,字文蔚,陈留(今属河南)人。隘狭,谓心胸、气量、识见等狭窄。

㉛陈琳实号粗疏:陈琳,字孔璋,广陵射阳(今江苏扬州)人。东汉末年文学家,“建安七子”之一。粗疏,疏略,不精细。其“粗疏”不明所指。

㉜繁(pó)钦性无检格:繁钦,字休伯,东汉颍川(今河南禹县)人。曾任

丞相曹操主簿，以善写诗、赋、文章知名于世。检格，检正约束。

㉝刘桢屈强输作：《三国志·魏书·王粲传》裴注引《典略》曰："太子尝请诸文学，酒酣坐欢，命夫人甄氏出拜。坐中众人咸伏，而桢独平视。太祖闻之，乃收桢，减死输作。"刘桢，字公幹，东平宁阳（今山东宁阳）人，东汉著名文学家、诗人，"建安七子"之一，以五言诗著称。屈强，倔强。输作，因犯罪罚作劳役。

㉞王粲率躁见嫌：王粲，字仲宣，山阳高平（今山东微山）人，东汉末年文学家，"建安七子"之一。率躁，率直急躁。

㉟孔融、祢衡，诞傲致殒：孔融，字文举，鲁国（今山东曲阜）人，东汉末年文学家，"建安七子"之一，孔子的二十世孙。恃才狂傲，因得罪曹操而被杀。祢衡，字正平，平原（今山东德州）人。《后汉书·文苑列传》载祢衡"少有才辩，而尚气刚傲，好矫时慢物……衡方大骂，祖恚，遂令杀之"。诞傲，狂放傲慢。

㊱杨修、丁廙，扇动取毙：《三国志·魏书·陈思王植传》："植既以才见异，而丁仪、丁廙、杨修等为之羽翼。太祖狐疑，几为太子者数矣……文帝御之以术……故遂定为嗣。太祖既虑终始之变，以杨修颇有才策，而又袁氏之甥也，于是以罪诛修……文帝即王位，诛丁仪、丁廙并其男口。"杨修，字德祖，弘农华阴（今陕西华阴）人，东汉文学家。丁廙（yì），字敬礼，沛郡（今安徽濉溪）人，东汉末文学家。扇动，煽动，鼓动。取毙，招致丧身。

㊲阮籍无礼败俗：《晋书·阮籍列传》称阮籍"母终，正与人围棋，对者求止，籍留与决赌。既而饮酒二斗，举声一号，吐血数升……裴楷往吊之，籍散发箕踞，醉而直视"。阮籍，字嗣宗，陈留尉氏（今河南开封）人，三国魏诗人，"竹林七贤"之一。曾任步兵校尉，世称阮步兵。败俗，败坏风俗。

㊳嵇康凌物凶终：《诗品》中："晋中散嵇康诗，颇似魏文，过为峻切，讦直露才，伤渊雅之致。"《晋书·嵇康传》载钟会造访嵇康，嵇康"不为之礼"，后遭钟会谮毁被杀。嵇康，字叔夜，谯国铚县（今安徽濉溪）人，三国魏思想家、音乐家、文学家。凌物，傲视、凌辱他人。凶终，不得善终。

㊴傅玄忿斗免官：《晋书·傅玄列传》："帝初即位，广纳直言，开不讳之路，玄及散骑常侍皇甫陶共掌谏职……初，玄进皇甫陶，及入而抵，玄以事与陶争，言喧哗，为有司所奏，二人竟坐免官。"傅玄，字休奕，北地泥阳（今陕西

铜川)人,西晋文学家。忿斗,忌恨好斗。

㊵孙楚矜夸凌上:《晋书·孙楚列传》载孙楚"才藻卓绝,爽迈不群,多所陵傲,缺乡曲之誉……复参石苞骠骑将军事。楚既负其才气,颇侮易于苞,初至,长揖曰:'天子命我参卿军事。'因此而嫌隙遂构"。孙楚,字子荆,太原中都(今山西平遥西北)人,西晋大臣、文学家。矜夸,夸耀。凌上,侮犯尊长。

㊶陆机犯顺履险:《晋书·陆机列传》:"赵王伦辅政,引为相国参军……伦将篡位,以为中书郎。伦之诛也,齐王冏以机职在中书,九锡文及禅诏疑机与焉,遂收机等九人付廷尉……时成都王颖推功不居,劳谦下士,机……遂委身焉……宦人孟玖……谮机于颖,言其有异志……颖大怒,使秀密收机……遂遇害于军中。"陆机,字士衡,吴郡吴县(今江苏苏州)人,西晋著名文学家、书法家。犯顺,违背情理,违反正道。履险,身处险境。

㊷潘岳乾没取危:《晋书·潘岳列传》载潘岳"性轻躁,趋世利……其母数诮之曰:'尔当知足,而乾没不已乎!'而岳终不能改……俄而秀遂诬岳及石崇、欧阳建谋奉淮南王允、齐王冏为乱,诛之,夷三族"。潘岳即潘安,字安仁,荥阳中牟(今属河南)人,西晋著名文学家。乾没,贪求,贪得。

㊸颜延年负气摧黜:《南史·颜延之列传》:"延之疏诞,不能取容于世,见刘湛、殷景仁专当要任,意有不平……湛恨焉,言于彭城王义康,出为永嘉太守。延之甚怨愤,乃作《五君咏》……湛及义康以其词旨不逊,大怒,欲黜为远郡……于是延之屏居不与人间者七载。"颜延之,字延年,琅琊临沂(今山东临沂)人,南朝宋文学家。负气,赌气。摧黜,犹废退。

㊹谢灵运空疏乱纪:《南史·谢灵运列传》载谢灵运"多愆礼度,朝廷唯以文义处之……出为永嘉太守……出守既不得志,遂肆意游遨,遍历诸县,动逾旬朔……征为秘书监……意既不平,多称疾不朝直……出郭游行,或一百六七十里,经旬不归……因祖父之资,生业甚厚……凿山浚湖,功役无已……谓为山贼……灵运兴兵叛逸,遂有逆志……"谢灵运,原名公义,字灵运,以字行于世,小名客儿,世称谢客,南北朝时期著名诗人。空疏,放纵散漫。

㊺王元长凶贼自诒:《南齐书·王融列传》:"世祖疾笃暂绝,子良在殿内,太孙未入,融戎服绛衫,于中书省阁口断东宫仗不得进,欲立子良……郁

林深忿疾融,即位十余日,收下廷尉狱……诏于狱赐死。”王融,字元长,琅琊临沂(今山东临沂)人,东晋宰相王导六世孙,南朝齐文学家。凶贼,凶狠暴虐。自诒,自寻烦恼,自招灾殃。诒,遗留。

㊻谢玄晖侮慢见及:《南史·谢朓列传》:“先是,朓尝轻祏为人,祏常诣朓,朓因言有一诗,呼左右取,既而便停。祏问其故,云‘定复不急’。祏以为轻己。后祏及弟祀、刘沨、刘晏俱候朓,朓谓祏曰:‘可谓带二江之双流’,以嘲弄之。祏转不堪,至是构而害之。”谢朓,字玄晖,陈郡阳夏(今河南太康)人,南朝齐著名山水诗人。侮慢,对人轻忽,态度傲慢,乃至冒犯无礼。

㊼翘秀:杰出的人才,出类拔萃。

㊽大较:大概,大略。

㊾汉武、魏太祖、文帝、明帝、宋孝武帝:汉武,指汉武帝刘彻。魏太祖,指曹操。文帝,指魏文帝曹丕。明帝,指魏明帝曹叡。宋孝武帝,指南朝宋孝武帝刘骏。

㊿懿德:美德。

51子游、子夏、荀况、孟轲、枚乘、贾谊、苏武、张衡、左思之俦:子游姓言名偃,春秋时吴地常熟(今江苏常熟)人;子夏姓卜名商,南阳温邑(今河南温县)人。二人均为孔子弟子,同以文学见称。荀况,即荀子,名况,字卿,战国末期赵国人,著名思想家。孟轲即孟子,名轲,字子舆,战国时期鲁国邹(今山东邹城)人,著名思想家,儒家学派的代表人物。枚乘,字叔,淮阴(今属江苏)人,西汉辞赋家。贾谊,洛阳(今河南洛阳)人,西汉初年著名政论家、文学家。苏武,字子卿,杜陵(今陕西西安)人,西汉大臣。张衡,字平子,南阳西鄂(今河南南阳)人,东汉天文学家、文学家、发明家。左思,字泰冲,齐国临淄(今山东淄博)人,西晋文学家。俦,辈,同类。

52盛名:很大的名望。过患:祸患,不良的后果。

53损败:遭受祸患,身败。

54标举:高超,超逸。兴会:意趣,兴致。

55性灵:性情。

56矜伐:恃才夸功,夸耀。

57持操:操守。

58惬当:恰如其分,适当。

㊾清巧：清新奇巧。

㊿厉：踊起，飞升，到达。

61傍（páng）人：别人。傍，本身之外的，别的。

62防虑：因有所顾虑而提防。

63元吉：大吉，洪福。

〔译文〕

文章原本出自《五经》：诏、命、策、檄，是从《尚书》中产生出来的；序、述、论、议，是从《周易》中产生出来的；歌、咏、赋、颂，是从《诗经》中产生出来的；祭、祀、哀、诔，是从《礼记》中产生出来的；书、奏、箴、铭，是从《春秋》中产生出来的。朝廷的典章制度，军旅的誓书诰书，传布显扬仁义，建树功德，治理民众，建立国家，这些是文章的多种用途。至于以文章来陶冶性灵，对人周旋讽谏，探究其中滋味，也是令人愉快之事。如果平时有余力的话，就可以进行这些方面的学习。然而自古以来的文人，大多陷入了清靡浅薄：屈原展露才华显扬自己，明显暴露君主的过失；宋玉容貌美艳，被人当成俳优；东方朔言行滑稽，不够儒雅；司马相如窃取别人的资财，没有操守；王褒的过失见于《僮约》；扬雄品德败坏于《剧秦美新》；李陵投降匈奴而辱没自己；刘歆对王莽态度变化无常；傅毅党附权贵；班固剽窃父亲所著史书；赵壹为人倨傲过度；冯衍浮华不实而遭摈弃压抑；马融谄媚权贵而遭人嘲笑；蔡邕党同恶人而被杀；吴质肆意横行而触忤乡亲；曹植违逆不敬而触犯法规；杜笃向人请托不知满足；路粹心胸太过狭隘；陈琳确实粗心大意；繁钦性情不够检点；刘桢因倔强被罚作劳役；王粲因率直急躁而遭人厌恶；孔融、祢衡因狂放傲慢而致丧命；杨修、丁廙因煽动生事而致丧身；阮籍不守礼法败坏风俗；嵇康傲视、凌辱他人而不得善终；傅玄因忌恨好斗而被免官；孙楚夸耀自己侮犯尊长；陆机违背情理而身处险境；潘岳贪得无厌而带来灾难；颜延年意气用事而遭废退;谢灵运放纵散漫违反法纪;王融凶狠暴虐而自招灾殃;谢朓轻忽冒犯他人而被害。像这些人,都是文人中的出类拔萃者,不能都记下来,大致有这些。至于帝王,有的也不能幸免这类弊病。从前身为天子而有才华的,只有汉武帝、魏太祖、魏文帝、魏明帝、宋孝武帝等,但他们都遭到了世人的非议,不是美德之君啊。当然像子游、子夏、荀况、孟轲、枚乘、贾谊、苏武、张衡、左思之辈,享有盛名而能够免于祸患的,也不时能听到,但是身败的还是占多数。我曾经常思考这件事,推究其中的道理,文章的本质在于揭示意趣,抒发性灵,这样就会使人恃才自负,所以忽略了操守,而过分求取。现在的文人身上,这种弊病更加深切。一个典故用得恰当,一句话写得清新奇巧,就神飞九霄,志凌千载,自吟自赏,不觉得世上还有别人。加上砂砾对人造成的伤害,比矛戟更惨;讽刺别人而带来的祸害,比风尘还快,所以应该加以提防,以保大吉。

学问有利钝[①],文章有巧拙。钝学累功[②],不妨精熟[③];拙文研思[④],终归蚩鄙[⑤]。但成学士,自足为人。必乏天才,勿强操笔[⑥]。吾见世人,至无才思,自谓清华[⑦],流布丑拙,亦以众矣,江南号为"诊痴符"[⑧]。近在并州[⑨],有一士族,好为可笑诗赋,诮擎邢、魏诸公[⑩],众共嘲弄,虚相赞说[⑪],便击牛酾酒[⑫],招延声誉。其妻,明鉴妇人也,泣而谏之。此人叹曰:"才华不为妻子所容,何况行路[⑬]!"至死不觉。自见之谓明[⑭],此诚难也。

〔**注释**〕

①利钝:谓敏捷与迟钝。

②钝学:谓天资虽愚笨,但能刻苦学习。

③不妨：表示可以、无妨碍之意。
④研思：深思，反复思考。
⑤蚩鄙：粗野拙劣。蚩，通“媸”。
⑥操笔：执笔。谓作文。
⑦清华：清丽华美。多指文章。
⑧詅(líng)痴符：称文拙而好刻书行世的人。詅，叫卖。
⑨并州：古州名。其地约当今河北保定和山西太原、大同一带地区。
⑩诮撆(tiǎopiē)：嘲弄，戏弄。邢、魏诸公：指邢邵、魏收等人。
⑪赞说：赞扬评说。
⑫击牛：杀牛。击，杀，搏杀。釃(shī)酒：滤酒。
⑬行路：路人。
⑭自见之谓明：语见《韩非子·喻老》。自见，犹自知。

〔译文〕

做学问有敏捷与迟钝之分，写文章有精巧与拙劣之别。做学问迟钝的人只要坚持努力，也可以达到精湛纯熟；写文章拙劣的人即使反复思考，也终究不免粗野拙劣。一个人，只要成了有学之士，就自然足以为人了。如果确实没有天赋，就不要勉强去执笔写作。我见到世上有些人，明明没有一点才思，却自认为自己的文章清丽华美，到处传播散布自己丑陋拙劣的文章，这样的人也已经很多了，江南地区称这些人为“詅痴符”。近来在并州，有位读书人，喜欢做些可笑的诗赋，嘲弄邢邵、魏收等人，众人便一起嘲弄他，假意赞美他的诗赋，于是他就宰牛滤酒宴请大家，以求取声誉。他的妻子是个有见识的妇人，哭着规劝他。这个人叹息说：“我的才华都不能被自己的妻子容纳，何况路人呢！”他到死都没有醒悟。能正确认识自己才叫“明”，这确实难啊。

学为文章，先谋亲友①，得其评裁②，知可施行，然后出手③；慎勿师心自任，取笑旁人也④。自古执笔为文者，何可胜言。然至于宏丽精华[5]，不过数十篇耳。但使不失体裁[6]，辞意可观[7]，便称才士；要须动俗盖世[8]，亦俟河之清乎[9]！

〔注释〕

①谋：咨询。

②评裁：品评裁断。

③出手：指诗文写出或传出。

④取笑：取受讥笑。

⑤宏丽：宏伟壮丽，富丽。精华：指事物之最精粹、最优秀的部分。

⑥不失：不偏离，不失误。

⑦辞意：言辞或文辞的意思。

⑧要须：必须，需要。动俗：用浮夸的言行去惊动世俗之人。盖世：谓才能、功绩等高出当代之上。盖，超过，胜过。

⑨俟河之清：成语。等待黄河由浊变清，比喻期望之事不可能实现或难以实现。《左传·襄公八年》："周诗有之曰：'俟河之清，人寿几何？'"俟，等待。

〔译文〕

学写文章，要先向亲朋好友征询意见，得到了他们的品评裁断，知道可以在世间流传了，然后再传出来；千万不要自以为是，从而遭人讥笑。自古以来执笔写文章的，数不胜数。然而能达到宏伟壮丽、可谓精华的文章，不过几十篇而已。只要写的文章不偏离体裁，辞意值得一看，就能称得上是有才之士了；一定要做到惊世骇俗高出当代，要等到黄河由浊变清了吧！

不屈二姓，夷、齐之节也[1]；何事非君，伊、箕之义也[2]。自春秋已来，家有奔亡[3]，国有吞灭[4]，君臣固无常分矣[5];然而君子之交绝无恶声[6],一旦屈膝而事人,岂以存亡而改虑?陈孔璋居袁裁书,则呼操为豺狼;在魏制檄,则目绍为蛇虺[7]。在时君所命,不得自专[8],然亦文人之巨患也[9],当务从容消息之[10]。

〔注释〕

①不屈二姓,夷、齐之节也:《史记·伯夷列传》:"伯夷、叔齐,孤竹君之二子也……武王已平殷乱,天下宗周,而伯夷、叔齐耻之,义不食周粟,隐于首阳山。"不屈,不顺从,不屈服。二姓:指新王朝。夷、齐,伯夷和叔齐。节,气节,节操。

②何事非君,伊、箕之义也:伊、箕,伊尹和箕子。《史记·殷本纪》:"伊尹去汤适夏。既丑有夏,复归于亳。"《孟子·公孙丑上》:"何事非君,何使非民;治亦进,乱亦进,伊尹也。"《史记·宋微子世家》:"纣为淫佚,箕子谏,不听。人或曰:'可以去矣。'箕子曰:'为人臣谏不听而去,是彰君之恶而自说于民,吾不忍为也。'乃被发详狂而为奴。"何事,为何,何故。非,违背,不合。伊尹,商汤大臣,名伊,一名挚,尹是官名。相传生于伊水,故名。是汤妻陪嫁的奴隶,后助汤伐夏桀,被尊为阿衡。汤去世后历佐卜丙、仲壬二王。后太甲即位,因荒淫失度,被伊尹放逐到桐宫,三年后迎之复位。箕子,名胥余,商末贵族。

③家:卿大夫或卿大夫的采地食邑。奔亡:逃亡。

④国:古代王、侯的封地。吞灭:并吞消灭。

⑤常分:定分。即宿命论所谓的人事均由命运前定,人力难以改变。

⑥恶声:粗鲁的声气,怨恨之声。

⑦陈孔璋居袁裁书,则呼操为豺狼;在魏制檄,则目绍为蛇虺:《三国志·魏书·袁绍传》裴注引《魏氏春秋》载陈琳所作的袁绍《檄州郡文》曰:"操豺狼野心,潜苞祸谋,乃欲挠折栋梁,孤弱汉室。""在魏制檄"事史籍无考。孔璋,陈琳字。裁书,草写檄文。目,看待,看作。蛇虺,泛指蛇类。亦用以比喻凶残狠毒的人。

⑧自专:一任己意,独断独行。

⑨巨患：大毛病，大缺点。

⑩消息：斟酌。

〔译文〕

不屈身于新王朝，这是伯夷和叔齐的气节；对任何君主皆可侍奉，这是伊尹和箕子的道义。自从春秋以来，卿大夫之家有奔走逃亡的，邦国有被并吞消灭的，君主和臣子本来就没有定分。然而君子即使绝交也不会口出恶言，一旦屈膝去侍奉别的君主，难道能因为自己的生死而改变想法吗？陈琳在袁绍手下草写檄文，就把曹操称为豺狼；在曹操手下制作檄文，则把袁绍看作蛇虺。当然这是当时君主的命令，不能自己做主，然而这也是文人的大毛病了，应该从容地斟酌一下。

或问扬雄曰："吾子少而好赋？"雄曰："然。童子雕虫篆刻，壮夫不为也[①]。"余窃非之曰：虞舜歌《南风》之诗[②]，周公作《鸱鸮》之咏[③]，吉甫、史克《雅》《颂》之美者[④]，未闻皆在幼年累德也[⑤]。孔子曰："不学《诗》，无以言[⑥]。""自卫返鲁，乐正，《雅》《颂》各得其所[⑦]。"大明孝道，引《诗》证之[⑧]。扬雄安敢忽之也？若论"诗人之赋丽以则，辞人之赋丽以淫"[⑨]，但知变之而已[⑩]，又未知雄自为壮夫何如也？著《剧秦美新》[⑪]，妄投于阁[⑫]，周章怖慑[⑬]，不达天命，童子之为耳。桓谭以胜老子[⑭]，葛洪以方仲尼[⑮]，使人叹息。此人直以晓算术[⑯]，解阴阳[⑰]，故著《太玄经》[⑱]，数子为所惑耳；其遗言余行，孙卿、屈原之不及，安敢望大圣之清尘[⑲]？且《太玄》今竟何用乎？不啻覆酱瓿而已[⑳]。

〔注释〕

①“或问”数句：语出《法言·吾子》。吾子，对对方的敬爱之称。一般用于男子之间。雕虫篆刻，虫，指虫书，刻，指刻符，各为一种字体。后以“雕虫篆刻”喻词章小技。

②虞舜歌《南风》之诗：《孔子家语·辩乐解》：“昔者舜弹五弦之琴，造《南风》之诗，其诗曰：‘南风之熏兮，可以解吾民之愠兮；南风之时兮，可以阜吾民之财兮。’”

③周公作《鸱鸮》之咏：《毛诗序》：“《鸱鸮》，周公救乱也。成王未知周公之志，公乃为诗以遗王，名之曰《鸱鸮》焉。”《鸱鸮》，《诗经·豳风》篇名。

④吉甫、史克《雅》《颂》之美：《诗义钩沉·大雅·荡之什义》言《崧高》《烝民》《韩奕》，皆尹吉甫美宣王之诗。《毛诗序》：“《駉》，颂僖公也。僖公能遵伯禽之法，俭以足用，宽以爱民……鲁人尊之。于是季孙行父请命于周，而史克作是颂。”吉甫，尹吉甫，周宣王时大臣。史克，鲁国史官。

⑤累德：对德行有损。

⑥不学《诗》，无以言：语见《论语·季氏》。

⑦自卫返鲁，乐正，《雅》《颂》各得其所：语出《论语·子罕》：“子曰：‘吾自卫返鲁，然后乐正，《雅》《颂》各得其所。’”乐正，谓整理音乐篇章。

⑧大明孝道，引《诗》证之：孔子为曾子讲述孝道，撰述《孝经》，每章之末，俱引《诗》以明之。

⑨诗人之赋丽以则，辞人之赋丽以淫：语见《汉书·艺文志》引扬雄语。意为古诗之作以发乎情止乎义为美，今赋之作以形容过度为美。则，规律，法则。淫，过度，无节制，滥。

⑩变：通“辨”。明辨。

⑪《剧秦美新》：王莽篡汉自立，国号新。扬雄仿司马相如《封禅文》，上封事给王莽，指斥秦朝，美化新朝，故名《剧秦美新》。文中抨击秦始皇焚书、统一度量衡等措施，对王莽则歌功颂德。

⑫妄投于阁：《汉书·扬雄传》：“莽既以符命自立，即位之后……时雄校书天禄阁上，治狱使者来，欲收雄，雄恐不能自免，乃从阁上自投下，几死。莽闻之曰：‘雄素不与事，何故在此？’间请问其故，乃刘棻尝从雄学作奇字，

雄不知情。有诏勿问。然京师为之语曰:‘惟寂寞,自投阁;爰清静,作符命。’”投,向下跳。

⑬周章:惊恐,遑遽。怖慑:恐惧。

⑭桓谭以胜老子:《汉书·扬雄传》:“时大司空王邑、纳言严尤闻雄死,谓桓谭曰:‘子尝称扬雄书,岂能传于后世乎?’谭曰:‘必传……昔老聃著虚无之言两篇,薄仁义,非礼学,然后世好之者尚以为过于《五经》,自汉文景之君及司马迁皆有是言。今扬子之书文义至深,而论不诡于圣人,若使遭遇时君,更阅贤知,为所称善,则必度越诸子矣。’”桓谭,字君山,沛国相(今安徽淮北)人,东汉经学家。

⑮葛洪以方仲尼:《抱朴子·外篇·尚博》:“世俗率神贵古昔而黩贱同时……虽有益世之书,犹谓之不及前代之遗文也。是以仲尼不见重于当时,《太玄》见蚩薄于比肩也。”葛洪,字稚川,自号抱朴子,丹阳句容(今江苏句容)人,东晋医学家、道教思想和理论家。

⑯直:副词。特,但,只不过。

⑰阴阳:古代指有关日、月等天体运转规律的学问。

⑱《太玄经》:西汉扬雄撰,也称《扬子太玄经》,十卷。《汉书·扬雄传》载扬雄“以为经莫大于《易》,故作《太玄》”。其书体裁模仿《周易》,以源于老子之道的“玄”为中心思想。太玄,深奥玄妙的道理。

⑲大圣:圣人。此指老子。清尘:车后扬起的尘埃。亦用作对尊贵者的敬称。清,敬词。

⑳不啻:只有,不过。覆酱瓿(bù):省称“酱瓿”。原指盛酱的器物,喻著作的价值不为人所认识,只能用来盖酱瓿而已。瓿,古代容器名,陶或青铜制,圆口、深腹、圈足,用以盛物。

〔译文〕

有人问扬雄说:“您小时候喜欢作赋吧?”扬雄回答:“是的。那是小孩子的雕虫小技,成年人是不会去做的。”我私下里是不认可他这种说法的:虞舜作《南风》之诗,周公作《鸱鸮》之诗,尹吉甫、史克作赞美宣王和僖公的《雅》《颂》之诗,没听说都是在他们小时候所作,也没有听说有损他们的德行。孔子说:“不学《诗》,

就不知道如何说话。”“我从卫国回到鲁国，整理了《诗》的音乐篇章，使得《雅》乐和《颂》乐各得其所。”他彰明孝道，也引用《诗》来加以证明。扬雄怎么敢忽视诗赋呢？如果说到他所说的“古诗之作以发乎情止乎义为美，今赋之作以形容过度为美”，他也只是能辨别二者之间的差别而已，又不知扬雄自己身为成年人，所作所为又怎么样呢？他写了《剧秦美新》赞颂王莽，又糊里糊涂地从天禄阁上往下跳，惊恐惶遽，不能乐天知命，这才是小孩子的行为啊。桓谭认为他胜过老子，葛洪把他和孔子相比，真是令人叹息。这个人只不过通晓算术，懂得阴阳之学，因而撰述了《太玄经》，几个人就都被他所迷惑；他流传于后世的一些言行，都比不上荀子和屈原，又怎敢和大圣人相提并论呢？况且《太玄经》如今还有什么用呢？只不过用来盖酱瓿罢了。

齐世有席毗者①，清干之士②，官至行台尚书③，嗤鄙文学④，嘲刘逖云⑤："君辈辞藻，譬若荣华⑥，须臾之玩，非宏才也；岂比吾徒千丈松树，常有风霜，不可凋悴矣⑦！"刘应之曰："既有寒木，又发春华⑧，何如也？"席笑曰："可哉！"

〔注释〕

①席毗（pí）：其人不详。

②清干：清廉干练。

③行台尚书：官名。北魏置，为行台长官。北魏末期为行台属官，分曹理事。在未设行台尚书令或行台仆射时，仍为行台长官。东魏、北齐、隋、唐初沿置。行台，台省在外者称行台。

④嗤鄙：讥笑鄙视。

⑤刘逖（tì）：字子长，彭城丛亭里（今江苏徐州）人。北齐官吏，工诗咏。

⑥荣华：朝菌的别名。朝菌即木槿，朝花暮落。

⑦凋悴：衰败憔悴。

⑧春华：春天的花。

〔译文〕

北齐有个叫席毗的人，为官清廉干练，官至行台尚书。他讥笑鄙视文学，曾嘲笑刘逖说："你们这些人的文章，就好像是木槿一样，只能做片刻之间的观赏，不是什么大才；哪能比得上我们这些人，如同千丈松树一般，虽然常经风霜，但却不会凋败！"刘逖回答他说："如果既是耐寒不凋的树木，又能在春天开花，怎么样呢？"席毗笑着说："那当然好了！"

凡为文章，犹人乘骐骥[①]，虽有逸气[②]，当以衔勒制之[③]，勿使流乱轨躅[④]，放意填坑岸也[⑤]。

〔注释〕

①骐骥：骏马。

②逸气：超脱世俗的气概、气度。

③衔勒(lè)：马嚼子和马络头。衔，马嚼子，青铜或铁制，放在马口内，用以勒马，控制它的行止。勒，带嚼子的马络头。

④流乱：(因灾荒战乱等)流转离散。轨躅(zhú)：车轮辗过之痕迹。

⑤放意：纵情，恣意。坑岸：沟堑，沟壑。

〔译文〕

大凡写文章，就像一个人骑着一匹骏马一样，即使它有着超凡脱俗之气，也应当用衔勒来控制住它，不要让它四处乱窜，恣意而行，以致落入沟壑中。

文章当以理致为心肾[①]，气调为筋骨[②]，事义为皮肤[3]，华丽为冠冕[4]。今世相承，趋末弃本，率多浮艳，辞与理竞，辞胜而理伏；事与才争，事繁而才损。放逸者流宕而忘归[5]，穿凿者补缀而不足[6]。时俗如此，安能独违？但务去泰去甚耳[7]。必有盛才重誉[8]，改革体裁者，实吾所希。

〔注释〕

①理致：义理情致。

②气调：气韵才调。

③事义：指文章的思想内容。

④华丽：美丽而有光彩。

⑤放逸：豪放不羁。流宕：谓诗文流畅恣肆。

⑥穿凿：非常牵强地解释，把没有某种意思的说成有某种意思。补缀：补葺连缀，泛指修补。

⑦去泰去甚：语出《老子》第二十九章："是以圣人去甚，去奢，去泰。"指做事不能太过分。泰，太，过甚。

⑧盛才：高才。重誉：隆重之声誉。

〔译文〕

文章应当以义理情致为心肾，以气韵才调为筋骨，以思想内容为肌肤，以华丽辞藻为冠冕。现在递相沿袭的，都是舍本逐末，文章大多轻浮华艳。辞藻同义理相争，辞藻胜出而义理被削弱；内容与才思相争，内容繁多而才思被减损。豪放不羁的，行文流畅恣肆却忘了回归主旨；牵强补缀的，东拼西凑却才思不足。时下的习俗如此，又怎能独自违背呢？只能不太过分罢了。如果有才华横溢、声誉崇高的人站出来改革这种体裁，这才是我所希望的。

古人之文，宏材逸气，体度风格[1]，去今实远；但缉缀疏朴[2]，未为密致耳[3]。今世音律谐靡[4]，章句偶对[5]，讳避精详，贤于往昔多矣。宜以古之制裁为本[6]，今之辞调为末[7]，并须两存，不可偏弃也[8]。

〔注释〕

①体度：犹体制，格局。

②缉(jī)缀：编辑缀合。缉，编辑。缀，缀属。疏朴：粗略。

③密致：细密，致密。

④音律：文字声韵的规律。谐靡：和谐靡丽。

⑤章句：诗文的章节和句子。偶对：指诗文的对偶。

⑥制裁：犹裁制，构制。

⑦辞调：诗文的声韵。

⑧偏弃：抛弃其中之一。

〔译文〕

古人的文章，才气宏大超逸，其体度风格比今天超出太多了；只是在遣词造句方面较为粗略，不够细致精密。今天的文章音律和谐靡丽，章句对偶工整，避讳精密翔实，比过去好多了。应以古人的体裁风格为本，今天的声韵章句为末，两者并存，不可偏废任何一方。

吾家世文章[1]，甚为典正[2]，不从流俗，梁孝元在蕃邸时[3]，撰《西府新文》[4]，讫无一篇见录者[5]，亦以不偶于世[6]，无郑、卫之音故也[7]。有诗、赋、铭、诔、书、表、启、疏二十卷[8]，吾兄弟始在草土[9]，并未得编次[10]，便遭火荡尽，竟不传于世。衔酷茹恨[11]，彻于心髓[12]！操行见于《梁史·文士传》及孝元《怀旧志》⑬。

〔注释〕

①家世:家庭的世系,门第。依下文文意,这里当指其亡故的父亲。

②典正:典雅正规。

③蕃邸:藩王之第宅。蕃,通"藩"。封建王朝分封的侯国。

④《西府新文》:梁孝元帝令萧淑辑录诸臣僚之文。《隋书·经籍志》:"《西府新文》十一卷,并录,梁萧淑撰。"时颜之推父颜协正为镇西将军府谘议参军,其文未见收录,故之推引以为恨。西府,官府。

⑤讫:副词。终究,竟然。

⑥偶:迎合,投合。

⑦郑、卫之音:泛指淫靡的音乐,此指靡丽的文风。郑、卫,春秋战国时郑国与卫国的并称。

⑧诗、赋、铭、诔、书、表、启、疏:均为文体名。启,泛指奏疏、公文、书函。

⑨草土:指居亲丧。居丧者寝苫枕块,故曰草土。

⑩编次:按一定的次序编排。

⑪衔酷茹恨:指心中痛苦怨恨。衔,含。酷,悲惨,痛苦。茹,吃。

⑫心髓:心的深处。

⑬操行:操守,品行。《梁史·文士传》:此处当指南朝陈许亨所著《梁史》。又《梁书·文学传》中有《颜协传》。《怀旧志》:《隋书·经籍志》载:"《怀旧志》九卷,梁元帝撰。"

〔译文〕

我先父的文章,很是典雅庄重,不盲从社会上流行的风气。梁孝元帝做湘东王的时候,曾组织编撰了一部《西府新文》,先父的文章竟没有一篇被收录,这也是因为他不迎合世俗,文风不够靡丽的缘故。先父留下的诗、赋、铭、诔、书、表、启、疏共有二十卷,当时我们兄弟正在守丧,还没来得及整理编排,就被火烧光了,最终没有流传于世。我心中的痛与恨,刻骨铭心!先父的操守品行，见载于《梁史·文士传》及梁孝元帝的《怀旧志》。

沈隐侯曰[①]："文章当从三易：易见事[②]，一也；易识字，二也；易读诵，三也。"邢子才常曰[③]："沈侯文章，用事不使人觉[④]，若胸臆语也[⑤]。"深以此服之。祖孝徵亦尝谓吾曰[⑥]："沈诗云：'崖倾护石髓[⑦]。'此岂似用事邪？"

〔注释〕

①沈隐侯：指沈约。沈约，字休文，吴兴武康（今浙江吴兴）人。南朝著名文学家、史学家，历仕宋、齐、梁三朝。梁时封建昌县侯，卒谥"隐"。

②事：典故。

③邢子才：邢邵字子才。

④用事：指文学作品中引用典故。

⑤胸臆：内心，心中所藏。

⑥祖孝徵：祖珽字孝徵。

⑦沈诗云："崖倾护石髓"：此诗现不见于沈约集。石髓，即石钟乳。古人用于服食，也可入药。

〔译文〕

沈隐侯说："写文章应当遵循'三易'的原则：一是用典易见，二是用字易识，三是容易读诵。"邢子才常说："沈侯的文章，引用典故让人觉察不到，好像是直抒胸臆一样。"我因此深深地佩服他。祖孝徵也曾对我说："沈约诗说'崖倾护石髓'，这哪里像在用典呢？"

邢子才、魏收俱有重名，时俗准的[①]，以为师匠[②]。邢赏服沈约而轻任昉[③]，魏爱慕任昉而毁沈约，每于谈宴[④]，辞色以之[⑤]。邺下纷纭[⑥]，各有朋党[⑦]。祖孝徵尝谓吾曰：

"任、沈之是非，乃邢、魏之优劣也。"

〔注释〕

①准的：标准，准则。

②师匠：宗师、大匠，可以为人取法者。

③任昉：字彦升，小字阿堆，乐安博昌（今山东寿光）人。南朝文学家、方志学家，历仕宋、齐、梁三朝。

④谈宴：犹谈谦。谓边宴饮边叙谈。

⑤辞色：言辞和神色。

⑥纷纭：纷争，混乱。

⑦朋党：指同类的人以恶相济而结成的集团。后指因政见不同而形成的相互倾轧的宗派。

〔译文〕

邢子才、魏收名望都很高，时人把他们作为标准，奉为宗师。邢子才欣赏佩服沈约而轻视任昉，魏收爱慕任昉而诋毁沈约，两人在宴饮叙谈的时候，常常因此争得面红耳赤。邺下之人对此也有争议，两人各自有自己的朋党。祖孝徵曾对我说："任昉、沈约两人的是与非，实际上就是邢子才、魏收的优与劣啊。"

《吴均集》有《破镜赋》①。昔者，邑号朝歌，颜渊不舍；里名胜母，曾子敛襟②：盖忌夫恶名之伤实也。破镜乃凶逆之兽，事见《汉书》③，为文幸避此名也。比世往往见有和人诗者④，题云敬同⑤，《孝经》云："资于事父以事君而敬同⑥。"不可轻言也。梁世费旭诗云："不知是耶非⑦。"殷沄诗云："飖飏云母舟⑧。"简文曰："旭既不识其父，沄又飖飏其母。"此虽悉古事⑨，不可用也。世人或有文章引《诗》"伐鼓渊渊"者⑩，《宋书》已有屡游之诮⑪；如此流比[12]，幸须避之。北面事亲，别舅摛《渭阳》之咏[13]；堂上养老，送兄赋桓山之悲[14]，皆大失也。举此一隅[15]，触涂宜慎[16]。

〔注释〕

①《吴均集》：《隋书·经籍志》："梁奉朝请《吴均集》二十卷。"吴均，字叔庠，吴兴故鄣（今浙江安吉）人。南朝梁文学家、史学家。《梁书·文学传》载其"文体清拔有古气，好事者或学之，谓为'吴均体'"。

②邑号朝歌，颜渊不舍；里名胜母，曾子敛襟：《东观汉记·钟离意传》注引刘昼《新论·鄙名篇》："水名盗泉，尼父不漱；邑名朝歌，颜渊不舍；里名胜母，曾子还轫。"

③破镜乃凶逆之兽，事见《汉书》：《汉书·郊祀志》："后人复有言'古天子尝以春解祠，祠黄帝用一枭、破镜……'。"孟康注："枭，鸟名，食母。破镜，兽名，食父。黄帝欲绝其类，使百吏祠皆用之。"凶逆，凶恶悖逆。

④比世：近世，近代。

⑤敬同：犹敬和。指唱和他人诗词。

⑥《孝经》云："资于事父以事君而敬同"：见《孝经·士章》第五。意为把爱敬父亲的敬心，移来以敬君主，那恭敬的态度是一样的。资，取，言敬父与敬君同。

⑦费旭诗云："不知是耶非"：不知是耶非，汉武帝《李夫人歌》："是耶非耶？立而望之，偏何姗姗其来迟！"六朝人"耶"字用同"爷"，故简文帝以不识其父讥之。费旭，或当作"费昶"，《南史·费昶传》："王子云，太原人，及江夏费昶，并为闾里才子。昶善为乐府，又作《鼓吹曲》，武帝重之。"

⑧殷沄诗云："飖飏云母舟"：殷沄，其人无考。飖飏，摇曳摆荡。

⑨古事：典故。

⑩伐鼓渊渊：出自《诗经·小雅·采芑》。意为鼓声咚咚声震天。伐鼓，击鼓。渊渊，鼓声。

⑪屡游之诮：此处为反语，属六朝人的文字游戏，但不详所指。

⑫流比：同类比照类推。

⑬北面事亲，别舅摛《渭阳》之咏：《渭阳》之咏，《毛诗序》："康公念母

也。康公之母,晋献公之女也。文公遭丽姬之难,未反而秦姬卒,穆公纳文公。康公时为太子,赠送文公于渭之阳,念母之不见也,我见舅氏,如母存焉。”北面,面向北。古礼,臣拜君,卑幼拜尊长,皆面向北行礼,因而居臣下、晚辈之位曰“北面”。摛(chī),传播。母尚健在北堂,而别舅吟《渭阳》之咏,是为大错。

⑭堂上养老,送兄赋桓山之悲:《绎史·孔门诸子言行》:“孔子在卫,昧旦晨兴,颜回侍侧,闻哭者之声甚哀。子曰:‘回,汝知此何所哭乎?’对曰:‘回以此哭声,非但为死者而已,又有生离别者也。’子曰:‘何以知之?’对曰:‘回闻桓山之鸟,生四子焉,羽翼既成,将分于四海,其母悲鸣而送之,哀声有似于此,谓其往而不返也。回窃以音类知之。’孔子使人问哭者,果曰:‘父死,家贫,卖子以葬,与之长决。’子曰:‘回也善于识音矣。’”桓山之悲,喻父死而卖子之悲,今父尚健在而送别兄长引用桓山之事,为大错。堂上,指父母。

⑮一隅:比喻事物的一个方面。

⑯触涂:亦作“触途”。处处,各处。

〔译文〕

《吴均集》里有篇《破镜赋》。从前,邑名叫“朝歌”的地方,颜渊不在那里停留;里名叫“胜母”的地方,曾子经过要整理衣襟:他们大概是忌讳不好的名称会损害事物的实质吧。破镜是一种凶恶悖逆的兽类,这一典故见于《汉书》,写文章时望你们能避开这个名称。近世常常见到有人在奉和别人的诗时,题名上有“敬同”二字,《孝经》讲:“把爱敬父亲的敬心移来以敬君主,叫‘敬同’。”所以不能随便用这两个字。梁代费旭的诗中说:“不知是耶非。”殷沄的诗中说:“飖飏云母舟。”简文帝说:“费旭不认识他的父亲,殷沄又让他的母亲到处漂泊。”这些虽然都是典故,但也不能用。世人有在文章中引用《诗经》中的“伐鼓渊渊”的,《宋书》对此已经有了“屡游”的讥诮;诸如此类情况,希望你们能够避免。有的人母亲还在世,送别舅舅却吟咏《渭阳》之诗;有的人父亲尚健在,送别兄长却以“桓山之鸟”来表达自己的悲哀，都是大错啊。这里只是列举了一个方面，你们在写文章时应处处都慎重。

江南文制[1]，欲人弹射[2]，知有病累[3]，随即改之，陈王得之于丁廙也[4]。山东风俗，不通击难[5]。吾初入邺，遂尝以此忤人[6]，至今为悔；汝曹必无轻议也。

〔注释〕

①文制：作文。

②弹射：犹指摘。

③病累：犹缺点。

④陈王得之于丁廙：《三国志·魏书·陈思王植传》裴注引《典略》曹植与杨修书：“仆尝好人讥弹其文，有不善者，应时改定。昔丁敬礼常作小文，使仆润饰之。仆自以才不过若人，辞不为也。敬礼谓仆：‘卿何疑难，文之佳丽，吾自得之。后世谁相知定吾文者邪？’吾尝叹此达言，以为美谈。”陈王，指曹植，生前封为陈王。丁廙，字敬礼，东汉文学家。

⑤不通：不相往来。击难：批评，指责。

⑥忤：违逆，触犯。

〔译文〕

江南地区写文章，希望得到别人的指摘批评，知道有缺点了，随即就加以改正。陈思王曹植从丁廙那里就感受到了这一点。山东地区的风俗，则是不互相批评指责。我刚到邺下的时候，就曾因此得罪了他人，至今仍在后悔；你们一定不要轻率去评议他人的文章。

凡代人为文，皆作彼语，理宜然矣。至于哀伤凶祸之辞，不可辄代。蔡邕为胡金盈作《母灵表颂》曰[1]：“悲母氏之不永,然委我而夙丧[②]。"又为胡颢作其父铭曰[③]:"葬我考议郎君[④]。"《袁三公颂》曰:"猗欤我祖,出自有妫[⑤]。"王粲为潘文则《思亲诗》云:"躬此劳悴,鞠予小人;庶我显妣,克保遐年[⑥]。"而并载乎邕、粲之集,此例甚众。古人之所行,今世以为讳。陈思王《武帝诔》,遂深永蛰之思;潘岳《悼亡赋》,乃怆手泽之遗[⑦]:是方父于虫[⑧],匹妇于考也[⑨]。蔡邕《杨秉碑》云:"统大麓之重[⑩]。"潘尼《赠卢景宣诗》云:"九五思飞龙[⑪]。"孙楚《王骠骑诔》云[⑫]:"奄忽登遐[⑬]。"陆机《父诔》云:"亿兆宅心,敦叙百揆[⑭]。"《姊诔》云:"伣天之和[⑮]。"今为此言,则朝廷之罪人也。王粲《赠杨德祖诗》云[⑯]:"我君饯之,其乐泄泄[⑰]。"不可妄施人子[⑱],况储君乎[⑲]?

〔注释〕

①胡金盈:东汉学者胡广之女。灵表:文体名。墓表的一种。

②悲母氏之不永,然委我而夙丧:哀叹母亲不长寿,竟然抛下我而过早地离世。不永,谓寿命不长久。委,舍弃,丢弃。夙,早。

③胡颢:胡广之孙。

④葬我考议郎君:安葬我的亡父议郎君。考,对死去的父亲的称呼。议郎,官名。汉代设置,为光禄勋所属郎官之一,掌顾问应对,无常事。汉秩比六百石。多征贤良方正之士任之。晋以后废。

⑤猗欤我祖,出自有妫:《左传·昭公八年》杜预注:"胡公满,遂之后也,事周武王,赐姓曰妫,封诸陈,绍舜后。"《广韵·二十一欣》:"袁姓出陈郡、汝南、彭城三望,本自胡公之后。"猗欤(yīyú),叹美之言。有,助词。无义。作名词词头。

⑥躬此劳悴,鞠予小人;庶我显妣,克保遐年:您辛苦劳累养育我长大,希望我的亡母灵魂能永获安宁。劳瘁,辛苦劳累。鞠,生养,抚育。小人,小孩子。庶,副词。希望,但愿。显妣,旧时对亡母的美称。克,能够。遐年,

高龄，长寿。

⑦陈思王《武帝诔》，遂深永蛰之思：曹植《武帝诔》："潜闼一扃，尊灵永蛰。"深，加深。永蛰，犹长眠。指死。蛰，比喻人隐藏不出。《文心雕龙·指瑕》："永蛰颇疑于昆虫，施之尊极，岂其当乎？"潘岳《悼亡赋》，乃怆手泽之遗：《潘岳集》中未见此句。怆，悲伤。手泽之遗，指先人遗物。手泽，为手汗所沾润。《礼记·玉藻》："父没而不能读父之书，手泽存焉尔。"

⑧方父于虫：《礼记·月令》："季秋之月，蛰虫咸俯。"《文心雕龙·指瑕》："永蛰颇疑于昆虫。"方，比拟，比喻。

⑨匹妇于考：把妻子等同于死去的父亲。妇，妻。匹，相配，相比，相当。考，对死去的父亲的称呼。

⑩统大麓之重：指担负统领天下的重任。郑玄《尚书·舜典》注："山足曰麓。麓者，录也。古者天子命大事、命诸侯，则为坛国之外。尧聚诸侯，命舜陟位居摄，致天下之事，使大录之。"大麓，犹总领，谓领录天子之事。麓，通"录"。领录。

⑪九五思飞龙：《易·乾》："九五，飞龙在天，利见大人。"九五，指帝王。飞龙，喻指圣人起而为天子。

⑫孙楚：字子荆，太原中都（今山西平遥）人。西晋官吏、文学家。

⑬奄忽：疾速，倏忽。奄，忽然，骤然。登遐：特指帝王之死。

⑭亿兆宅心，敦叙百揆：使万民归心，使百官和睦。亿兆，指庶民百姓。犹言众庶万民。宅心，归心。心悦诚服而归附。敦叙，亦作"敦序"。谓使九族亲厚而有序。后谓亲睦和顺。百揆（kuí），百官。

⑮伣天之和：和，当作"妹"。《诗·大雅·大明》："大邦有子，伣天之妹。"意谓大国有一个女儿，好比天上的仙子。本为赞颂文王所聘之女太姒之语，后以"伣天"借指皇后、公主。伣（qiàn），如同，好比。

⑯杨德祖：杨修，字德祖。

⑰我君饯之，其乐泄泄：《左传·隐公元年》载郑庄公与母亲武姜和好："公入而赋：'大隧之中，其乐也融融。'姜出而赋：'大隧之外，其乐也泄泄。'遂为母子如初。"饯，设酒食送行。古代一种礼仪。泄泄（xiè），和乐貌。

⑱人子：指子女。

⑲储君：指王位或皇位的继承人。

〔译文〕

凡是代别人写文章,都要以别人的语气来写,从道理上讲应该这样。至于表达哀伤灾祸的话,则不能替代别人。蔡邕为胡金盈作《母灵表颂》说:"悲母氏之不永,然委我而夙丧。"又为胡颢的父亲写碑铭说:"葬我考议郎君。"《袁三公颂》说:"猗欤我祖,出自有妫。"王粲为潘文则作《思亲诗》说:"躬此劳悴,鞠予小人;庶我显妣,克保遐年。"而这些文章都收在了蔡邕、王粲的文集中。这样的例子很多。古人的这种做法,现在的人是忌讳的。曹植的《武帝诔》,以"永蛰"一词来表达对亡父的深深思念;潘岳的《悼亡赋》,用"手泽"一词来表达看到亡妻遗物时的悲伤:这是把父亲比拟成昆虫,将亡妻等同于亡父了。蔡邕的《杨秉碑》说:"统大麓之重。"潘尼的《赠卢景宣诗》说:"九五思飞龙。"孙楚的《王骠骑诔》说:"奄忽登遐。"陆机的《父诔》说:"亿兆宅心,敦叙百揆。"《姊诔》说:"伣天之和。"今天要是这么写,就成了朝廷的罪人了。王粲的《赠杨德祖诗》说:"我君饯之,其乐泄泄。"这话都不可随意用在自己的儿女身上,何况是储君呢?

挽歌辞者①,或云古者《虞殡》之歌②,或云出自田横之客③,皆为生者悼往告哀之意④。陆平原多为死人自叹之言⑤,诗格既无此例⑥,又乖制作本意⑦。

〔注释〕

①挽歌:挽柩者所唱哀悼死者的歌。后泛指对死者悼念的歌或哀叹旧事物灭亡的文辞。

②《虞殡》:送葬歌曲。

③田横:秦末狄县(今山东高青)人。本为齐国贵族,秦末反秦自立,占据齐地为王。汉朝建立后,率五百门客逃往海岛。刘邦派人招抚,田横因不

愿称臣于汉而自杀。海岛五百门客闻田横死,亦全部自杀。

④悼往:悼念死者。往,死,亦指死者。告哀:诉说痛苦哀伤。

⑤陆平原:陆机,字士衡,吴郡吴县(今江苏苏州)人。西晋著名文学家、书法家。曾任平原内史,故别称“陆平原”。

⑥诗格:诗的格式、体例。

⑦乖:背离,违背。制作:著述,创作。

〔译文〕

挽歌辞,有人说是古时的《虞殡》之歌,有人说是出自田横的门客,都是活着的人悼念死者、表达自己的悲哀之情的。陆机作的挽歌大多是死人自己的感叹,挽歌辞的体例中既没有这样的例子,又违背了创作挽歌辞的本意。

凡诗人之作,刺箴美颂①,各有源流②,未尝混杂,善恶同篇也。陆机为《齐讴篇》③,前叙山川物产风教之盛,后章忽鄙山川之情,殊失厥体④。其为《吴趋行》⑤,何不陈子光、夫差乎⑥?《京洛行》,胡不述赧王、灵帝乎⑦?

〔注释〕

①刺:讽刺。箴:规谏,告诫。美:称美,赞美。颂:颂扬,赞美。

②源流:指事物的起源和发展。

③《齐讴篇》:即《齐讴行》,乐府杂曲歌辞名。见《乐府诗集》卷六十四。

④厥:代词。其。

⑤《吴趋行》:吴地歌曲名。为吴人歌其土风之作。

⑥子光、夫差:子光,指吴王阖闾,一作阖庐,姬姓,名光,又称公子光,吴王诸樊之子(《左传》《世本》作吴王余昧之子),春秋末期吴国国君,在与越国的战争中受伤而死。夫差,姬姓,春秋时期吴国末代国君,阖闾之子,越灭吴后夫差自杀。

⑦赧(nǎn)王、灵帝:赧王,指周赧王姬延。姬姓,名延,亦称王赧,周慎

靓王之子，东周最后一位君主。灵帝，指东汉灵帝刘宏，在位期间朝政混乱，社会矛盾激化。东周、东汉均定都洛阳。

〔译文〕

大凡诗人的作品，无论是讽刺的、规谏的还是赞美的、歌颂的，都有各自的起源和发展，从来没有把善恶混杂在同一篇中。陆机作《齐讴行》，前面叙述山川、物产、风俗教化的兴盛，后面忽然出现鄙视山川的情绪，很是违背其体制。既然如此，那他作《吴趋行》，为何不陈述子光和夫差的事呢？作《京洛行》，为何不叙述周赧王和汉灵帝的事呢？

自古宏才博学[①]，用事误者有矣[②]；百家杂说，或有不同，书傥湮灭，后人不见，故未敢轻议之。今指知决纰缪者[③]，略举一两端以为诫[④]。《诗》云："有鷕雉鸣[⑤]。"又曰："雉鸣求其牡[⑥]。"《毛传》亦曰[⑦]："鷕，雌雉声。"又云："鷕之朝雊，尚求其雌[⑧]。"郑玄注《月令》亦云[⑨]："雊，雄雉鸣。"潘岳赋曰[⑩]："雉鷕鷕以朝雊[⑪]。"是则混杂其雄雌矣。《诗》云："孔怀兄弟[⑫]。"孔，甚也；怀，思也，言甚可思也。陆机《与长沙顾母书》，述从祖弟士璜死[⑬]，乃言："痛心拔脑，有如孔怀。"心既痛矣，即为甚思，何故方言有如也[⑭]？观其此意，当谓亲兄弟为孔怀。《诗》云："父母孔迩[⑮]。"而呼二亲为孔迩，于义通乎？《异物志》云[⑯]："拥剑状如蟹[⑰]，但一螯偏大尔。"何逊诗云[⑱]："跃鱼如拥剑[⑲]。"是不分鱼蟹也。《汉书》："御史府中列柏树，常有野鸟数千，栖宿其上，晨去暮来，号朝夕鸟[⑳]。"而文士往往误作乌鸢用之。《抱朴子》说项曼都诈称得仙，自云："仙人以流霞一杯与我饮之，辄不饥渴[21]。”而简文诗云：“霞流抱朴碗。”亦犹郭象以惠施之辨为庄周言也[22]。《后汉书》：“囚司徒崔烈以银铛锁。”银铛，大镍[23]也；世间多误作金银字。武烈太子亦是数千卷学士[24]，尝作诗云：“银镍三公脚，刀撞仆射头。”为俗所误。

〔注释〕

①宏才：指有大才的人。

②用事：指文学作品中引用典故。

③决：分辨，判断。纰缪：错误。

④端：方面，种类。

⑤有鹭(yǎo)雉鸣：语见《诗经·邶风·匏有苦叶》。鹭，野鸡鸣声。

⑥雉鸣求其牡：语见《诗经·邶风·匏有苦叶》。牡，鸟兽的雄性。

⑦《毛传》：《毛诗故训传》(一作《毛诗诂训传》)的简称。为汉人训释《诗经》之作。

⑧鹭之朝雊(gòu)，尚求其雌：语见《诗经·小雅·小弁》。雊，雉鸣叫。

⑨郑玄：字康成，北海高密(今山东高密)人。东汉末年经学大师。《月令》：古代天文历法著作。共一卷。是上古一种文章体裁，按照一年十二个月的时令，记述朝廷的祭祀礼仪、职务、法令、禁令，并把它们归纳在五行相生的系统中。

⑩潘岳：即潘安，字安仁。荥阳中牟(今河南中牟)人。西晋著名文学家。

⑪雉鹭鹭以朝雊：语见潘岳《射雉赋》。

⑫孔怀兄弟：语出《诗经·小雅·常棣》：“死丧之威，兄弟孔怀。”

⑬从祖：祖父的亲兄弟。

⑭方言：比喻说。方，比拟，比喻。

⑮父母孔迩：语见《诗经·周南·汝坟》。

⑯《异物志》：《隋书·经籍志》：“《异物志》一卷，后汉议郎杨孚撰。”

⑰拥剑：《尔雅·释鱼》注引《古今注》：“蟛蜞，小蟹也，生海边涂中，食土，一名长卿。其有一螯，大者名为拥剑，一名执火。”

⑱何逊：字仲言，东海郯（今山东兰陵）人。南朝梁诗人，官至尚书水部郎，后人称“何记室”或“何水部”。

⑲跃鱼如拥剑：何逊《渡连圻》二首作“鱼游若拥剑，猿挂似悬瓜”。

⑳“《汉书》”数句：见《汉书·朱博传》。

㉑“《抱朴子》”数句：见王充《论衡·道虚》篇。得仙，成仙。

㉒郭象：字子玄，洛阳（今河南洛阳）人。西晋玄学家。好老庄，著有《庄子注》。惠施：即惠子，惠氏，名施，战国中期宋国（今河南商丘）人，哲学家，名家学派的主要代表人物，同庄子是至交好友。庄周：即庄子，字子休（亦说子沐），宋国蒙人，战国中期思想家、哲学家和文学家。道家学派的主要代表人物之一，与老子并称为“老庄”。

㉓鏁（suǒ）：古同“锁”。

㉔武烈太子：梁元帝萧绎长子萧方等，字实相，南兰陵（今江苏常州）人。死后谥忠壮，梁元帝即位后改谥武烈世子。

［译文］

自古以来那些博学宏才之人，引用典故时也有弄错的；诸子百家杂说纷纭，有的对同一件事有不同看法，这些书籍倘若已经湮灭，后人就见不到了，所以我不敢轻易去评论。现在我说一些已经知道肯定是错误的，暂且举一两种来给你们作为借鉴。《诗经》说：“有鷕雉鸣。”又说：“雉鸣求其牡。”《毛传》也说：“鷕，是雌雉的叫声。”又说：“鷕之朝雊，尚求其雌。”郑玄注《月令》也说：“雊，是雄雉的鸣叫。”而潘岳的赋中说：“雉鷕鷕以朝雊。”这样就弄混了雄雌的区别了。《诗经》说：“孔怀兄弟。”孔，是“很”的意思；怀，是“思念”的意思，“孔怀”的意思是非常思念。陆机的《与长沙顾母书》，叙述自己的从祖兄弟陆士璜之死，就说：“痛心拔脑，有如孔怀。”心既然很痛，即是非常思念，为何比喻说“有如”呢？看他的意思，应当是亲兄弟才叫“孔怀”。《诗经》说：“父母孔迩。”如果按陆机的说法而称呼双亲为“孔迩”，在意思上解释得通吗？《异物志》说：“拥剑的形状像蟹，只是一只螯偏大而已。”

何逊的诗中说:“跃鱼如拥剑。”这是对鱼和蟹不加区分啊。《汉书》讲:“御史府中排列着柏树,常有数千只野乌栖息在树上,这些乌早晨去晚上来,被称为‘朝夕乌’。”而文士们在使用的时候往往把“乌”字误作“乌鸢”的“乌”了。《抱朴子》里说项曼都谎称自己成仙了,他自称:“仙人给了我一杯流霞喝,喝完就再不饥渴了。”而简文帝的诗中说:“霞流抱朴碗。”这就犹如郭象把惠施辩论的话当作庄周的话一样啊。《后汉书》中说:“用锒铛锁拘禁司徒崔烈。”锒铛,就是大锁;世人却大多把“锒”误写作“金银”的“银”字。武烈太子也是饱读诗书的博学之士,他曾作诗说:“银锁三公脚,刀撞仆射头。”这也是被习俗所迷惑了。

文章地理①,必须惬当②。梁简文《雁门太守行》乃云③:“鹅军攻日逐④,燕骑荡康居⑤。大宛归善马⑥,小月送降书⑦。”萧子晖《陇头水》云⑧:“天寒陇水急,散漫俱分泻。北注徂黄龙⑨,东流会白马⑩。”此亦明珠之颣⑪、美玉之瑕,宜慎之。

〔注释〕

①地理:土地、山川等的环境形势。今指全世界或一个地区的山川、气候等自然环境以及物产、交通、居民点等社会经济因素的总的情况。

②惬当:恰如其分,适当。

③梁简文《雁门太守行》:王利器指出此乃梁褚翔诗,非简文诗。《乐府诗集》卷三十九载褚翔《雁门太守行》云:“戎军攻日逐,燕骑荡康居。大宛归善马,小月送降书。”雁门,郡名。战国赵地。秦置郡。今山西北部皆其地。颜之推这里是说攻日逐与康居、大宛和小月氏与雁门并不相干。

④鹅军攻日逐:鹅军,《左传·昭公二十一年》记载宋公子城“与华氏战于赭丘。郑翩愿为鹳,其御愿为鹅”。杜预注:“鹳、鹅,皆阵名。”日逐,指日逐王。《汉书·匈奴传》:“狐鹿孤单于立,以左大将为左贤王,数年病死,其

子先贤掸不得代,更以为日逐王。日逐王者,贱于左贤王。"

⑤康居:古西域国名。东界乌孙,西达奄蔡,南接大月氏,东南临大宛,约在今巴尔喀什湖和咸海之间,王都卑阗城。

⑥大宛归善马:《汉书·西域传》:"大宛国,王治贵山城……多善马,马汗血,言其先天马子也。张骞始为武帝言之,上遣使者持千金及金马,以请宛善马……不肯与,汉使妄言,宛遂攻杀汉使……于是天子遣贰师将军李广利将兵前后十余万人伐宛,连四年。宛人斩其王毋寡首,献马三千匹……宛王蝉封与汉约,岁献天马二匹。"大宛,古国名,为西域三十六国之一,北通康居,南面和西南面与大月氏接。

⑦小月送降书:《汉书·西域传》:"大月氏……本居敦煌、祁连间,至冒顿单于攻破月氏,而老上单于杀月氏,以其头为饮器,月氏乃远去,过大宛,西击大夏而臣之,都妫水北为王庭。其余小众不能去者,保南山羌,号小月氏。"小月,即小月氏,古族名,汉文帝初年,月氏的一部分人没有西迁,进入南山,与羌人杂居,称小月氏。

⑧萧子晖:字景光,南朝梁人。少涉书史,亦有文才。

⑨徂(cú):及,至。黄龙:指黄龙城,在今辽宁朝阳。

⑩白马:指白马津。《括地志》:"黎阳津一名白马津,在滑州白马县北三十里。"

⑪颣(lèi):疵病,缺点。

〔译文〕

文章中涉及的地理,必须恰当。梁简文帝的《雁门太守行》就说:"鹅军攻日逐,燕骑荡康居。大宛归善马,小月送降书。"萧子晖的《陇头水》说:"天寒陇水急,散漫俱分泻。北注徂黄龙,东流会白马。"这也算是明珠上的疵病、美玉上的斑点,应该慎重对待。

王籍《入若耶溪》诗云①:"蝉噪林逾静,鸟鸣山更幽。"江南以为文外断绝②,物无异议③。简文吟咏,不能忘之,孝元讽味④,以为不可复得,至《怀旧志》载于《籍传》。范阳卢询祖[5]，邺下才俊，乃言："此不成语，何事于能[6]？"魏收亦然其论。《诗》云："萧萧马鸣，悠悠旆旌[7]。"《毛传》曰："言不喧哗也。"吾每叹此解有情致，籍诗生于此耳。

〔注释〕

①王籍：字文海，琅琊临沂（今山东临沂）人。南朝梁诗人。

②断绝：绝妙，绝无仅有。

③物无异议：即人无异议。物，人，众人。

④讽味：讽诵玩味。

⑤卢询祖：北齐文学家，范阳（今河北涿州）人。

⑥何事于能：有什么才华。

⑦萧萧马鸣，悠悠旆（pèi）旌：语见《诗经·小雅·车攻》。旆旌，泛指旗帜。

〔译文〕

王籍的《入若耶溪》诗说："蝉噪林逾静，鸟鸣山更幽。"江南地区认为这首诗绝无仅有，人们对此都没有异议。简文帝吟咏这首诗之后就忘不了它；孝元帝讽诵玩味这首诗，认为再没人能写出这样的诗，以至在写《怀旧志》的时候把它记载于《王籍传》中。范阳人卢询祖，是邺下的才俊，他说："这两句诗不成话，又哪里有什么才华？"魏收也认可他的观点。《诗》说："萧萧马鸣，悠悠旆旌。"《毛传》说："这是说车队安静不喧哗啊。"我常常感叹这种解释有情致，王籍的诗正是来源于此。

兰陵萧悫[1]，梁室上黄侯之子[2]，工于篇什[3]。尝有《秋诗》云："芙蓉露下落，杨柳月中疏。"时人未之赏也。吾爱其萧散[4]，宛然在目。颍川荀仲举、琅邪诸葛汉[5]，亦以为尔。而卢思道之徒[6]，雅所不惬[7]。

〔注释〕

①兰陵：今属山东。萧悫：字仁祖。北齐文学家。

②上黄侯：指南朝梁萧晔。为梁宗室，封上黄侯。

③篇什：《诗经》的“雅”和“颂”以十篇为一什，所以诗章又称“篇什”。

④萧散：萧洒。形容举止、神情、风格等自然，不拘束；闲散舒适。

⑤颍川：古郡名。治所在今河南禹州。荀仲举：字士高，北齐人。琅邪：即琅玡。今作琅琊，属山东。此处指诸葛颍的郡望。诸葛汉：诸葛颍，字汉，丹阳建康（今江苏南京）人。隋代药学家，有集二十卷。

⑥卢思道：字子行，范阳（今河北涿州）人。以才学著称，先后仕北齐、北周和隋。

⑦雅：发语词。不惬：不乐意，不称心。

〔译文〕

兰陵人萧悫，是梁宗室上黄侯萧晔的儿子，擅长作诗。他曾作《秋诗》说：“芙蓉露下落，杨柳月中疏。”当时的人并不欣赏这两句诗。我喜爱这两句诗的闲散自然，真切得如同在眼前一样。颍川荀仲举、琅琊诸葛汉，也这么认为。而卢思道之辈，却不喜欢这两句诗。

何逊诗实为清巧[1]，多形似之言；扬都论者[2]，恨其每病苦辛[3]，饶贫寒气[4]，不及刘孝绰之雍容也[5]。虽然，刘甚忌之，平生诵何诗，常云：“‘蘧车响北阙’，愐愐不道车[6]。”又撰《诗苑》[7]，止取何两篇，时人讥其不广。刘孝绰当时既有重名，无所与让；唯服谢朓，常以谢诗置几案间，动静辄讽味[8]。简文爱陶渊明文，亦复如此。江南语曰：“梁有三何，子朗最多[9]。”三何者，逊及思澄、子朗也。

子朗信饶清巧。思澄游庐山,每有佳篇,亦为冠绝⑩。

〔注释〕

①清巧:清新奇巧。

②扬都:南北朝时称建康为扬都。

③恨:失悔,遗憾。苦辛:犹辛苦。劳苦艰辛。《续金针格》:"诗有自然句,有神助句。容易句率意遂成,辛苦句深思而得。"

④饶:众多,多。贫寒:贫乏单薄。

⑤刘孝绰:字孝绰,小字阿士,彭城(今江苏徐州)人,能文善草隶。雍容:舒缓,从容不迫。

⑥"蘧车响北阙",愐愐(huà)不道车:蘧车响北阙,何逊《早朝车中听望》:"诘旦钟声罢,隐隐禁门通。蘧车响北阙,郑履入南宫……"蘧车,指蘧伯玉事。《论语·卫灵公上》集释引《列女传·仁智篇》:"卫灵公与夫人夜坐,闻车声辚辚,至阙而止,过阙复有声。公问夫人曰:'知此谓谁?'夫人曰:'此必蘧伯玉也。'公曰:'何以知之?'夫人曰:'妾闻礼下公门,式路马,所以广敬也。夫忠臣与孝子不为昭昭信节,不为冥冥堕行。蘧伯玉,卫之贤大夫也,仁而有智,敬于事上,此其人必不以暗昧废礼,是以知之。'公使视之,果伯玉也。"愐愐,乖戾。不道,无道,胡作非为。蘧伯玉车声至阙而止,而何逊诗却言"蘧车响北阙",所以刘孝绰讥之"愐愐不道车"。

⑦《诗苑》:未见著录。

⑧讽味:讽诵玩味。

⑨梁有三何,子朗最多:三何,指何思澄、何逊与何子朗。《梁书·文学传》:"初,思澄与宗人逊及子朗俱擅文名,时人语曰:'东海三何,子朗最多。'"三人俱为梁东海郯(今山东郯城)人。子朗,字世明。《梁书·文学传》称其"早有才思,工清言"。

⑩冠绝:出类拔萃,远远超过。

〔译文〕

何逊的诗确实清新奇巧,有很多形象生动的语言;但扬都那些论诗的人,却评论他的诗是深思所得,多了贫乏单薄之气,比不上刘孝绰的诗那样舒缓从容。即便如此，刘孝绰还是很嫉妒他，平素诵咏何逊诗的时候，常说：“‘蘧车响北阙’，愐愐不道车。”他又编撰了一部《诗苑》，只选录了何逊两首诗。当时的人都讥讽他气度不大。刘孝绰当时已有盛名，没有谁可让他谦让的，他只服谢朓，常把谢朓的诗放置在几案上，时不时地讽诵玩味。简文帝喜爱陶渊明的诗文，也是这样做。江南地区有种说法：“梁有三何，子朗最多。”三何，指的是何逊、何思澄和何子朗。何子朗的诗的确多清新奇巧。何思澄游览庐山，常有佳作，也是远超他人。

名实第十

〔题解〕

本篇作者探讨了名与实的关系，认为二者的关系犹如“形之与影”；名依附于实，因此要有好的名声，就要加强自身的修养。有的人靠伪装来获取美名，但是靠伪装得来的美名不会长久，一旦暴露则原有的声名也会毁掉，从而“一伪丧百诚”；另一方面靠伪装来获取美名对自身的提高也有弊无益。作者还指出，君子树立名声要留有余地才能令人信服。他对圣人提倡的以树立名声来教化世人持肯定态度，认为修善立名的意义，在于鼓励人们树立名誉，从而引导良好的社会风气。

名之与实，犹形之与影也。德艺周厚[①]，则名必善焉；容色姝丽[②]，则影必美焉。今不修身而求令名于世者[③]，犹貌甚恶而责妍影于镜也[④]。上士忘名[⑤]，中士立名[⑥]，下士窃名[⑦]。忘名者，体道合德[⑧]，享鬼神之福祐，非所以求名也；立名者，修身慎行，惧荣观之不显[⑨]，非所以让名也；

窃名者,厚貌深奸,干浮华之虚称[10],非所以得名也[11]。

〔注释〕

①德艺:德行与才能。周厚:丰厚。

②姝丽:美丽。

③令名:美好的声誉。

④妍影:美丽的影像。

⑤上士:道德高尚的人。

⑥中士:一般士人。

⑦下士:才德差的人。

⑧体道:躬行正道。合德:犹同德。

⑨荣观:荣誉。

⑩干(gān):求,请求。虚称:虚假的名声,空名。

⑪所以:用以,用来。得名:获得美名;有名气,闻名。

〔译文〕

名声与实际,就像是外形与影子一样。德行才能丰厚的人,他的名声必然好;容貌神色美丽的人,他的影子必然也是美的。如今有些人不修养身心,却希望能获得世间的美名,这就像是容貌很丑,却希望镜子中有美丽的影像啊。道德高尚的人忘却名声,一般士人树立名声,才德差的人窃取名声。忘却名声的人,躬行正道,努力进取,他们享有鬼神的赐福保佑,而不是用来追求美名;树立名声的人,修养身心,行为谨慎,他们是担心自己的荣誉得不到彰显,而不是用来把名誉让给别人;窃取名声的人,外表忠厚而内心奸诈,他们是为了求得华丽的虚名,而不是用来获得美名。

人足所履,不过数寸,然而咫尺之途[1],必颠蹶于崖岸[2],拱把之梁[3],每沉溺于川谷者,何哉?为其旁无余地故也。君子之立己,抑亦如之。至诚之言,人未能信,至洁之行,物或致疑,皆由言行声名,无余地也。吾每为人所毁,常以此自责。若能开方轨之路[4],广造舟之航[5],则仲由之言信,重于登坛之盟[6],赵憙之降城,贤于折冲之将矣[7]。

〔注释〕

①咫尺:周制八寸为咫,十寸为尺。谓接近或刚满一尺。形容距离近。

②颠蹶:倒仆,跌落。

③拱把之梁:很窄的独木桥。拱把,指径围大如两手合围。拱,两手或两臂合围的径围。把,一掌所握的粗细或多少。梁,桥。

④方轨:车辆并行。

⑤造舟:周文王成婚时,曾并船为桥,纳聘于渭水。这里指连船为浮桥。航:两船相并而成的方舟。

⑥则仲由之言信,重于登坛之盟:《左传·哀公十四年》:"小邾射以句绎来奔,曰:'使季路要我,吾无盟矣。'使子路,子路辞。季康子使冉有谓之曰:'千乘之国,不信其盟,而信子之言,子何辱焉?'对曰:'鲁有事于小邾,不敢问故,死其城下可也。彼不臣而济其言,是义之也,由弗能。'"仲由,字子路,又字季路,鲁国卞(今山东济宁)人。孔子弟子,以政事见称。信,守信用,实践诺言。坛,高台。古代祭祀天地、帝王、远祖或举行朝会、盟誓及拜将的场所,多用土石等建成。

⑦赵憙之降城,贤于折冲之将矣:《后汉书·赵憙传》:"更始即位,舞阴大姓李氏拥城不下,更始遣柱天将军李宝降之,不肯,云'闻宛之赵氏有孤孙憙,信义著名,愿得降之'。更始乃征憙……使诣舞阴,而李氏遂降。"赵憙,亦作赵熹,字伯阳,南阳宛(今河南南阳)人。东汉初年大臣。折冲,使敌人的战车后撤。即制敌取胜。冲,冲车。战车的一种。

〔译文〕

人脚所能踩踏的地方,不过数寸,然而人在咫尺宽的山路上行走，也会跌落在山崖边；在很窄的独木桥上行走，也会跌落在河流中，为什么呢？这是因为旁边没有余地的原因啊。君子立身行事，也和这些情况相似。最真诚的话，人们可能不相信；最高洁的行为，人们可能表示怀疑，都是因为他们的言行和名声没有余地的原因。我常常被人所诋毁，常因此而自责。如果在立身处事上能像走在宽广大路、宽阔浮桥上一样富有余地，那么所说的话就能像仲由的话一样言而有信，胜过登坛举行的盟誓；所做的事就像赵熹那样能以信义攻克城邑，胜过克敌制胜的将领。

吾见世人，清名登而金贝入①，信誉显而然诺亏②，不知后之矛戟，毁前之干橹也③！虙子贱云④："诚于此者形于彼⑤。"人之虚实真伪在乎心，无不见乎迹，但察之未熟耳⑥。一为察之所鉴，巧伪不如拙诚⑦，承之以羞大矣。伯石让卿⑧，王莽辞政⑨，当于尔时，自以巧密⑩；后人书之，留传万代，可为骨寒毛竖也。近有大贵，以孝著声，前后居丧⑪，哀毁逾制⑫，亦足以高于人矣。而尝于苫块之中⑬，以巴豆涂脸⑭，遂使成疮，表哭泣之过。左右童竖⑮，不能掩之，益使外人谓其居处饮食，皆为不信。以一伪丧百诚者，乃贪名不已故也。

〔注释〕

①清名：清美的声誉。金贝：金刀龟贝，古代用作货币。亦泛指金钱财货。

②然诺：许诺，答应。

③干橹：小盾大盾，也泛指武器。干，小盾牌。橹，大盾牌。

④虙（fú）子贱：名不齐，字子贱，春秋末年鲁国人，孔子弟子。俗本作宓子贱。

⑤诚于此者形于彼:《孔子家语·屈节解》载虙子贱仕于鲁,为单父宰,“孔子使巫马期往观政焉。巫马期阴免衣,衣弊裘,入单父界。见夜渔者,得鱼辄舍之。巫马期问焉,曰:‘凡渔者为得,何以得鱼即舍之?’渔者曰:‘鱼之大者名为鲟,吾大夫爱之。其小者名为鲔,吾大夫欲长之。是以得二者,辄舍之。’巫马期返,以告孔子曰:‘虙子之德至矣,使民暗行若有严刑于旁。敢问虙子何行而得于是?’孔子曰:‘吾尝与之言曰:“诚于此者刑乎彼。”虙子行此术于单父也。’”诚,诚实,真诚,忠诚。形,通“刑”。刑罚。

⑥熟:仔细,周密。

⑦巧伪:虚伪不实。拙诚:虽然愚钝但却真诚。

⑧伯石让卿:指春秋时郑国的伯石三次假意推辞对自己的任命。《左传·襄公三十年》:“伯有既死,使大史命伯石为卿,辞。大史退,则请命焉。复命之,又辞。如是三,乃受策入拜。子产是以恶其为人也,使次己位。”

⑨王莽辞政:指西汉末王莽假意推辞官位。《汉书·王莽传》载“于是群臣乃盛陈‘莽功德……宜赐号曰安汉公’”,“莽上书言……莽复上书让……莽遂固辞……莽固称疾……”。

⑩巧密:工巧周密。

⑪居丧:旧俗尊亲死后,在家守丧,不办理外事,在服丧期满之前停止娱乐和交际,表示哀悼。

⑫哀毁:谓居亲丧悲伤异常而毁损其身。后常作居丧尽礼之辞。

⑬苫(shān)块:即寝苫枕块。铺草苫,枕土块。古时居父母丧之礼。《仪礼·既夕礼》:“居倚庐,寝苫枕块。”贾公彦疏:“孝子寝卧之时,寝于苫以块枕头,必寝苫者,哀亲之在草;枕块者,哀亲之在土云。”苫,古代居丧时,孝子睡的草垫子。块,土块。

⑭巴豆:植物名,产于巴蜀,其形如豆,故名。有大毒,须慎用。

⑮童竖:未成年的宦官,小孩。

〔译文〕

我看到世上的人,有了清美的声誉就开始聚敛财富,有了信誉就开始说话不算数了。不知道他们后面的行为,会毁了前面所建立的名声!虙子贱说:“在这件事上做得诚实,就会为那件事树立榜样。"人内心的虚实真伪,都会在其行迹上有所表现,只是旁人没有仔细观察而已。一旦被察明真相,那么虚伪不实还不如愚钝却真诚,接着反而要承受巨大的羞辱。伯石假意辞让卿位,王莽假意辞让安汉公,在当时,他们自以为做得巧妙周密;但后人将这些记载了下来,流传万代,真是让人毛骨悚然啊。近世有名显贵,以孝著称,他先后服丧都因极度悲伤,而毁损身体超出了丧礼的规定,也足以获得高于一般人的名声了。但他曾在服丧期间,拿巴豆涂在脸上,使脸上长出了疮,用来表现自己过度的悲伤哭泣。他身边的童仆没能替他遮掩住此事,这就更加使得别人认为他在服丧期间的居处饮食等行为都不可信。因为一次的虚伪而毁掉了一百次的真诚,这都是对名声贪得无厌的缘故啊。

有一士族,读书不过二三百卷,天才钝拙[①],而家世殷厚,雅自矜持[②],多以酒犊珍玩[③],交诸名士,甘其饵者[④],递共吹嘘[⑤]。朝廷以为文华[⑥],亦尝出境聘[⑦]。东莱王韩晋明笃好文学[⑧],疑彼制作[⑨],多非机杼[⑩],遂设宴言[⑪],面相讨试[⑫]。竟日欢谐[⑬],辞人满席[⑭],属音赋韵[⑮],命笔为诗[⑯],彼造次即成[⑰],了非向韵[⑱]。众客各自沉吟[⑲],遂无觉者。韩退叹曰:"果如所量!"韩又尝问曰:"玉珽杼上终葵首[⑳],当作何形?"乃答云:"珽头曲圜[㉑],势如葵叶耳。"韩既有学,忍笑为吾说之。

〔注释〕

①天才:天然的资质。钝拙:笨拙,愚笨。

②矜持:自鸣得意,自负。

③酒犊:谓牛酒。珍玩:珍贵的玩赏物。

④饵:谓以利诱人。

⑤递：交替，轮流。共：皆，共同，一起。

⑥文华：文采。

⑦聘：泛指国与国或方镇与方镇间的遣使访问。

⑧韩晋明：北齐人，《北齐书·韩轨传》载其“有侠气，诸勋贵子孙中最留心学问……除尚书左仆射，百余日便谢病解官”。笃好：十分爱好。

⑨制作：著述，创作。

⑩机杼（zhù）：比喻文章的构思布局。

⑪宴言：宴饮言说。

⑫讨试：考查。

⑬竟日：终日，整天。

⑭辞人：辞赋作家。

⑮属音赋韵：指作诗。属，继续，连接。赋韵，犹分韵，指作诗时先规定若干字为韵，各人分拈，依韵作诗。

⑯命笔：拿起笔来作诗文书画。

⑰造次：须臾，片刻。

⑱了非向韵：绝非向来之体韵。了，完全，皆。向，向来，以前。

⑲沉吟：低声吟咏。

⑳玉珽杼上终葵首：《礼记·玉藻》郑注：“此亦笏也。谓之珽，珽之言珽然无所屈也。或谓之大圭，长三尺，杼上终葵首。终葵首者，于杼上又广其首，方如椎头，是谓无所屈，后则恒直。”玉珽，玉笏。终葵，草名。叶圆而剡上，形如椎，故名终葵。

㉑圜（yuán）：同“圆”。圆形。

〔译文〕

有一个士族出身的人，读书不过二三百卷，天资愚笨，而家境殷实富裕，他很是自负，常以酒肉和珍玩来结交名士们，那些得到他好处的人，轮流帮着他吹嘘。朝廷以为他很有文采，也曾派他出境访问。东莱王韩晋明十分爱好文学，怀疑他所作诗文不是出自他本人之手，就设宴款待并与他交谈，来当面考查他。宴席的气氛一整天都欢乐和谐，满座都是诗词作家，他们连音分韵，提笔赋诗。这位士族很快写好了,但完全不是之前的体韵。客人们各自低声吟咏,没有人注意这个情况。韩晋明退席后慨叹说:“果然如我所料!”韩晋明还有一次曾问他:“‘玉珽杼上终葵首’,应当是什么形状?”他回答说:“珽头曲圆,那样子就像葵叶。”韩晋明是有学问的人,他忍住笑和我说了这件事。

治点子弟文章①,以为声价②,大弊事也③。一则不可常继,终露其情;二则学者有凭,益不精励④。

〔注释〕

①治点:修改润色。治,修改。点,涂抹,灭去。子弟:泛指年轻后辈。

②声价:声望和社会地位。

③弊事:有害的事,坏事。

④精励:亦作“精厉”。精勤奋勉。

〔译文〕

修改润色子弟的文章,以此来提高他们的声望和社会地位,这是非常有害的事。一是这种事不能长久维持下去,终究会露出真相;二是使得学习的人觉得有了依靠,就更不勤奋努力了。

邺下有一少年,出为襄国令①,颇自勉笃②。公事经怀③,每加抚恤,以求声誉。凡遣兵役,握手送离,或赍梨枣饼饵④,人人赠别,云:“上命相烦,情所不忍;道路饥渴,以此见思。”民庶称之⑤,不容于口。及迁为泗州别驾⑥,此费日广,不可常周⑦,一有伪情⑧,触涂难继⑨,功绩遂损败矣。

〔注释〕

①襄国:县名。位于今河北邢台境内。

②勉笃:勉,尽力,努力。笃,诚笃。

③经怀:经心。

④赍(jī):送东西给别人。饼饵:饼类食品的总称。

⑤民庶:庶民,百姓。

⑥泗州:州名。位于今江苏盱眙境内。别驾:别驾从事史的简称。为州府中总理众务之官,州刺史的佐官。因其地位较高,出巡时不与刺史同车,别乘一车,故名。

⑦周:完备,充足。

⑧伪情:虚假的情意。

⑨触涂:处处,各处。

〔译文〕

邺下有位年轻人,出仕做襄国县令,很是诚挚努力。他对公事很用心,常安抚体恤百姓,以此来求得声誉。每当派遣兵役的时候,他总是亲自和兵士们握手送别,有时还带着梨、枣和饼饵等食物,与他们一一赠别,说:“因为君命而烦劳您,我非常不忍心;路上难免饥渴,就用这些东西表达一下我的心意。”老百姓都对他赞不绝口。等他升迁为泗州别驾后,这项费用日益增加,就不能总是做得面面俱到,可见一旦有了虚情假意,就处处难以为继,以前的功绩也就毁掉了。

或问曰:“夫神灭形消,遗声余价①,亦犹蝉壳蛇皮,兽远鸟迹耳②,何预于死者③,而圣人以为名教乎?”对曰:“劝也。劝其立名,则获其实。且劝一伯夷④,而千万人立清风矣[5]；劝一季札[6]，而千万人立仁风矣[7]；劝一柳下惠[8]，而千万人立贞风矣[9]；劝一史鱼[10]，而千万人立直风矣[11]。故圣人欲其鱼鳞凤翼，杂沓参差[12]，不绝于世，岂不弘哉？四海悠悠[13]，皆慕名者[14]，盖因其情而致其善耳。抑又论之，祖考之嘉名美誉，亦子孙之冕服墙宇也[15]，自古及今，获其庇荫者亦众矣。夫修善立名者，亦犹筑室树果，生则获其利，死则遗其泽。世之汲汲者[16]，不达此意，若其与魂爽俱升[17]，松柏偕茂者，惑矣哉！”

〔注释〕

①遗声：留下好名声。余价：死后世人的评价。

②兽迒(háng)：野兽经过的痕迹。

③预：关涉，牵连。

④伯夷：商末孤竹君长子。相传其父遗命要立次子叔齐为继承人。孤竹君死后，叔齐让位给伯夷，伯夷不受，叔齐也不愿登位，两人先后都逃到周国。周武王伐纣，二人叩马谏阻。武王灭商后，他们耻食周粟，采薇而食，饿死于首阳山。

⑤清风：清惠的风化，比喻高洁的品格。

⑥季札：春秋时吴王寿梦少子，封于延陵，号延陵季子，省称“季子”。历聘各国，过徐，徐君爱其剑，季子为使上国，未与。及返，徐君已死，乃系其宝剑于徐君冢树而去。事见《史记·吴太伯世家》。后人称颂其高风亮节。

⑦仁风：仁爱谦让之风。

⑧柳下惠：春秋鲁大夫展获，字季，又字禽，曾为士师官，食邑柳下，谥惠，故称其为展禽、柳下季、柳士师、柳下惠等。以柳下惠之名最为著称。相传他与一女子共坐一夜，不曾淫乱。后用以借指有操行的男子。

⑨贞风：贞洁的风范。

⑩史鱼：名佗，字子鱼，也称史鳟。春秋时期卫国大夫。卫灵公时担任祝史，负责卫国对社稷神的祭祀，故称祝佗。曾多次向卫灵公推荐蘧伯玉，临死嘱咐家人不要“治丧正室”，以劝诫卫灵公进贤去佞，史称“尸谏”。

⑪直风：正直的风气。

⑫杂沓：纷杂繁多貌。

⑬悠悠：众多貌。

⑭慕名：犹好名。希望自己有好名声。

⑮冕服：古代大夫以上的礼冠与服饰。凡吉礼皆戴冕，而服饰随事而异。墙宇：引申为庇荫。

⑯汲汲：急切追求。

⑰魂爽：犹魂魄、精神。

〔译文〕

有人问："人在魂魄和形体消亡后，留下的名声就好像是蝉蜕蛇皮、鸟兽足迹一样，和死者有什么关系，而圣人还要用它来教化世人呢？"我回答说："这是为了鼓励世人啊。鼓励人们树立名声，就会获得实惠。鼓励一个伯夷，就会有千万人树立清惠之风；鼓励一个季札，就会有千万人树立仁爱之风；鼓励一个柳下惠，就会有千万人树立贞洁之风；鼓励一个史鱼，就会有千万人树立正直之风。所以圣人希望像伯夷、季札这样的贤人多多益善，代代都有，这种愿望岂不弘大？天地广阔，到处都是喜好名声的人，大概是根据这种情形而引导人们向善罢了。再说，祖先的好名声，也是子孙后代的冕服屋宇，从古至今，获得祖先声誉庇荫的人也很多了。行善立名，就像修建房屋、种下果树一样，生时能得到它的好处，死后也能恩泽后人。世上那些急功近利的人，不明白这个道理，如果他们的名声能同魂魄一起飞升，与松柏一样长青，就让人怀疑了！"

涉务第十一

〔题解〕

本篇开宗明义指出:“士君子之处世,贵能有益于物。”魏晋南北朝时期,世家大族子弟身居高位,养尊处优,只会夸夸其谈却无法应对实际事务。他们生活奢靡,四体不勤,面对灾难完全不知所措,甚至因身体柔弱而丧生;他们不学无术,轻视农业,完全不知稼穑的艰难。如果连农业生产都不了解,又怎么会懂得世上的其他事务呢?颜之推批评了这一社会风气,指出了其危害,告诫子孙要务实,做有益于社会的事情。他认为才能包括很多方面,只要能做好其中一方面,就可以问心无愧了。

士君子之处世,贵能有益于物耳,不徒高谈虚论,左琴右书,以费人君禄位也。国之用材,大较不过六事①:一则朝廷之臣,取其鉴达治体②,经纶博雅③;二则文史之臣,取其著述宪章④,不忘前古⑤;三则军旅之臣,取其断决有谋⑥,强干习事⑦;四则藩屏之臣⑧,取其明练风俗⑨,清白爱民;五则使命之臣,取其识变从宜⑩,不辱君命;六则兴造之臣⑪,取其程功节费⑫,开略有术⑬,此则皆勤学守行者所能办也⑭。人性有长短,岂责具美于六涂哉⑮?但当皆晓指趣⑯,能守一职,便无愧耳。

〔注释〕

①大较:大概,大略。

②鉴达:明察洞彻。治体:治国的纲领、要旨。

③经纶：整理蚕丝。比喻筹划、处理国家大事。也指治理国家的抱负和才能。博雅：谓学识渊博，品行端正。

④宪章：典章制度。

⑤前古：古代，往古。

⑥断决：决断，裁决。

⑦强干：精明干练。习事：熟谙事理。

⑧藩屏：比喻卫国的重臣。

⑨明练：熟悉，通晓。

⑩识变：了解、认识事物之变化。从宜：采取适宜的做法。

⑪兴造：施工建造。

⑫程功：衡量功绩，计算完成的工作量。

⑬开略：开创经营。

⑭守行：保持好的品行。

⑮具美：完美，皆美。六涂：指以上六种事。涂，道路。

⑯指趣：宗旨，意义。

〔译文〕

士君子立身处世，贵在能有益于人事，而不仅仅是高谈虚论，鼓琴写字，来浪费君王的官位俸禄。国家选用的人才，大概不外乎六种：一是朝廷之臣，选取他们洞察治国的要旨，治理国家学识渊博，品行端正；二是文史之臣，选取他们著述典章制度，不忘古代的经验教训；三是军旅之臣，选取他们多谋善断，精明干练，熟谙军事；四为藩屏之臣，选取他们熟悉民风，廉洁爱民；五是使命之臣，选取他们随机应变，不辱使命；六是兴造之臣，选取他们衡量功绩，节省费用，善于开创经营。以上这些都是勤奋学习、品行端正的人能做到的。但人的天赋不同，难道能要求一个人六方面都完美吗？只要对它们的宗旨都能通晓，能守好其中一个职位，就无愧于心了。

吾见世中文学之士，品藻古今[1]，若指诸掌，及有试用，多无所堪。居承平之世[2]，不知有丧乱之祸；处庙堂之下[3]，不知有战陈之急[4]；保俸禄之资，不知有耕稼之苦；肆吏民之上，不知有劳役之勤，故难可以应世经务也。晋朝南渡，优借士族[5]，故江南冠带[6]，有才干者，擢为令仆已下尚书郎中书舍人已上[7]，典掌机要。其余文义之士[8]，多迂诞浮华，不涉世务；纤微过失，又惜行捶楚[9]，所以处于清高[10]，盖护其短也。至于台阁令史[11]，主书监帅[12]，诸王签省[13]，并晓习吏用[14]，济办时须[15]，纵有小人之态，皆可鞭杖肃督[16]，故多见委使[17]，盖用其长也。人每不自量，举世怨梁武帝父子爱小人而疏士大夫，此亦眼不能见其睫耳。

〔注释〕

①品藻：品评，鉴定。

②承平：治平相承，太平。

③庙堂：朝廷。借指以君主为首的中央政府。

④战陈：即“战阵”，交战对阵。

⑤优借：优待，借重。

⑥冠带：借指官吏、士绅。

⑦令仆：尚书令与仆射。尚书郎：官名。东汉之制，取孝廉中之有才能者入尚书台，在皇帝左右处理政务，初入台称省尚书郎中，满一年称尚书郎，三年称侍郎。魏晋以后尚书各曹有侍郎、郎中等官，综理职务，通称为尚书郎。中书舍人：官名，隋、唐时为中书省的属官，明、清废中书省，于内阁设中书舍人，掌撰拟、缮写之事。

⑧文义：文辞。

⑨捶楚：杖击，鞭打。亦为古代刑罚之一。

⑩清高：职位显达高贵。

⑪台阁:指尚书省。令史:官名。汉代兰台尚书属官,居郎之下,掌文书事务,历代因之。隋唐以后,成为三省、六部及御史台低级事务员之称,位卑秩下,不参官品。至明代遂废。

⑫主书:主管文书的官吏。监帅:谓监督军务的主将。

⑬签省:官名。本为处理文书的小吏,南朝宋、齐时期朝廷常派以监视出任方镇的宗师诸王和各州刺史,权力甚大。梁以后渐废。隋、唐诸王府亦设典签,但仅掌文书。宋以后废除。

⑭晓习:精通,熟悉。吏用:吏才。

⑮济办:能成功地把事办妥。时须:一时切要。

⑯肃督:严加督促。

⑰委使:任用。

〔译文〕

我看到世间的文人学士,品评古今,像是指点自己的手中物一样,等到真正去做的时候,却大多不能胜任。他们生活在太平之世,不知道会有死亡祸乱;在朝廷任职,不知道有交战对阵的危急;拥有俸禄供给,不知道有耕种的辛苦;纵恣于吏民之上,不知道有劳役的繁重,所以他们难以适应时事,经办事务。晋朝南渡后,朝廷优待借重士族,因此江南地区的官吏士绅,有才干的,擢升到尚书令、尚书仆射以下,尚书郎、中书舍人以上的官职,掌管国家的机要事务。其余的那些文人,大多迂阔荒诞、虚浮不实,不经世务;对他们一些小的过失,又不忍心去杖责,因此把他们放在一些显贵但职轻的位置上,这是为了替他们遮掩短处。至于尚书令史、主书、监帅,诸王的典签、省事等官员,都熟悉吏才,能成功地把事办妥。即使他们有不好的表现,也都可以加以杖击鞭打,严加督促,因此这些人大多被任用,用的是他们的长处。人往往不能正确估量自己,整个社会都在抱怨梁武帝父子爱小人而疏远士大夫,这也如同自己的眼睛看不到自己的睫毛一样了。

梁世士大夫，皆尚褒衣博带①，大冠高履②，出则车舆，入则扶侍③，郊郭之内④，无乘马者。周弘正为宣城王所爱⑤，给一果下马⑥，常服御之⑦，举朝以为放达⑧。至乃尚书郎乘马，则纠劾之⑨。及侯景之乱，肤脆骨柔，不堪行步，体羸气弱，不耐寒暑，坐死仓猝者⑩，往往而然。建康令王复性既儒雅⑪，未尝乘骑，见马嘶歕陆梁⑫，莫不震慑，乃谓人曰："正是虎，何故名为马乎？"其风俗至此。

〔注释〕

①褒衣博带：宽衣大带。古代儒者的装束。褒，衣襟宽大。博，大。

②高履：高齿屐。

③扶侍：搀扶陪侍。

④郊郭：城外，郊外。

⑤周弘正：南朝大臣。字思行，汝南安城（今河南汝南）人。宣城王：梁哀太子萧大器。《梁书·哀太子列传》："哀太子大器字仁宗，太宗嫡长子也。普通四年五月丁酉生。中大通四年，封宣城郡王。"

⑥果下马：小马，高三尺，可于果树下乘之，故号果下马。

⑦服御：谓驾驭车马。

⑧放达：豪放豁达，不拘礼俗。

⑨纠劾：举发弹劾。

⑩坐死：徒然而死。

⑪建康：南京在六朝时的名称。

⑫嘶歕（pēn）：（马）边嘘气边嘶叫。歕，同"喷"。喷洒，喷射。陆梁：跳跃的样子。

〔译文〕

梁代的士大夫，都崇尚宽衣大带，戴高帽子，穿高齿屐，出门就乘坐车轿，进门则靠人搀扶陪侍，城郊之内，没有骑马的。宣城王因为喜爱周弘正，送给他一匹果下马，周弘正经常骑着这匹马，满朝就都认为他行为放达，不守礼法。甚至于如果尚书郎骑马的话，就会举发弹劾他。到侯景之乱的时候，士大夫们都肌骨柔弱，受不了步行的辛苦，他们的身体虚弱，气血不足，不耐冷热，徒然而死于仓促之间的，到处都是。建康令王复性情儒雅，不曾骑过马，他见到马嘶鸣跳跃的样子，很是震惊恐惧，就问别人："这明明是老虎，为什么叫它马呢？"当时的风气竟到了这种地步。

古人欲知稼穑之艰难①，斯盖贵谷务本之道也。夫食为民天，民非食不生矣，三日不粒②，父子不能相存③。耕种之，茠锄之④，刈获之⑤，载积之⑥，打拂之⑦，簸扬之⑧，凡几涉手⑨，而入仓廪，安可轻农事而贵末业哉？江南朝士⑩，因晋中兴，南渡江，卒为羁旅⑪，至今八九世，未有力田⑫，悉资俸禄而食耳。假令有者，皆信僮仆为之⑬，未尝目观起一坺土⑭，耘一株苗；不知几月当下⑮，几月当收，安识世间余务乎？故治官则不了⑯，营家则不办⑰，皆优闲之过也。

〔注释〕

①稼穑（sè）：耕种和收获。泛指农业劳动。

②粒：以谷米为食。

③存：慰问，问候。

④茠（hāo）：同"薅"。拔草。锄（chú）：同"锄"。

⑤刈（yì）获：收割，收获。刈，割取。草曰刈，谷曰获。

⑥载积：堆载，积载。

⑦打拂：以连枷击禾，使谷粒脱落。拂，脱粒用的农具。后称连枷。

⑧簸（bǒ）扬：扬米去糠。

⑨涉手：经手。

⑩朝士：朝廷之士。泛称中央官员。

⑪羁旅：寄居异乡的人。

⑫力田：努力耕田。

⑬信：任意，听任。

⑭垅(fá)：耕地翻起的土块。亦用作量词。

⑮下：下种，播种。

⑯治官：尽职。不了：不晓。了，晓。

⑰营家：经营家业。办：成，成功。

〔译文〕

古人想知道农业劳动的艰难，这大概是使人重视粮食、以农业为本的方法。民以食为天，老百姓没有食物就没法生存，三天不吃粮食，父亲和儿子都不能相互问候了。一季庄稼要经过耕种、除草、收获、运载、脱粒、簸扬等工序，需要经手几次，才能收进仓廪，怎能轻视农业而看重商业呢？江南的官员们，因为晋朝的中兴，南渡过江，最后寄居他乡，到如今已经八九代了，还没有努力耕田的，都靠朝廷俸禄生活。即使家里有田地的，也都听任童仆们耕种，他们自己不曾亲眼看到翻起一垅土，耕耘一株苗；不知道应当几月播种，几月收获，又怎能知道世间的其他事情呢？所以他们既不晓得如何做官，也不能成功经营家业，这都是生活悠闲的过错啊。

卷　五

省事第十二

〔**题解**〕

省事，意即减少事务。作者通过"天道不使物有兼焉"的规律，认为做事与其做得多但做好的少，不如专心去做好一件事。他重点谈论了对战国、两汉时期风行的上书陈事的看法，认为上书陈事的人都是为了追求官位利禄，而真正的君子则耻于做这件事。至于谏诤，作者的建议是应把握分寸，在其位则谋其政。对于出仕一事，作者主张君子应坚守道德，乐天知命，认为为官位而奔走的行为无异于盗食致饱、窃衣取暖。在处事方面，作者教导子孙凡有损他人的事情都不要参与，但要分析具体情况，以仁义作为行为准则；不要为追求虚名而多事等，表现出了强烈的务实心态。

铭金人云："无多言，多言多败；无多事，多事多患[①]。"至哉斯戒也！能走者夺其翼，善飞者减其指[②]，有角者无上齿，丰后者无前足，盖天道不使物有兼焉也。古人云："多为少善，不如执一[③]；鼫鼠五能[④]，不成伎术[⑤]。"近世有两人，朗悟士也[⑥]，性多营综[⑦]，略无成名，经不足以待问,史不足以讨论,文章无可传于集录[8],书迹未堪以留爱玩[9],卜筮射六得三[10],医药治十差五,音乐在数十人下,弓矢在千百人中,天文、画绘、棋博[11],鲜卑语、胡书[12],煎胡桃油[13],炼锡为银,如此之类,略得梗概[14],皆不通熟[15]。惜乎,以彼神明[16],若省其异端[17],当精妙也[18]。

〔注释〕

①"铭金人"数句:《说苑·敬慎》篇:"孔子之周,观于太庙。右陛之前,有金人焉,三缄其口,而铭其背曰:'古之慎言人也。戒之哉!戒之哉!无多言,多言多败;无多事,多事多患。'"

②指:当为"趾"字。脚趾。

③执一:专一。

④鼫(shí)鼠:一种危害农作物的鼠。

⑤伎术:技艺方术。

⑥朗悟:亦作"朗寤"。颖悟,敏悟。

⑦营综:从事研治。

⑧集录:汇辑抄录。

⑨书迹:书体墨迹。

⑩卜筮:古时预测吉凶,用龟甲称卜,用蓍草称筮,合称卜筮。

⑪棋博:围棋与六博。六博,古代一种掷采下棋的比赛游戏。

⑫胡书:指鲜卑文字。

⑬胡桃油:胡桃煎制的油。北齐时用以涂画。

⑭梗概:大略。

⑮通熟:通晓熟练。

⑯神明:明智如神。

⑰异端:指无关紧要的事物。

⑱精妙:精微奥妙。

〔译文〕

孔子时太庙前铜人上面的铭文说:"不要多说,多说就会多危害；不要多事，多事就会多祸患。”这一告诫真是太对了！动物里能跑的就不让它长翅膀，善飞的就让它没脚趾，头上长角的没有上齿，后肢发达的没有前肢，大概是天道不让事物同时有多种好处啊。古人说：“做得多但是能做好的少，就不如专心做好一件事；鼫鼠有五种能力，却都算不上技术。”近世有两个人，都是聪明人，喜欢广泛涉猎研究，却没有一样能有点名气的：经学方面不足以让别人提问，史学方面不足以同别人讨论，文章没有可以集录流传的，书法不值得留存把玩，卜筮六次仅能卜中三次，治病十个人能治好五个，音乐水平在数十人之下，武艺在千百人之中，天文、绘画、棋博、鲜卑话、鲜卑文字、煎胡桃油、炼锡为银，诸如此类，都略微知道点大概，但都不精通熟练。可惜啊，以他们的聪明，如果能减少那些无关紧要的事情，应当能做得很精妙啊。

上书陈事，起自战国，逮于两汉，风流弥广①。原其体度②：攻人主之长短，谏诤之徒也③；讦群臣之得失④，讼诉之类也⑤；陈国家之利害，对策之伍也⑥；带私情之与夺⑦，游说之俦也⑧。总此四涂⑨，贾诚以求位⑩，鬻言以干禄⑪。或无丝毫之益，而有不省之困⑫，幸而感悟人主，为时所纳，初获不赀之赏⑬，终陷不测之诛⑭，则严助、朱买臣、吾丘寿王、主父偃之类甚众⑮。良史所书⑯，盖取其狂狷一介⑰，论政得失耳，非士君子守法度者所为也。今世所睹，怀瑾瑜而握兰桂者⑱，悉耻为之。守门诣阙⑲，献书言计，率多空薄⑳，高自矜夸，无经略之大体㉑，咸秕糠之微事㉒，十条之中，一不足采，纵合时务，已漏先觉㉓，非谓不知，但患知而不行耳。或被发奸私㉔，面相酬证㉕，事途回穴㉖，翻惧愆尤㉗；人主外护声教㉘，脱加含养㉙，此乃侥幸之徒，不足与比肩也[30]。

〔注释〕

①逮(dài):及,至。风流:风行,流传。

②原:推究,考究,研究。体度:犹体制,格局。

③谏诤:直言规劝。

④讦(jié):查究,究办。

⑤讼诉:即诉讼,向执法机关提出控告、申诉,要求评判曲直是非。

⑥对策:亦作"对册"。古时就政事、经义等设问,由应试者对答,称为对策。自汉起作为取士考试的一种形式。

⑦带私情之与夺:夹带私人情感上的得失。私情,私人的情感或情谊。与夺,得失。

⑧游说之俦:说客一类。游说,指说客。俦,辈,同类。

⑨涂:道路。

⑩贾(gǔ)诚:博取忠诚的名声。贾,谋求,求取。

⑪鬻(yù)言以干禄:谓凭借进言谋取利禄。鬻,卖。干禄,求禄位,求仕进。干,求,请求。

⑫不省:不理会。

⑬不赀(zī)之赏:不可估量的赏赐。指极大的赏赐。赀,估量,计算。

⑭不测之诛:不可估计的惩处。测,量度,测量。诛,惩罚,责罚。

⑮严助、朱买臣、吾丘寿王、主父偃:均为汉武帝时大臣。严助,本名庄助,会稽吴县(今江苏苏州)人,著名辞赋家,曾官中大夫、会稽太守,被刘安谋反牵连受诛。朱买臣,字翁子,会稽吴县(今江苏苏州)人,家贫好学,靠卖柴生活,后位列九卿,因诬陷张汤事发被诛。吾丘寿王,字子赣,赵(今河北邯郸)人,年轻时因精通格五棋被召入京,官侍中中郎,因犯法被诛。主父偃,临淄(今山东临淄)人,出身贫寒,因上书汉武帝受到赏识,一年中四次升迁,后坐法被诛。

⑯良史:优秀的史官。指能秉笔直书、记事信而有征者。

⑰狂狷(juàn):放纵,不遵礼法。一介:耿介。

⑱怀瑾瑜而握兰桂:比喻怀有美才盛德。瑾瑜,二美玉名,比喻美德贤

才。兰桂，二者皆有异香，常用以比喻美才盛德或君子贤人。

⑲诣阙：谓赴朝堂。

⑳空薄：空疏浅薄。

㉑经略之大体：有关大局的筹划。经略，筹划，谋划。大体，重要的义理，有关大局的道理。

㉒秕糠：秕子和糠，均属糟粕。比喻没有价值的东西。

㉓漏：失。先觉：事先认识觉察。

㉔奸私：奸诈营私。

㉕酬证：对证。

㉖事途：事情的经过。回穴：风势回旋不定貌。引申为变化无常。

㉗翻：反而。愆（qiān）尤：过失，罪咎。

㉘护：谨饬，谨慎。声教：声威教化。

㉙脱：或者，也许。含养：包容养育。形容帝德博厚。

㉚比肩：并列，居同等地位。

〔译文〕

上书陈说政事的风气，起源于战国，到了两汉，更加风行。推究其格局：指责君主过失的，属于谏诤一类；查究群臣得失的，属于诉讼一类；陈述国家利害的，属于对策一类；夹带私人情感上的得失来游说的，属于游说一类。概括这四类人，或靠博取忠诚的名声来谋求官位，或凭借进言以谋取利禄。他们所说的或许没有丝毫的用处，而有不被理会的窘迫，幸而打动了君主，意见被采纳的，最初获得了大量赏赐，最终还是遭到意想不到的诛杀，像严助、朱买臣、吾丘寿王、主父偃等这类人是很多的。优秀的史官之所以要写他们，是因为他们放纵耿直，喜欢议论政事的得失，这不是士君子守法度的人所应做的。现今我们所看到的那些身怀美才盛德的人，都耻于做这种事。守候于宫门或奔赴朝堂上书献计的人，大多空疏浅薄，自我吹嘘，他们上书陈述的不是有关大局的道理，都是些鸡毛蒜皮的小事，十条之中，没有一条值得采纳，即使合乎时局，那也不是先知先觉，不是说人君不知道，只是担心知道了而不能实行罢了。有的上书人被揭发奸诈营私，当面与人对证，因为事情在反复变化，他们反而害怕自己的过失；君主对外要维护朝廷的声威教化，或许对他们加以包容，这些是侥幸之徒，是不值得同他们并肩为伍的。

谏诤之徒，以正人君之失尔，必在得言之地[1]，当尽匡赞之规[2]，不容苟免偷安[3]，垂头塞耳[4]；至于就养有方[5]，思不出位[6]，干非其任，斯则罪人。故《表记》云[7]："事君，远而谏，则谄也；近而不谏，则尸利也[8]。"《论语》曰："未信而谏，人以为谤己也[9]。"

〔注释〕

①得言：犹当言。

②匡赞：匡正辅佐。

③苟免：苟且免于损害。偷安：只图目前的安逸，苟安。

④塞耳：堵住耳朵。谓有意不听。

⑤就养有方：语出《礼记·檀弓上》："事君有犯而无隐，左右就养有方。"就养，侍奉父母。

⑥思不出位：考虑事情不超过自己的职权范围。语出《论语·宪问》篇："君子思不出其位。"

⑦《表记》：《礼记》篇名。

⑧尸利：谓居位受禄而无所作为。

⑨"《论语》"数句：《论语·子张》篇："君子信而后劳其民；未信，则以为厉己也。信而后谏；未信，则以为谤己也。"

〔译文〕

谏诤之徒，是为了匡正君主的过失，一定要在应当发言的地方，尽匡正辅佐的谏诤之责，容不得苟且偷安，低头塞耳；当然了，侍奉君主要有一定的方法，考虑事情不超过自己的职权范围，如果做的事不是自己职权范围内的，则是罪人了。所以《表记》说："侍奉君主，离得远而去进谏，就是谄媚；离得近而不去进谏，就是居位受禄而不作为。"《论语》说："还没有被信任就去进谏，别人就会以为你是在毁谤他。"

君子当守道崇德①，蓄价待时②，爵禄不登，信由天命。须求趋竞③，不顾羞惭，比较材能，斟量功伐④，厉色扬声，东怨西怒；或有劫持宰相瑕疵，而获酬谢，或有喧聒时人视听，求见发遣；以此得官，谓为才力⑤，何异盗食致饱，窃衣取温哉！世见躁竞得官者⑥，便谓"弗索何获"；不知时运之来，不求亦至也。见静退未遇者⑦，便谓"弗为胡成"；不知风云不与⑧，徒求无益也。凡不求而自得，求而不得者，焉可胜算乎！

〔注释〕

①守道：坚守某种道德规范。
②蓄价：蓄养声价。
③须求：求取。趋竞：奔走钻营，争名夺利。
④斟量：酌量，估量。功伐：功劳，功勋。
⑤才力：才能，能力。
⑥躁竞：谓浮躁而急进。
⑦静退：恬淡谦逊，不竞名利。
⑧风云不与：时势不允许。风云，比喻时势。不与，不赞成。

〔译文〕

君子应当坚守道德，蓄养声价以等待时机，如果爵禄不升，则确实是因为天命。有的人到处奔走钻营,争名夺利,不顾羞惭,同别人比较才能,酌量功劳,高声厉色,迁怒他人;有的人挟持宰相的过失,以此获得酬谢;有的人不惜大声喧闹,混淆视听,以求被差遣;靠这些手段得到官职,还称之为能力,这同盗取食物吃饱肚子、盗窃衣服来给身体御寒有什么区别呢!世人看到有人通过争逐奔走而得到官位,便说“不去争取怎能得到呢”;而不懂得一旦时运到了,不去争取也能得到。看到有人恬淡谦逊、不竞名利而没有获得恩遇,便说“不去争取怎能成功呢”;而不懂得如果时势不允许,徒然去追求是没用的。大凡那些不求而得的人,求而不得的人,又哪里能算得过来呢?

齐之季世①,多以财货托附外家②,喧动女谒③。拜守宰者④,印组光华⑤,车骑辉赫⑥,荣兼九族,取贵一时⑦。而为执政所患⑧,随而伺察⑨,既以利得,必以利殆⑩,微染风尘⑪,便乖肃正⑫;坑阱殊深⑬,疮痏未复⑭,纵得免死,莫不破家⑮,然后噬脐⑯,亦复何及。吾自南及北,未尝一言与时人论身分也⑰,不能通达⑱,亦无尤焉⑲。

〔注释〕

①季世:末代,衰败时期。

②外家:指外戚。

③喧动:聒噪鼓动。女谒:谓通过宫中嬖宠的女子干求请托。

④守宰:指地方长官。

⑤印组:印绶。绶,丝带。古代用以系佩玉、官印、帷幕等。绶带的颜色常用以标志不同的身份与等级。光华:光荣,荣耀。

⑥辉赫:辉煌盛大。

⑦取贵:受重视,得好评。

⑧执政:掌握国家大权的人。

⑨伺察：侦视，观察。

⑩殆：危亡，危险。

⑪风尘：尘事，平庸的世俗之事。

⑫乖：背离，违背。肃正：端正。

⑬坑阱：犹陷阱。

⑭疮痏（wěi）：瘢痕。痏，泛指殴伤、创伤。

⑮破家：耗尽家产。

⑯噬脐：自啮腹脐。喻后悔不及。

⑰身分：即身份。指出身和社会地位。

⑱通达：亨通显达。

⑲无尤：没有过失。尤，过失，罪愆。

〔译文〕

齐代末年，很多人用财物来依附外戚，通过宫中的女宠来为自己干求请托。那些当上地方官的，印绶华丽，车骑盛大，荣耀遍及九族，一时间很受重视。然后被掌权的人所不满，随后便是侦视观察，当初是因利益而得官的，如今就必然会因利益而招致危险，稍微沾染一点世俗之事，就会背离端正的品行；陷阱很深，受的创伤难以恢复，纵然得以免于一死，也没有不耗尽家产的，这时候再后悔，也来不及了。我从南方到北方，不曾和当时人说过一句谈论出身和社会地位的话，即使没有亨通显达，也没有过失了。

王子晋云[①]："佐饔得尝，佐斗得伤[②]。"此言为善则预[③]，为恶则去[④]，不欲党人非义之事也[⑤]。凡损于物，皆无与焉。然而穷鸟入怀[⑥]，仁人所悯；况死士归我[⑦]，当弃之乎？伍员之托渔舟[⑧]，季布之入广柳[⑨]，孔融之藏张俭[⑩]，孙嵩之匿赵岐[⑪]，前代之所贵，而吾之所行也，以此得罪，甘心瞑目。至如郭解之代人报仇[⑫]，灌夫之横怒求地[13]，游侠之徒[14]，非君子之所为也。如有逆乱之行[15]，得罪于君亲者[16]，又不足恤焉。亲友之迫危难也，家财己力，当无所吝；若横生图计[17]，无理请谒[18]，非吾教也。墨翟之徒[19]，世谓热腹[20]，杨朱之侣[21]，世谓冷肠[22]；肠不可冷，腹不可热，当以仁义为节文尔[23]。

〔注释〕

①王子晋：姬晋，名晋，字子乔，周灵王太子。

②佐饔（yōng）得尝，佐斗得伤：语出《国语·周语下》："佐雝者尝焉，佐斗者伤焉。"佐，辅助，帮助。雝，通"饔"。指烹调。

③预：参与，参加。

④去：离开。

⑤党人：同乡里的人。非义：不义，不合乎道义。

⑥穷鸟入怀：无处可栖的鸟被迫投人怀抱。比喻处境困穷而投靠别人。穷鸟，无处可栖的鸟。比喻处境困穷的人。

⑦死士：敢死的勇士。

⑧伍员之托渔舟：伍员，即伍子胥。楚国人，因父兄被楚平王所杀，逃亡至吴。《史记·伍子胥列传》载伍子胥"几不得脱。追者在后。至江，江上有一渔夫乘船，知伍胥之急，乃渡伍胥"。托，依靠，寄托。

⑨季布之入广柳：《史记·季布列传》："季布者，楚人也。为气任侠，有名于楚。项籍使将兵，数窘汉王。及项羽灭，高祖购求布千金，敢有舍匿，罪及三族。季布匿濮阳周氏……乃髡钳季布，衣褐衣，置广柳车中，并与其家僮数十人，之鲁朱家所卖之。朱家心知是季布，乃买而置之田。"广柳车，古代载运棺柩的大车。柳为棺车之饰。

⑩孔融之藏张俭：《三国志·魏书·崔琰传》裴注："山阳张俭，以中正为中常侍侯览所忿疾，览为刊章下州郡捕俭。俭与融兄褒有旧，亡投褒。遇褒出，时融年十六，俭以其少，不告也。融知俭长者，有窘迫色，谓曰：'吾独不能为君主邪！'因留舍藏之。后事泄，国相以下密就掩捕，俭得脱走，登时收融及褒送狱……兄弟争死，郡县疑不能决，乃上谳，诏书令褒坐焉。"张俭，字

元节，山阳高平（今山东邹城）人。东汉名士。

⑪孙嵩之匿赵岐：《后汉书·赵岐传》载赵岐因得罪宦官，“遂逃难四方，江、淮、海、岱，靡所不历。自匿姓名，卖饼北海市中。时安丘孙嵩年二十余，游市见岐，察非常人，停车呼与共载。岐惧失色，嵩乃下帷，令骑屏行人。密问岐曰：‘视子非卖饼者，又相问而色动，不有众怨，即亡命乎？我北海孙宾石，阖门百口，势能相济。’……遂以俱归……藏岐复壁中数年”。孙嵩，字宾石，北海安丘（今山东安丘）人，东汉末名士。赵岐，字邠卿，京兆长陵（今陕西咸阳）人，东汉末年学者、官员。

⑫郭解之代人报仇：《史记·游侠列传》：“郭解，轵人也，字翁伯……解为人短小精悍，不饮酒。少时阴贼，慨不快意，身所杀甚众。以躯借交报仇，藏命作奸剽攻。”

⑬灌夫之横怒求地：《史记·魏其武安侯列传》载武安侯田蚡为丞相，“使籍福请魏其城南田……不许。灌夫闻，怒，骂籍福。籍福恶两人有郄，乃谩自好谢丞相曰：‘魏其老且死，易忍，且待之。’已而武安闻魏其、灌夫实怒不与田，亦怒曰：‘魏其子尝杀人，蚡活之。蚡事魏其无所不可，何爱数顷田？且灌夫何与也？吾不敢复求田。’武安由此大怨灌夫、魏其。”灌夫，字仲孺，颍川颍阴（今河南许昌）人，西汉大臣。横怒，震怒，暴怒。

⑭游侠：古称豪爽好结交、轻生重义、勇于排难解纷的人。

⑮逆乱：谓谋反作乱。

⑯君亲：君王与父母。也特指君主。

⑰横生：意外地发生。图计：计谋，主意。

⑱请谒：请求，干求。

⑲墨翟（dí）：名翟，宋国人，战国时期著名的思想家，墨家学派的创始人。主张“兼爱”“非攻”“尚贤”“尚同”“节葬”“节用”“明鬼”“非命”等观点。

⑳热腹：热心肠。

㉑杨朱之侣：杨朱之流。杨朱，字子居，魏国（一说秦国）人，战国时期思想家，道家杨朱学派的创始人。主张“贵己”“重生”“人人不损一毫”等观点。侣，同伴，伴侣。

㉒冷肠：谓心肠冷漠。

㉓节文：谓制定礼仪，使行之有度。

〔译文〕

王子晋说："帮别人做饭，就能尝到美味；帮别人打架，就会受到伤害。"这句话是说，如果别人做好事就去参与，做坏事就要离开，这是不想让同乡里的人做不合乎道义的事。凡是对人有损害的事，都不去参与。然而无处可栖的鸟儿飞到自己怀里，仁爱的人都会怜悯它；何况敢死的勇士来投奔我，难道要舍弃他吗？伍子胥被渔船所救，季布被藏入广柳车，孔融收留张俭，孙嵩藏匿赵岐，这些都是前人推崇的行为，也是我所奉行的，如果因此而得罪，即使死我也心甘情愿。至于像郭解帮助他人报仇，灌夫怒责田蚡求取田地，这些人是游侠一类，不是君子所做的事。如果有谋反作乱的行为，而获罪于君主，那就又不值得怜悯了。亲友迫于危难的时候，家中的财物、自己的能力，都应当毫不吝惜；如果有人突然地想出计谋来无理请求，就不是我教你们要做的了。墨翟之类的人，世人称之为热心肠；杨朱之流，世人称之为心肠冷漠；心肠不能冷，也不能过热，应当以仁义作为行为标准。

前在修文令曹[①]，有山东学士与关中太史竞历[②]，凡十余人，纷纭累岁[③]，内史牒付议官平之[④]。吾执论曰[⑤]："大抵诸儒所争，四分并减分两家尔[⑥]。历象之要[⑦]，可以晷景测之[⑧]；今验其分至薄蚀[⑨]，则四分疏而减分密。疏者则称政令有宽猛，运行致盈缩[⑩]，非算之失也；密者则云日月有迟速，以术求之，预知其度[⑪]，无灾祥也[⑫]。用疏则藏奸而不信[⑬]，用密则任数而违经[⑭]。且议官所知，不能精于讼者，以浅裁深，安有肯服？既非格令所司[⑮]，幸勿当也[⑯]。"举曹贵贱，咸以为然。有一礼官，耻为此让，苦欲留连[17],强加考覈[18]。机杼既薄[19],无以测量,还复采访讼人,窥望长短,朝夕聚议,寒暑烦劳[20],背春涉冬,竟无予夺[21],怨诮滋生,赧然而退,终为内史所迫:此好名之辱也[22]。

〔注释〕

①前在修文令曹:指颜之推在北齐待诏文林馆时。《北齐书 · 文苑传》载颜之推“河清末,被举为赵州功曹参军,寻待诏文林馆,除司徒录事参军”。令曹,汉代置,属御史台,掌律令。设侍御史掌其事。西晋改置法曹。

②山东:指太行山以东地区。关中:泛指函谷关以西战国末秦故地。太史:官名。西周、春秋时掌记载史事、编写史书、起草文书,兼管国家典籍和天文历法等。竞历:争论历法。

③纷纭:纷争,混乱。累岁:历年,连年。

④内史:官名。西汉初,诸侯王国置内史,掌民政。历代沿置,隋始废。牒:官府公文的一种。议官:言官,谏官。平:平议。

⑤执论:提出异议或谓坚持某种意见。

⑥四分并减分两家:《后汉书 · 律历中》:“至元和二年,《太初》失天益远……召治历编䜣、李梵等综校其状……遂下诏曰:‘……今改行四分,以遵于尧。’”熹平四年,蒙公乘宗绀孙“诚上书言:‘受绀法术,当复改……’诚术以百三十五月二十三食为法,乘除成月,从建康以上减四十一,建康以来减三十五。”四分,指四分历。东汉章帝元和二年实施的历法,编䜣、李梵等制。规定一年为 365 又 1/4 日,因岁余 1/4 日,故名。减分,减分历。《后汉书 · 律历下》:“一术,以蔀法除朔小余,所得以减日半夜也。余以减分,即月夜半所在度也。”

⑦历象:推算观测天体的运行。

⑧晷(guǐ)景:亦作“晷影”。晷表之投影,日影。晷,日影,日光。

⑨分至:指春分、秋分、夏至、冬至。薄蚀:指日月相掩食。薄,逼近,靠近。蚀,通“食”。

⑩盈缩:亦谓“赢缩”。《汉书 · 天文志》:“岁星所在,国不可伐,可以伐人。超舍而前为赢,退舍为缩。”

⑪度:躔(chán)度。日月星辰运行的度数。古人把周天分为三百六十

度，划为若干区域，辨别日月星辰的方位。

⑫灾祥：犹祸福。

⑬藏奸：谓骨子里狡猾，心眼坏。

⑭任数：顺从命运，顺应天数。

⑮格令：律令。

⑯当：判处。

⑰留连：耽搁，拖延。

⑱考覈（hé）：即考核。考察核实。

⑲机杼（zhù）：比喻胸中经纬。

⑳烦劳：烦苦勤劳。

㉑予夺：裁决，裁夺。

㉒好名：爱好名誉，追求虚名。

〔译文〕

以前我在修文令曹的时候，有山东的学士和关中的太史争论历法，总共有十多个人参与争论，众说纷纭，连年不休，于是内史发公文交付议官来平议此事。我提出异议说："大抵诸位所争论的，不过是四分历和减分历两种历法而已。推算观测天体运行的要领，可以用日影来测算；现在根据春分、秋分、夏至、冬至以及日食、月食来验证，就能看出四分历的计算方法粗疏而减分历的算法细密。主张粗疏的声称政令有宽有严，天体运行的不断变化会导致或前或后，不是计算的失误；主张细密的则说日月运行有慢有快，用正确的方法去算，就能预先知道它们运行的躔度，就不会有灾祥之说了。这样看来，如果采用计算粗疏的四分历，就会藏奸而不可靠；采用计算细密的减分历，则会顺应天数而违背《春秋》经义。而且议官所了解的天文历法知识，不可能精于争论的双方，以肤浅的知识去裁断高深的论题，怎会有人信服？既然争论的问题不属于律令掌管，希望不要去裁断。"令曹上下都认为我说得对。但有一位礼官，却以这种退让为耻辱，苦苦地想要拖延下去,非要对历法加以考核。他的水平本来就低,又无法进行测量,只好回过头来采访争论的双方,想看出两方的优劣,他们从早到晚聚在一起讨论,由寒至暑,烦恼伤神,然而由春至冬,最终还是不能裁夺,于是引发了大家的埋怨和讥诮,他只好羞惭地告退,最终受到内史的斥责:这就是追求虚名带来的羞辱啊。

止足第十三[①]

〔题解〕

此篇以“止足”命名,即告诫子孙要懂得知足,不要放纵欲望。因为人的本性是不知道穷尽的,而天地鬼神之道,都厌恶满盈,所以要减少欲望;谦虚淡泊、节制欲望,可以减少祸害。作者从财产和为官两个方面提出建议:家庭财产方面他提出来一个界限,建议超过这个标准就应疏散掉,达不到这个标准也不要用不正当的方式去求取;为官居于中品即可,既可免受耻辱又无倾覆的危险,如超过这个标准就应辞官告退。作者的这种“中庸”观,源于其身处乱世的朝不保夕感。

《礼》云:“欲不可纵,志不可满[②]。”宇宙可臻其极,情性不知其穷,唯在少欲知足,为立涯限尔[③]。先祖靖侯戒子侄曰[④]:“汝家书生门户,世无富贵;自今仕宦不可过二千石[⑤],婚姻勿贪势家[⑥]。”吾终身服膺[⑦],以为名言也。

〔注释〕

①止足:谓凡事知止、知足,不要贪得无厌。

②欲不可纵,志不可满:语出《礼记·曲礼上》:“欲不可从,志不可满。”

从,同“纵”。

③涯限:边际,限度。

④靖侯:指颜之推九世祖颜含,曾因功封西平县侯,谥“靖”。

⑤仕宦:出仕,为官。二千石:汉制,郡守俸禄为二千石,即月俸百二十斛。世因称郡守为“二千石”。

⑥势家:有权势的人家。

⑦服膺:铭记在心,衷心信奉。

〔译文〕

《礼记》说:“不可放纵欲望,不可志得意满。”宇宙可到达尽头,人的本性却不知道穷尽,只有减少欲望、知道满足,为自己划定一个界限。先祖靖侯告诫子侄说:“你家是读书人家,世代没有大富大贵的;从今天起做官不可超过二千石,婚姻不要贪图权势之家。”我终身铭记在心,把它作为至理名言。

天地鬼神之道①,皆恶满盈。谦虚冲损②,可以免害。人生衣趣以覆寒露③,食趣以塞饥乏耳。形骸之内④,尚不得奢靡,己身之外,而欲穷骄泰邪⑤?周穆王、秦始皇、汉武帝⑥,富有四海,贵为天子,不知纪极⑦,犹自败累,况士庶乎?常以二十口家,奴婢盛多,不可出二十人,良田十顷,堂室才蔽风雨,车马仅代杖策⑧;蓄财数万,以拟吉凶急速⑨。不啻此者⑩,以义散之;不至此者,勿非道求之⑪。

〔注释〕

①道:事理,规律。

②冲损:淡泊谦让。

③趣:通“取”。仅仅。

④形骸:人的躯体。

⑤骄泰：骄恣放纵。

⑥周穆王、秦始皇、汉武帝：周穆王，姬姓，名满。周昭王之子，曾西击犬戎，东征徐戎。《穆天子传》载有他乘八骏西行见西王母的故事。秦始皇，名嬴政，是中国历史上第一个使用“皇帝”称号的君主。他完成了统一中国的大业，奠定了中国两千年政治制度的基本格局，但晚年梦想长生不老，竟暴政虐民，引发了社会矛盾。汉武帝，名刘彻，西汉帝王。在位期间政治、经济、军事、思想文化、外交方面均有重大举措，产生了深远影响。但他的穷奢极侈、穷兵黩武加以晚年崇信方术，引发了统治危机。

⑦纪极：终极，限度。

⑧杖策：拄杖。

⑨拟：打算，准备。急速：指仓促间发生的事。

⑩不啻（chì）：不仅，何止。

⑪非道：不合道义，不正当的手段。

〔译文〕

天地鬼神之道，都厌恶满盈。谦虚淡泊，可以免除祸害。人生在世，穿衣仅仅是为了遮蔽严寒和露水，吃饭仅仅是为了满足饥饿困乏而已。躯体本身尚且不求奢侈靡费，躯体之外却要穷尽骄恣放纵吗？周穆王、秦始皇、汉武帝，富有天下，贵为天子，不知道适可而止，尚且败亡，何况普通百姓呢？我常常认为二十口人的家庭，奴婢最多不要超过二十人，良田只需十顷，堂室仅能遮蔽风雨，车马仅能代替拄杖；积蓄数万钱财，以备吉事、丧事以及仓促间发生的事。超过这个标准的，以义疏散掉；达不到这个标准的，也不要用不正当的方式去求取。

仕宦称泰①，不过处在中品②，前望五十人，后顾五十人，足以免耻辱，无倾危也。高此者，便当罢谢③，偃仰私庭④。吾近为黄门郎⑤，已可收退⑥；当时羁旅，惧罹谤讟[⑦]，思为此计，仅未暇尔[⑧]。自丧乱已来，见因托风云[⑨]，徼幸富贵[⑩]，旦执机权[⑪]，夜填坑谷；朔欢卓、郑[⑫]，晦泣颜、原者[⑬]，非十人五人也。慎之哉！慎之哉！

〔注释〕

①仕宦：出仕，为官。称（chèn）泰：称、泰，均为“好、美好”之意。

②中品：中等，中等品级。

③罢谢：辞官去职。

④偃仰：安居，游乐。私庭：私家。

⑤黄门郎：官名。又称黄门侍郎，为给事于宫门之内的郎官。秦置，汉沿设。秦、汉另有给事黄门，职司相同，东汉并为一官，称给事黄门侍郎。秩六百石，掌侍从皇帝，传达诏命。

⑥收退：指退隐。

⑦谤讟（dú）：怨恨毁谤。

⑧未暇：没有时间顾及。

⑨风云：比喻遇合、相从。

⑩徼（jiǎo）幸：即侥幸，由于偶然的原因而得到成功或免去灾害。徼，通“侥”。

⑪机权：机要权柄。

⑫卓、郑：《史记·货殖列传》：“蜀卓氏之先，赵人也，用铁冶富。秦破赵，迁卓氏……致之临邛，大喜，即铁山鼓铸，运筹策，倾滇蜀之民，富至僮千人。田池射猎之乐，拟于人君。程郑，山东迁虏也，亦冶铸，贾椎髻之民，富埒卓氏，俱居临邛。”

⑬颜、原：指颜回、原宪。二人均为孔子弟子，均安贫乐道。

〔译文〕

为官称得上好的，是处在中等品级，看自己前面有五十人，后面有五十人，就足以免去耻辱，没有倾覆的危险了。如高于中品，就应当辞官去职，安居在家。我近来做黄门郎，已经可以退隐了；

当时寄居他乡，担心遭到怨恨毁谤，心里有这一考虑，只是没有时间顾及而已。自从祸乱以来，我见到有的人凭靠机遇而侥幸富贵，早上还执掌着机要权柄，晚上就葬身沟壑溪谷；初一还在为自己如同卓氏、郑氏一样富有而快乐，三十就为自己像颜渊、原宪一样贫穷而忧伤，像这样的不止十人五人啊。要慎重啊！要慎重啊！

诫兵第十四

〔题解〕

本篇中作者梳理了颜氏的历代祖先，得出的结论是：其中没有靠武力而得以显贵之人；担任过将领的几个人，还都因此而倾覆败亡。因此他告诫子孙不要倚仗武力，这会招致灾祸，应致力于儒学素业。他还注意到了一些文人略读几本兵书便动了杂念，或在和平年代带头叛乱，或在战争年代相互扶植拥戴的情况，认为这些行为都会带来杀身灭族之祸，告诫子孙要加以警惕，以全身避祸，保全家族。

颜氏之先，本乎邹、鲁[1]，或分入齐[2]，世以儒雅为业[3]，遍在书记[4]。仲尼门徒，升堂者七十有二[5]，颜氏居八人焉。秦、汉、魏、晋，下逮齐、梁，未有用兵以取达者[6]。春秋世，颜高、颜鸣、颜息、颜羽之徒[7]，皆一斗夫耳。齐有颜涿聚[8]，赵有颜最[9]，汉末有颜良[10]，宋有颜延之[11]，并处将军之任，竟以颠覆[12]。汉郎颜驷[13]，自称好武，更无事迹。颜忠以党楚王受诛[14]，颜俊以据武威见杀[15]，得姓已来[16]，无清操者[17]，唯此二人，皆罹祸败。顷世乱离[18]，衣冠之士⑲,虽无身手⑳,或聚徒众㉑,违弃素业㉒,徼幸战功。吾既羸薄㉓,仰惟前代㉔,故寘心于此,子孙志之㉕。孔子力翘门关㉖,不以力闻,此圣证也㉗。吾见今世士大夫,才有气干㉘,便倚赖之,不能被甲执兵,以卫社稷,但微行险服㉙,逞弄拳腕,大则陷危亡,小则贻耻辱,遂无免者。

〔注释〕

①邹:春秋邾国。曹姓,子爵。武王时始受封。战国时鲁穆公改为邹。唐为邹县,历代因之。故地在今山东邹城一带。鲁:周代诸侯国名。故址在今山东兖州东南至江苏沛县、安徽泗县一带。

②齐:古地名。今山东泰山以北黄河流域和胶东半岛地区,为战国时齐地,汉以后仍沿称为齐。

③儒雅:指儒术。

④书记:指文字、书籍、文章等。

⑤升堂:比喻学问技艺已入门。

⑥用兵:使用武力,进行战争。

⑦颜高、颜鸣、颜息、颜羽:均为春秋时期人。《左传·定公八年》:"士皆坐列,曰:'颜高之弓六钧。'皆取而传观之。阳州人出,颜高夺人弱弓,籍丘子钼击之,与一人俱毙……颜息射人中眉,退曰:'我无勇,吾志其目也。'"《左传·昭公二十六年》:"颜鸣三入齐师。"《左传·哀公十一年》:"孟孺子泄帅右师,颜羽御,邴泄为右。"

⑧颜涿聚:春秋时齐国将领,战死于隰之役。《左传·哀公二十七年》:"陈成子……召颜涿聚之子晋,曰:'隰之役,而父死焉。以国之多难,未女恤也。'"

⑨颜最:又作颜聚。战国末期赵国将领,本为齐国人。《史记·赵世家》:"七年,秦人攻赵,赵大将李牧、将军司马尚将,击之。李牧诛,司马尚免,赵忽及齐将颜聚代之。赵忽军破,颜聚亡去。以王迁降。"最,同"聚"。有版本作"颜冣"。"冣"为"最"的异体字。

⑩颜良:东汉末袁绍部将,在与曹操作战中战死。《三国志·魏书·荀彧传》:"孔融谓彧曰:'……颜良、文丑,勇冠三军。'"

⑪颜延之：字延年，琅琊临沂（今山东临沂）人，南朝宋文学家。诗文冠绝当时，与谢灵运并称“颜谢”。此处或为“颜延”之误。《晋书·王恭传》：“恭梦牢之坐其处，旦谓牢之曰：‘事克，即以卿为北府。’遣牢之率帐下督颜延先据竹里。元显使说牢之，啗以重利，牢之乃斩颜延以降。”

⑫颠覆：颠坠覆败，灭亡。

⑬颜驷：西汉人。《后汉书·张衡传》注引《汉武故事》：“上至郎署，见一老郎，鬓眉皓白，问：‘何时为郎？何其老也？’对曰：‘臣姓颜，名驷，以文帝时为郎。文帝好文而臣好武，景帝好老而臣尚少，陛下好少而臣已老，是以三叶不遇也。’上感其言，擢为会稽都尉。”

⑭颜忠以党楚王受诛：《后汉书·天文中》载永平十三年“楚王英与颜忠等造作妖书谋反，事觉，英自杀，忠等皆伏诛”。颜忠，东汉人。楚王，刘英，东汉光武帝之子，因图谋取代汉明帝被废，后自杀。

⑮颜俊以据武威见杀：颜俊，东汉末人。《三国志·魏书·张既传》：“是时，武威颜俊、张掖和鸾、酒泉黄华、西平麹演等并举郡反，自号将军，更相攻击。俊遣使送母及子诣太祖为质，求助。太祖问既，既曰：‘俊等外假国威，内生傲悖，计定势足，后即反耳。今方事定蜀，且宜两存以而斗之，犹卞庄子之刺虎，坐收其毙也。’太祖曰：‘善。’岁余，鸾遂杀俊，武威王秘又杀鸾。”

⑯得姓：获得姓氏。

⑰清操：高尚的节操。

⑱顷世：犹近代。

⑲衣冠：代称缙绅、士大夫。

⑳身手：本领，技艺。特指武艺。

㉑徒众：兵众。

㉒素业：本业。

㉓羸薄：瘦弱。

㉔仰：上溯，追溯。惟：思。

㉕寘（zhì）：同“置”。安置、放置。

㉖孔子力翘门关：《墨子·非儒下》注引《列子》：“孔子劲能招国门之关，而不肯以力闻。”翘，举。门关，出入必经的国门，关门。

㉗圣证：谓取证于圣人之言。

㉘气干：气力强干。

㉙微行：旧时谓帝王或有权势者隐匿身份，易服出行或私访。险服：犹异服。

〔译文〕

颜氏的先祖，本来在邹、鲁两国，有的分迁到齐地，世代从事儒业，这些都有记载。孔子的门徒，学问技艺已入门的有七十二人，颜氏占了八人。从秦、汉、魏、晋直到齐、梁，颜氏家族中没有人靠使用武力而显达的。春秋时的颜高、颜鸣、颜息、颜羽之辈，都是一介武夫而已。齐国有颜涿聚，赵国有颜最，汉末有颜良，宋有颜延之，都担任过领兵将领的职务，最后都因此而倾覆败亡。汉代的郎官颜驷，自称喜好武术，却没有事迹。颜忠因党附楚王被诛，颜俊因割据武威被杀，颜氏从获得姓氏以来，节操不高尚的，只有这二人，他们都遭到了灾祸失败。近代以来因遭战乱而流离失所，士大夫之辈，即使没有武艺，有的也聚集兵众，离弃儒业，想侥幸取得战功。我本来就瘦弱，追溯思考前代先人的事迹，所以安心于儒业，子孙们要记住这一点。孔子能靠力气举起关门，却不因力量闻名，这是来自圣人的例证啊。我看到当今的士大夫，稍微有点气力，就倚赖它，不能身着铠甲、手握兵器去保卫国家，只能行踪诡秘、身着奇装异服，恃仗玩弄拳脚，严重的就身陷危亡，轻的则留下耻辱，没有能幸免的。

国之兴亡，兵之胜败，博学所至，幸讨论之。入帷幄之中[①]，参庙堂之上[②]，不能为主尽规以谋社稷[③]，君子所耻也。然而每见文士，颇读兵书[④]，微有经略[⑤]。若居承平之世[⑥]，睥睨宫阃[⑦]，幸灾乐祸，首为逆乱，诖误善良[⑧]；如在兵革之时[⑨]，构扇反覆[⑩]，纵横说诱[⑪]，不识存亡，强相扶戴[12]：此皆陷身灭族之本也。诫之哉！诫之哉！

〔注释〕

①帷幄：指天子决策之处或将帅的幕府、军帐。

②庙堂：代指朝廷。

③尽规：竭力谋划。

④颇：略微，稍微。

⑤经略：筹划，谋划。

⑥承平：治平相承，太平。

⑦睥睨（pìnì）：窥视，侦伺。宫阃（kǔn）：帝王后宫。亦指后妃。阃，古代妇女居住的内室。

⑧诖（guà）误：贻误，连累。

⑨兵革：指战争。

⑩构扇：亦作"构煽"。挑拨煽动。反覆：动荡，动乱。

⑪说（shuì）诱：劝说引诱。

⑫扶戴：扶立拥戴。

〔译文〕

国家的兴亡，战争的胜败，如果学问广博到了一定程度，希望能讨论一下。身处军帐之中，位列朝廷之上，如果不能为君主尽力谋划社稷大业，是君子引以为耻的。然而我常见到一些文士，略读了几本兵书，稍微懂了点谋略，如果生活在太平之世，他们就窥视后宫，幸灾乐祸，领头谋反作乱，连累善良的人；如果是在战争时代，就挑拨煽动，四处游说，不能识见存亡之机，逞强互相扶立拥戴。这些都是招致杀身灭族的根本原因啊。要警惕啊！要警惕啊！

习五兵[1]，便乘骑[2]，正可称武夫尔[3]。今世士大夫，但不读书，即称武夫儿，乃饭囊酒瓮也。

〔注释〕

①五兵:泛指各种兵器。

②便:擅长,善于。乘骑:骑马。

③正:副词。仅,只。

〔译文〕

熟悉各种兵器,擅长骑马,仅仅可称为武夫而已。当今的士大夫,只要不读书,就自称为武夫儿,其实是酒囊饭袋啊。

养生第十五

〔题解〕

魏晋南北朝时期,道家的养生理论与方法颇为盛行。颜之推并未完全否认修道成仙之事,但是他认为人的性命在天,这种机会很难遇到;而且求仙学道受很多条件限制,几乎没有能成仙的。因此他希望子孙不要致力于此事,只需调养护理好身体精神,学习一些无损于事的小方法即可,还要慎用补药。养生的前提,则是保住身体性命,有可以用来保养的对象;但珍惜生命并不意味着要苟且珍惜生命,舍生取义令人敬佩,临难苟且求生只会徒取羞辱。可见作者的养生观是服从于儒家的忠孝节义观的。

神仙之事,未可全诬①;但性命在天,或难钟值②。人生居世,触途牵絷③:幼少之日,既有供养之勤④;成立之年,便增妻孥之累⑤。衣食资须⑥,公私驱役⑦;而望遁迹山林,超然尘滓⑧,千万不遇一尔。加以金玉之费,炉器所须，益非贫士所办。学如牛毛，成如麟角。华山之下，白骨如莽，何有可遂之理？考之内教[9]，纵使得仙，终当有死，不能出世[10]，不愿汝曹专精于此[11]。若其爱养神明[12]，调护气息，慎节起卧[13]，均适寒暄[14]，禁忌食饮[15]，将饵药物[16]，遂其所禀[17]，不为夭折者，吾无间然[18]。诸药饵法，不废世务也[19]。庾肩吾常服槐实[20]，年七十余，目看细字，须发犹黑。邺中朝士，有单服杏仁、枸杞、黄精、术、车前得益者甚多，不能一一说尔。吾尝患齿，摇动欲落，饮食热冷，皆苦疼痛。见《抱朴子》牢齿之法，早朝叩齿三百下为良[21]；行之数日，即便平愈[22]，今恒持之。此辈小术，无损于事，亦可修也。凡欲饵药，陶隐居《太清方》中总录甚备[23]，但须精审[24]，不可轻脱[25]。近有王爱州在邺学服松脂[26]，不得节度，肠塞而死，为药所误者甚多。

〔注释〕

①诬：虚假，虚妄。

②钟值：遭逢。

③触途：处处，各处。牵絷（zhí）：犹牵绊。

④供养：赡养，侍奉。

⑤妻孥（nú）：妻子和儿女。孥，儿女。

⑥资须：维持生计的必需品。

⑦驱役：谓奔走役使。

⑧尘滓：比喻世间烦琐的事务。

⑨内教：指佛教。

⑩出世：超脱人世。

⑪专精：专心一志。

⑫若其：假如，如果。爱养：爱护养育。神明：谓人的精神，心思。

⑬慎节：小心调节。

⑭均适：谓调节适应。寒暄：冷暖。

⑮禁忌：谓因摄养而避免食用某种食品或药物。

⑯将：养。饵药：服药。饵，服食，吃。

⑰遂其所禀：达到上天所赋予的自然年限。禀，赋予，给予。

⑱间：嫌隙，隔阂。

⑲世务：谋身治世之事。

⑳庾肩吾：字子慎，南阳新野（今属河南）人，南朝梁文学家、书法理论家。槐实：即槐角，气味苦寒，无毒。

㉑早朝：早晨，早上。

㉒平愈：平复痊愈。

㉓陶隐居：指陶弘景，字通明，南朝梁丹阳秣陵（今江苏南京）人，自号华阳隐居。著名的医药家、炼丹家、文学家，人称“山中宰相”。《太清方》：《隋书·经籍志》：“《太清草木集要》二卷，陶隐居撰。”

㉔精审：精密确实。

㉕轻脱：轻佻。

㉖王爱州：其人不详。

〔译文〕

有关得道成仙的事，不可能全是假的；但是人的性命取决于上天，或许很难遇到这种机会。人生在世，处处受到牵绊：幼小之时，即忙于赡养侍奉亲长；成年之后，又多了妻子儿女的拖累。既要忙于吃饭穿衣等生活所需，还要忙于公事私事的操劳奔走。期望能隐居山林，远远地离开世间烦琐的事务，概率不到千万分之一。加上炼丹所需的花费，必须的炉鼎等器皿，更不是穷人所能做到的。学道的人多如牛毛，但得道的却少如麟角。华山之下，白骨堆积如同草丛一般，哪里有能顺遂心愿的道理？从佛教来考察，即使能得道成仙，也终究会有一死，并不能够超脱尘世，所以我不希望你们专心于此事。如果你们爱护养育精神，调养护理气息，起居有节，冷暖有度，饮食有所禁忌，合理服用药物，达到上天所赋予的自然年限，不致夭折，我就没有什么好非议的。掌握各种药物的服食方法，不会旷废谋身治世之事。庚肩吾经常服食槐角，七十多岁了还能看清小字，头发胡须还是黑的。邺城中的官员，有人专门服食杏仁、枸杞、黄精、术、车前草，获益很多，不能一一叙说。我曾害牙病，牙齿松动得即将脱落，吃冷热的东西都会疼痛。我看到了《抱朴子》中牢固牙齿的方法，早上叩齿三百下为佳；这样做了几天，就平复痊愈了，现在我还在坚持这样做。像这些小技巧，对别的事情没有损害，也可以试一试。大凡打算服药的，陶弘景《太清方》中收录的药方很全面，但是必须精准使用，不能轻率。近来有个叫王爱州的人，在邺城学着服用松脂，没有节制，结果肠塞而死。被药物所害的人很多了。

夫养生者先须虑祸，全身保性，有此生然后养之，勿徒养其无生也。单豹养于内而丧外，张毅养于外而丧内①，前贤所戒也。嵇康著《养身》之论，而以慠物受刑②；石崇冀服饵之征，而以贪溺取祸③，往世之所迷也④。

〔注释〕

①单豹养于内而丧外，张毅养于外而丧内：《庄子·达生》篇："田开之曰：'鲁有单豹者，岩居而水饮，不与民共利，行年七十而犹有婴儿之色；不幸遇饿虎，饿虎杀而食之。有张毅者，高门县薄，无不走也，行年四十而有内热之病以死。豹养其内而虎食其外，毅养其外而病攻其内，此二子者，皆不鞭其后者也。'"

②嵇康著《养身》之论，而以慠物受刑：嵇康著有《养生论》，却性情高傲，对当权的司马氏采取不合作态度，终至被害。嵇康，字叔夜，谯国铚县（今安徽濉溪）人，三国时期曹魏思想家、文学家、音乐家。慠物，高傲自负，轻视他人。慠：同"傲"。

③石崇冀服饵之征，而以贪溺取祸：石崇喜好服药养生，家中财产丰积，因拒绝权臣孙秀索要其宠妾绿珠而被杀。石崇，字季伦，小名齐奴。渤海南

皮(今河北南皮)人,西晋官员,以财富著称。贪溺,贪于财货,溺于美色。

④往世:过去,从前。

〔译文〕

养生之人,首先必须考虑避免祸端,保全自身性命,有了生命之后才能养护它,不要白白地养护那些不能留存于世上的生命。单豹的身体保养得很好,却不幸被身外的老虎吃掉,张毅注意了自己的身外安全,却死于体内的疾病,这都是前代贤人所引以为戒的。嵇康著述了《养生论》,却因高傲自负而被杀;石崇期冀服药来延年益寿,却因贪财好色而招致灾祸,这都是从前迷失了自我的人啊。

夫生不可不惜,不可苟惜。涉险畏之途,干祸难之事,贪欲以伤生,谗慝而致死①,此君子之所惜哉;行诚孝而见贼②,履仁义而得罪,丧身以全家,泯躯而济国③,君子不咎也④。自乱离已来,吾见名臣贤士,临难求生,终为不救,徒取窘辱,令人愤懑。侯景之乱⑤,王公将相,多被戮辱,妃主姬妾,略无全者。唯吴郡太守张嵊⑥,建义不捷⑦,为贼所害,辞色不挠;及鄱阳王世子谢夫人⑧,登屋诟怒⑨,见射而毙。夫人,谢遵女也⑩。何贤智操行若此之难?婢妾引决若此之易⑪?悲夫!

〔注释〕

①谗慝(tè):邪恶奸佞。

②诚孝:即忠孝。此处为避讳隋文帝父杨忠之名而改。见贼:被害。贼,杀戮,杀害。

③泯躯:亡身。泯,死的婉称。济国:救国。济,救助。

④咎:责怪,追究罪责。

⑤侯景之乱:又称“太清之难”。548 年,南朝梁将领侯景以清君侧为名在寿阳(今安徽寿县)起兵叛乱,攻占梁朝都城建康(今江苏南京),将梁武帝活活饿死。他相继拥立又废黜三个傀儡皇帝,后于 551 年自立为帝,国号汉。

⑥张嵊(shèng):字四山,吴郡吴县(今江苏苏州)人。南朝梁大臣,侯景之乱时任吴兴郡太守,城破被杀。谥号“忠贞”。

⑦建义不捷:指起义不成功。建义,谓兴义军,举义旗。捷,成功。

⑧鄱阳王世子:指萧嗣,字长胤。鄱阳王,指萧恢,字弘达。南兰陵(今江苏常州)人。南梁宗室名臣。梁武帝萧衍异母弟。萧恢子萧范,以晋熙为晋州,遣子嗣为刺史。《梁书·鄱阳王恢传》:“世子嗣,字长胤。容貌丰伟,腰带十围。性骁果有胆略,倜傥不护细行,而能倾身养士,皆得其死力。范之薨也,嗣犹据晋熙,城中食尽,士乏绝,景遣任约来攻,嗣躬擐甲胄,出垒距之。时贼势方盛,咸劝且止。嗣按剑叱之曰:‘今之战,何有退乎?此萧嗣效命死节之秋也。’遂中流矢,卒于阵。”鄱阳,地名。春秋楚番邑,秦置番县,汉改鄱阳县。在江西省东北部。世子,太子,帝王和诸侯的嫡长子。

⑨诟怒:怒骂。

⑩谢遵:其人不详。

⑪引决:亦作“引诀”。自杀。

〔译文〕

生命不可不珍惜,也不可不当惜而惜。走险阻可畏之路,做招致灾难之事,为满足贪欲而伤害生命,因邪恶奸佞而导致死亡,这些都是君子深感可惜的;履行忠孝而被害,奉行仁义而获罪,丧身以保家,捐躯来救国,这些都是君子不会责怪的。自从战乱以来,我看到一些名臣贤士,面临危难苟且求生,最终没有得救,只是徒然遭受窘迫羞辱,令人愤懑。侯景之乱中,王公将相大多被杀戮侮辱,后妃姬妾几乎没有保全的。只有吴郡太守张嵊,兴义军未能成功,被贼人杀害,遇害时言辞神色都不屈不挠;还有鄱阳王世子萧嗣的夫人谢氏,登上屋顶怒骂叛贼,中箭身亡。谢夫人,是谢遵的女儿。为什么贤人智士坚守操行这么困难?而奴婢姬妄舍生取义却这么容易？可悲啊！

归心第十六[1]

〔题解〕

此篇作者重在劝诱子孙虔诚信佛。作者本人对佛教有着虔诚的信仰，他认为佛教有着高明的辩才与超凡的智慧、广博的学问，甚至超过了儒家的圣人；儒、释二教本为一体，渐积为异，但如今人们却只知尊崇周、孔而背弃佛教，是糊涂之举。作者就世人对佛教的五种诘难，一一进行了驳斥。然后告诫子孙不要杀生，杀生之人临死会遭到报应并且祸及子孙，并列举了数个因果报应的事例。从中可见佛教的神不灭论和因果报应论等思想对其影响之深，也可窥见魏晋南北朝时期佛教在中国的发展盛况。

三世之事[2]，信而有征[3]，家世归心，勿轻慢也。其间妙旨[4]，具诸经论[5]，不复于此，少能赞述[6]；但惧汝曹犹未牢固，略重劝诱尔。

〔注释〕

①归心：诚心归附。
②三世：佛家以过去、现在、未来为三世。
③征：证明，证验。
④妙旨：精微幽深的旨意。
⑤经论：佛教指三藏中的经藏与论藏。
⑥赞述：赞美称道。

〔译文〕

佛家所说的过去、现在、未来三世之事，确凿而且得到了证验，我家世代皈依佛教，希望你们不要轻慢啊。佛教精微幽深的旨意，经藏和论藏中都有，我就不再在这里赞美称道了；只是担心你们还未能牢记在心，因此略加叙述，重在对你们进行劝勉诱导。

原夫四尘五荫[①]，剖析形有[②]；六舟三驾[③]，运载群生：万行归空[④]，千门入善[⑤]，辩才智惠[⑥]，岂徒《七经》、百氏之博哉[⑦]？明非尧、舜、周、孔所及也。内外两教[⑧]，本为一体，渐极为异[⑨]，深浅不同。内典初门[⑩]，设五种禁；外典仁义礼智信[⑪]，皆与之符。仁者，不杀之禁也；义者，不盗之禁也；礼者，不邪之禁也；智者，不酒之禁也；信者，不妄之禁也。至如畋狩军旅[⑫]，燕享刑罚[⑬]，因民之性，不可卒除[⑭]，就为之节，使不淫滥尔[⑮]。归周、孔而背释宗[⑯]，何其迷也！

〔注释〕

①四尘：佛教语。色、香、味、触的总称。五荫：即五阴，亦名五蕴。佛教语。指色、受、想、行、识五者假合而成的身心。色为物质现象，其余四者为心理现象。佛教不承认灵魂实体，以为身心虽由五蕴假合而不无烦恼、轮回。

②形有：指有形之物。

③六舟：即六波罗蜜，六种到达彼岸的途径。包括布施、持戒、忍辱（羼提）、精进、禅定、智慧。波罗蜜，梵文，到彼岸之意。三驾：即三乘。佛教语。一般指小乘（声闻乘）、中乘（缘觉乘）、大乘（菩萨乘）。三者均为深浅不同的解脱之道。亦泛指佛法。《法华经》中以三车，羊车喻声闻乘，鹿车喻缘觉乘，牛车喻菩萨乘。

④万行归空：指学佛学道的人遵守戒律刻苦修道的行为。

⑤千门：种种修行的法门。

⑥辩才：雄辩之才。智惠：即智慧。惠，通"慧"。聪慧。

⑦《七经》：汉以来封建王朝所推崇的七部儒家经典，历来说法不一，东

汉《一字石经》作:《诗》《书》《礼》《公羊》《易》《春秋》《论语》。百氏:犹言诸子百家。

⑧内外两教:内教谓佛教,外教谓儒学。

⑨渐极为异:《全宋文》卷三十二谢灵运《辨宗论》:“释氏之论,圣道虽远,积学能至,累尽鉴生,不应渐悟。孔氏之论,圣道既妙,虽颜殆庶,体无鉴周,理归一极。”渐,佛教语,指说法的浅深次第。亦谓主张信徒须历长期修行,始得心明累尽,达到涅槃境界。极,宗极,指儒学。

⑩内典:佛教徒称佛经为内典。

⑪外典:佛教徒称佛经以外的典籍为外典。

⑫畋(tián)狩:犹畋猎。

⑬燕享:亦作“宴飨”。古代帝王饮宴群臣、国宾。

⑭卒(cù)除:突然免除。卒,突然。

⑮淫滥:过度,越轨。

⑯归:称许。释宗:指佛教。

〔译文〕

推究“四尘”“五荫”的道理,剖析有形之物的奥秘;通过“六舟”和“三乘”,引渡芸芸众生:让众生通过种种戒行归于佛门,通过种种法门入于善道,其中的辩才及智慧,难道仅仅是《七经》和诸子百家那样的广博吗?显然它不是尧、舜、周公、孔子所能比得上的。佛教和儒学,本来是一体,后来在悟道过程和方式等方面出现差异,导致二者的深浅不同。佛经的初级法门,设立了不杀、不盗、不淫、不欺、不饮酒五种禁戒;儒学的仁、义、礼、智、信五种德行,都与其相符。仁,是不杀生的禁戒;义,是不偷盗的禁戒;礼,是不淫邪的禁戒;智,是不喝酒的禁戒;信,是不妄言的禁戒。至于像畋猎、军事、宴飨、刑罚等,这些行为顺应了民众的习性,不可突然免除,只能使它们有所节制,使之不过度而已。有的人称许周公、孔子之道而背弃佛教,多么糊涂啊!

俗之谤者,大抵有五:其一,以世界外事及神化无方为迂诞也[①];其二,以吉凶祸福或未报应为欺诳也[②];其三,以僧尼行业多不精纯为奸慝也[③];其四,以糜费金宝减耗课役为损国也[④];其五,以纵有因缘如报善恶[⑤],安能辛苦今日之甲,利益后世之乙乎[⑥]?为异人也。今并释之于下云。

〔注释〕

①世界:世上,人间。神化:变化为神。无方:没有边际。迂诞:迂阔荒诞,不合事理。

②欺诳:欺骗迷惑。

③行业:佛教指恪守戒律的操行。精纯:精湛纯熟。奸慝:奸恶的心术或行为。

④课役:赋税及徭役。课,赋税,租税。

⑤因缘:佛教语。佛教谓使事物生起、变化和坏灭的主要条件为因,辅助条件为缘。

⑥利益:原为佛教语。指利生益世的功德。

〔译文〕

俗世指责佛教的说法,大致有五种:其一,认为人间之外的事以及神仙异术变化无穷,迂阔荒诞不合事理;其二,认为现实的吉凶祸福有的并没有受到相应的报应,因此因果报应是欺骗迷惑人的说法;其三,认为很多僧尼的操行不够精湛纯熟,是心术奸恶的反映;其四,认为僧尼耗费财物、不交赋税、不服徭役,损害了国家利益;其五,认为即使有因果报应,怎能辛苦今天的甲,去利益后世的乙呢?甲和乙是不同的人啊。现在我一并阐释于下。

释一曰:夫遥大之物,宁可度量?今人所知,莫若天地。天为积气，地为积块，日为阳精，月为阴精[①]，星为万物之精，儒家所安也。星有坠落，乃为石矣；精若是石，不得有光，性又质重[②]，何所系属[③]？一星之径，大者百里，一宿首尾，相去数万；百里之物，数万相连，阔狭从斜[④]，常不盈缩[⑤]。又星与日月，形色同尔，但以大小为其等差[⑥]；然而日月又当石也？石既牢密[⑦]，乌兔焉容[⑧]？石在气中，岂能独运？日月星辰，若皆是气，气体轻浮，当与天合，往来环转[⑨]，不得错违[⑩]，其间迟疾，理宜一等[⑪]；何故日月五星二十八宿[⑫]，各有度数[⑬]，移动不均[⑭]？宁当气坠[⑮]，忽变为石？地既滓浊[⑯]，法应沉厚[⑰]，凿土得泉，乃浮水上；积水之下，复有何物？江河百谷，从何处生？东流到海，何为不溢？归塘尾闾[⑱]，渫何所到[⑲]？沃焦之石[⑳]，何气所然[㉑]？潮汐去还[㉒]，谁所节度[㉓]？天汉悬指[㉔]，那不散落？水性就下[㉕]，何故上腾？天地初开，便有星宿；九州未划，列国未分，翦疆区野[㉖]，若为躔次[㉗]？封建已来，谁所制割[㉘]？国有增减，星无进退，灾祥祸福，就中不差[㉙]；乾象之大[㉚]，列星之伙[㉛]，何为分野[㉜]，止系中国[㉝]？昴为旄头，匈奴之次[㉞]；西胡、东越、雕题、交阯[㉟]，独弃之乎[㊱]？以此而求，迄无了者[㊲]，岂得以人事寻常，抑必宇宙外也[㊳]？

〔**注释**〕

①日为阳精，月为阴精：语出《礼记·月令》疏："月是阴精，日为阳精。"

②质重：实密厚重。

③系属：归附，隶属。

④阔狭：宽与狭，距离的远近。从(zòng)斜：犹纵横。

⑤盈缩：伸屈，进退。

⑥等差:等级次序,等级差别。

⑦牢密:坚固细密,严密。

⑧乌兔:神话谓日中有乌,月中有兔,因以“乌兔”代指日月。

⑨环转:循环,旋转。

⑩错违:有误差,不正常。

⑪一等:一样,相同。

⑫五星:指水、木、金、火、土五大行星,即东方岁星(木星)、南方荧惑(火星)、中央镇星(土星)、西方太白(金星)、北方辰星(水星)。二十八宿:指我国古代天文学家把周天黄道(太阳和月亮所经天区)的恒星分成二十八个星座。《淮南子·天文训》:“五星、八风,二十八宿。”高诱注:“二十八宿,东方:角、亢、氐、房、心、尾、箕;北方:斗、牛、女、虚、危、室、壁;西方:奎、娄、胃、昴、毕、觜、参;南方:井、鬼、柳、星、张、翼、轸也。”

⑬度数:以度为单位计量而得的数目。

⑭不均:不等。均,等同。

⑮宁:岂,难道。

⑯滓浊:污秽,污浊。

⑰法:常规,常理。沉厚:深厚。指由上到下或由外到内的距离很大。

⑱归塘:即归墟。亦作“归虚”,传说为海中无底之谷,谓众水汇聚之处。《列子·汤问》:“渤海之东,不知几亿万里,有大壑焉,实惟无底之谷,其下无底,名曰归墟。”尾闾:古代传说中泄海水之处。《庄子·秋水》:“天下之水,莫大于海;万川归之,不知何时止而不盈;尾闾泄之,不知何时已而不虚。”

⑲渫(xiè):泄漏。

⑳沃焦:古代传说中东海南部的大石山,海水灌之即消。

㉑然:同“燃”。燃烧。

㉒潮汐:在月球和太阳引力的作用下,海洋水面周期性的涨落现象。白昼的称潮,夜间的称汐,总称“潮汐”。一般每日涨落两次,也有涨落一次的。

㉓节度:节制调度,部署。

㉔天汉:古时指银河。悬指:谓定向悬挂。

㉕就下:趋下。就,趋,趋向。

㉖翦疆:划断疆界。区野:犹分野。

㉗若为:怎样,怎样的。躔次:日月星辰在运行轨道上的位次。

㉘制割:谓分封割据。

㉙就中:居中,从中。

㉚乾象:天象。旧以为天象变化与人事有关。

㉛列星:罗布天空定时出现的恒星。伙:众多,盛多。

㉜分野:与星次相对应的地域。古以十二星次的位置划分地面上州、国的位置与之相对应。就天文说,称作分星;就地面说,称作分野。如:以鹑首对应秦,鹑火对应周,寿星对应郑,析木对应燕,星纪对应吴越等。《国语·周语下》:“岁之所在,则我有周之分野也。”韦昭注:“岁星在鹑火。鹑火,周分野也,岁星所在,利以伐之也。”

㉝中国:上古时代,我国华夏族建国于黄河流域一带,以为居天下之中,故称中国,而把周围其他地区称为四方。后泛指中原地区。

㉞昴(mǎo)为旄头,匈奴之次:昴星处于旄头位置,对应匈奴所在。昴,星宿名。二十八宿之一。旄头,即昴星。匈奴之次,匈奴所在。次,泛指所在之处。

㉟西胡、东越、雕题、交阯:均为古代中国周边的少数民族。西胡,古代对葱岭内外西域各族的泛称。匈奴居中,称胡或北胡;乌桓、鲜卑在匈奴东,称东胡;西域各族在匈奴西,称西胡。东越,古族名。古代越人的一支。相传为越王句践的后裔。秦、汉时分布在今浙江省东南部、福建省北部一带。汉武帝元鼎六年(前111)东越王馀善反汉,被其部属所杀。部分族人被迫迁入江淮地区。雕题,指古代南方雕额文身之部族。交阯,亦作“交趾”。原为古地区名,泛指五岭以南。汉武帝时为所置十三刺史部之一,辖境相当于今广东、广西大部和越南的北部、中部。东汉末改为交州。越南于十世纪三十年代独立建国后,宋亦称其国为交趾。

㊱独:副词。岂,难道。

㊲迄:通“汔”。庶几,接近。

㊳抑:似,如。

〔译文〕

对第一种责难的解释:那极其遥远极其巨大的东西,难道能够测量吗？今天的人所了解的东西，没有什么能比得上天地了。天是聚集在一起的气，地是聚集在一起的土块，太阳是阳气的精华，月亮是阴气的精华，星辰是万物的精华，这些是儒家所习惯的说法。星星坠落下来，就变成了石头；精华如果是石头，就不会有光亮，而且石头实密厚重，是靠什么悬挂在天上的呢？一颗星的直径，大的有一百里长，一组星宿的头尾相隔数万里；直径长百里的东西，数万个相连，它们之间的距离远近和纵横排列顺序，通常是固定的，不会有进退的变化。另外，星星和日月的形状和颜色一样，只是以体积大小作为等级差别；这样的话，太阳和月亮也是石头吗？石头坚固细密，怎么能容下乌和兔呢？石头在气体中，怎能独自运行呢？日月星辰如果都是气体的话，气体轻浮，应当与天合而为一，往来循环旋转，不会有误差，它们运行的快慢，理应一样；为什么日月、五星和二十八宿，各有一定的位置，运行的速度快慢不等呢？难道是气体坠落的时候，忽然变为石头的？大地既然污浊，按常理应是深厚的，但挖地能挖到泉水，说明地就浮在水上；那么积水之下，还有什么东西呢？长江、黄河和众谷之水，是从什么地方流出来的？这些水向东流入大海，海水为什么不会溢出来呢？归墟聚水，尾闾泄水，泄的水到哪里去了？如果说海水都被沃焦山的石头烧干了，那么沃焦山的石头又是被什么气体所燃烧的？潮汐的去来，是谁节制调度的？银河定向悬挂着，为什么不散落呢？水性是趋向往下流，它为何往上腾涌呢？天地刚开辟的时候，就有了星宿；那时还没有划分九州，还没有分封列国，是怎样根据星宿在运行轨道上的位次来划断疆界，划分地域的？封邦建国以来，是谁在分封割据？诸侯国有增减，星宿的位置却没有移动，它们所对应的灾祥祸福，也没有出现差错。天象如此之大，星辰如此之多，为什么与星宿相对应的地面划分，只限于中原地区呢？昴星位于旄头位置，对应匈奴所在；那么西胡、东越、雕题、交阯这些地区，难道就放弃不顾了吗？照这样追究起来，庶几没有尽头了，怎能认为平常的人世间事，一定同宇宙之外一样呢？

凡人之信，唯耳与目；耳目之外，咸致疑焉。儒家说天，自有数义：或浑或盖，乍宣乍安①。斗极所周，管维所属②，若所亲见，不容不同；若所测量③，宁足依据？何故信凡人之臆说④，迷大圣之妙旨⑤，而欲必无恒沙世界、微尘数劫也⑥？而邹衍亦有九州之谈⑦。山中人不信有鱼大如木，海上人不信有木大如鱼；汉武不信弦胶⑧，魏文不信火布⑨；胡人见锦，不信有虫食树吐丝所成⑩；昔在江南⑪，不信有千人毡帐，及来河北⑫，不信有二万斛船⑬：皆实验也⑭。

〔注释〕

①或浑或盖，乍宣乍安：有时浑天说有时盖天说，有时宣夜说有时安天说。浑天说、盖天说、宣天说、安天说，均为我国古代的天体学说。浑，浑天说。《尚书·舜典》“璇玑玉衡”孔颖达疏引三国吴王蕃《浑天说》：“天之形状似鸟卵，地居其中，天包地外，犹卵之裹黄，圆如弹丸，故曰浑天。言其形体浑浑然也。”盖，盖天说。认为天像一个斗笠，地像覆着的盘子。天在上，地在下，日月星辰随天盖而运动，其东升西没是由于远近所致，不是没入地下。乍，突然，忽然。宣，宣夜说。主张天无一定形状，也非物质造成，其高远无止境，日月星辰飘浮于空中，动和静都依靠“气”。安，安天论。《晋书·天文志》：“成帝咸康中，会稽虞喜因宣夜之说作《安天论》，以为‘天高穷于无穷，地深测于不测。天确乎在上，有常安之形；地魄焉在下，有居静之体。当相覆冒，方则俱方，员则俱员，无方员不同之义也。其光曜布列，各自运行，犹江海之有潮汐，万品之有行藏也’。”

②斗极所周，管维所属：意谓北斗星和北极星所环绕的地方，是天宇据以运转的枢纽。斗极，北斗星与北极星。管维，亦作“莞维”。斗枢，古人指

天宇所据以运转的枢纽。

③测量:推测度量。

④臆说:只凭个人想象的说法。

⑤大圣:佛教称佛、菩萨。妙旨:精微幽深的旨意。

⑥恒沙世界:为“恒沙”和“世界”两个佛教语的结合,指以小见大、数量多的世界。恒沙,恒河沙数的省略语。为佛教语,形容数量多至无法计算。微尘:佛教语。色体的极小者称为极尘,七倍极尘谓之“微尘”。常用以指极细小的物质。劫:佛教名词。梵文 Kalpa 的音译,“劫波”(或“劫簸”)的略称,意为极久远的时节。古印度传说世界经历若干万年毁灭一次,重新再开始,这样一个周期叫作一“劫”。

⑦邹衍亦有九州之谈:《史记 · 孟子荀卿列传》载邹衍“以为儒者所谓中国者,于天下乃八十一分居其一分耳。中国名曰赤县神州。赤县神州内自有九州……中国外如赤县神州者九,乃所谓九州也。于是有裨海环之,人民禽兽莫能相通者,如一区中者,乃为一州。如此者九,乃有大瀛海环其外,天地之际焉”。邹衍,齐国(今山东济南)人,战国末期阴阳家、五行创始人。

⑧汉武不信弦胶:《云笈七签》卷二六引东方朔《十洲记 · 凤麟洲》:“凤麟洲在西海之中……亦多仙家。煮凤喙及麟角,合煎作胶,名之为续弦胶,或名连金泥。此胶能续弓弩已断之弦,连刀剑断折之金,更以胶连续之处,使力士掣之,他处乃断,所续之际终无所损也。天汉三年,帝幸北海,祠恒山。四月,西国王使至,献灵胶四两及吉光毛裘。武帝受以付外库,不知胶裘二物之妙用也。以为西国虽远,而上贡者不奇,稽留使者未遣。”但后来他亲眼见证了续弦胶的神奇,“又益思方朔之远见”。

⑨魏文不信火布:《三国志 · 魏书 · 三少帝纪》裴注引《搜神记》:“昆仑之墟,有炎火之山,山上有鸟兽草木,皆生于炎火之中,故有火浣布,非此山草木之皮枲,则其鸟兽之毛也。汉世西域旧献此布,中间久绝;至魏初,时人疑其无有。文帝以为火性酷烈,无含生之气,著之《典论》,明其不然之事,绝智者之听。”没想到后来火浣布真的出现了:“至是西域使至而献火浣布焉,于是刊灭此论,而天下笑之。”火布,火浣布。即石棉布。《列子 · 汤问》:“火浣之布,浣之必投于火。”

⑩胡人见锦，不信有虫食树吐丝所成：《艺文类聚》卷六五引《玄中记》："大月氏有牛，名曰日及，割取肉一二斤，明日疮愈。汉人入国，示之，以为珍异。汉人曰：'吾国有虫，大如小指，名曰蚕。食桑叶，为人吐丝。'外国复不信有之。"

⑪江南：南北朝时，南朝与北朝隔江对峙，因称南朝及其统治下的地区为江南。

⑫河北：泛指黄河以北的地区。

⑬斛：量词。多用于称量粮食。古代一斛为十斗，南宋末年改为五斗。

⑭实验：实际的经验。

〔译文〕

一般人所相信的，只有自己亲耳听到或亲眼看到的东西；耳闻目睹的以外，都会致以怀疑。儒家对于天，有几种说法：有浑天说，有盖天说，有宣夜说，有安天说。此外，北斗星和北极星所环绕的地方，是天宇据以运转的枢纽。这些如果是亲眼所见，那么不容许不赞同；如果是推测度量的，难道足以作为依据吗？为什么要相信凡人只凭个人想象的说法，而怀疑佛精微幽深的意旨，认定没有如恒河沙数那样多的世界，即使微尘那么小的东西也经历过数次劫难呢？而且邹衍也有中国之外还有九州的说法。山里的人不相信有树木那样大的鱼，海上的人不相信有像鱼那样大的树木；汉武帝不相信续弦胶能续连上弓弩的断弦，魏文帝不相信有必须在火上浣洗的布；胡人看到锦缎，不相信那是虫子吃树叶吐丝而织成的；我以前在江南的时候，不相信有能容纳上千人的毡帐；等来到河北，又发现这里的人不相信有能容下两万斛粮食的大船：这些都是实际的经验啊。

世有祝师及诸幻术[①]，犹能履火蹈刃，种瓜移井[②]，倏忽之间，十变五化。人力所为，尚能如此；何况神通感应[3],不可思量,千里宝幢[4],百由旬座[5],化成净土[6],踊出妙塔乎[7]?

〔注释〕

①祝师:能祝物的巫师。祝物,一种以符咒变物的巫术。

②种瓜、移井:皆为古时幻术。《搜神记·神化篇》:"吴时有徐光,常行术于市里。从人乞瓜,其主勿与,便从索瓣,杖地而种之。俄而瓜生蔓延,生花成实,乃取食之,因赐观者。鬻者反视所出卖,皆亡耗矣。"

③神通:佛教语,为梵文音译。也译作"神通力""神力"。谓佛、菩萨、阿罗汉等通过修持禅定所得到的神秘法力。感应:谓神明对人事的反响。

④宝幢:即经幢。刻有佛号或经咒的石柱。

⑤由旬:古印度计程单位。一由旬的长度,我国有八十里、六十里、四十里等诸说。

⑥净土:佛教语。佛所居住的无尘世污染的清净世界。一名佛土。多指西方阿弥陀佛净土。

⑦踊出妙塔:《妙法莲华经·见宝塔品》:"尔时,佛前有七宝塔,高五百由旬,纵广二百五十由旬。从地涌出,住在空中,种种宝物而庄校之。"

〔译文〕

世上有会祝物的巫师以及熟悉各种幻术的人,他们尚且能在火上、刀刃上行走,能让种下的瓜立刻成熟,能移动井口,刹那之间,千变万化。人力尚且能做到这些,何况佛的神通感应,更是不可思量:难道不是瞬间就幻化出千里高的宝幢、数千里宽的宝座、庄严洁净的净土世界、从地下涌出的宝塔吗?

释二曰:夫信谤之征[1],有如影响[2];耳闻目见,其事已多,或乃精诚不深,业缘未感[3],时傥差阑[4],终当获报耳。善恶之行,祸福所归。九流百氏[5],皆同此论,岂独释典为虚妄乎[⑥]？项橐、颜回之短折[⑦]，伯夷、原宪之冻馁[⑧]，盗跖、庄跻之福寿[⑨]，齐景、桓魋之富强[⑩]，若引之先业[⑪]，冀以后生，更为通耳。如以行善而偶钟祸报，为恶而傥值福征[⑫]，便生怨尤[⑬]，即为欺诡[⑭]；则亦尧、舜之云虚，周、孔之不实也，又欲安所依信而立身乎[⑮]？

〔注释〕

①信：诚实不欺。谤：诽谤，毁谤。征：证明，证验。

②影响：影子和回声。多用以形容感应迅捷。

③业缘：佛教语。谓苦乐皆由业力而起，故称为“业缘”。

④差阑：略迟，较晚。阑，晚，迟。

⑤九流：分别为儒家、道家、阴阳家、法家、名家、墨家、纵横家、杂家、农家。百氏：诸子百家。

⑥释典：佛教的经典，佛经。

⑦项橐、颜回之短折：项橐，春秋时期鲁国人，传说其七岁而为孔子师。其短折事不详。《孔子家语·七十二弟子解》载颜回“二十九而发白，三十一早死”。

⑧伯夷、原宪之冻馁：《史记·伯夷列传》载伯夷“义不食周粟，隐于首阳山，采薇而食之。及饿且死”。《韩诗外传》载原宪居鲁，“茨以蒿莱，蓬户瓮牖，揉桑而为枢，上漏下湿……正冠则缨绝，振襟则肘见，纳履则踵决”。原宪，字子思，春秋末年宋人，孔子弟子。冻馁，谓饥寒交迫。馁，饥饿。

⑨盗跖、庄跻（qiāo）之福寿：《史记·伯夷列传》篇记载盗跖“日杀不辜，肝人之肉，暴戾恣睢，聚党数千人横行天下，竟以寿终”。盗跖，相传为古时民众起义的领袖。名跖，一作蹠，“盗”是当时统治者对他的贬称。《汉书·贾谊传》李奇注：“楚之大盗为庄跻。”

⑩齐景、桓魋（tuí）之富强：《论语·季氏》载“齐景公有马千驷”；《礼记·檀弓上》载桓魋“自为石椁，三年而不成”，足见其富。齐景，齐景公，姜姓，吕氏，名杵臼，春秋时期齐国君主。桓魋，春秋时期宋国司马。

⑪先业：佛教语。宿业或是前世的善恶因缘。

⑫福征：指行善得福的效验。

⑬怨尤：埋怨责怪。

⑭欺诡：犹欺诈。

⑮依信：信从，信赖。立身：立足，安身。

〔**译文**〕

对第二种责难的解释：佛教对诚实和毁谤的证验，就如同影子和回声一样迅捷；这类事我耳闻目见的已经很多了。有时因精诚不深，业缘还没有感应，报应的时间或许会推迟，但终究会获得报应。一个人行为的善恶，决定了他是得祸还是得福。九流和诸子百家都持这种观点，难道只有佛经是虚妄的吗？项橐、颜回的夭折早死，伯夷、原宪的饥寒交迫，盗跖、庄蹻的享福长寿，齐景公、桓魋的富足强大，如果把这些看成前世的善恶因缘报应在后代子孙身上，就能讲得通了。如果因行善却偶尔遭到祸报，作恶却可能得到福报，就心生怨恨，认为因果报应说是欺诈骗人的，那么就是认为关于尧、舜的事迹都是假的，周公、孔子的学说也不符合实际，这样的话，你又打算信从什么来立身处世呢？

释三曰：开辟已来[①]，不善人多而善人少，何由悉责其精絜乎[②]？见有名僧高行[③]，弃而不说；若睹凡僧流俗[④]，便生非毁[⑤]。且学者之不勤，岂教者之为过？俗僧之学经律[⑥]，何异士人之学《诗》《礼》？以《诗》《礼》之教，格朝廷之人[⑦]，略无全行者[⑧]；以经律之禁，格出家之辈，而独责无犯哉[⑨]？且阙行之臣[⑩]，犹求禄位；毁禁之侣[⑪]，何惭供养乎[⑫]？其于戒行[⑬]，自当有犯。一披法服[⑭]，已堕僧数[⑮]，岁中所计，斋讲诵持[⑯]，比诸白衣[⑰]，犹不啻山海也[⑱]。

〔注释〕

①开辟:指宇宙的开始。古代神话,谓盘古氏开天辟地。

②精絜(jié):精粹纯洁。絜,古同“洁”。

③名僧:有名望的高僧。高行:高尚的品行。

④凡僧:佛教语。谓未证道的僧人,相对于证道的圣僧而言。流俗:社会上流行的风俗习惯。多含贬义。

⑤非毁:诽谤,诋毁。非,通“诽”。

⑥经律:指佛典佛法。佛教三藏有经藏、律藏。

⑦格:量度,衡量。

⑧全行:品行完美无缺。

⑨责:要求,期望。

⑩阙行:道德修养上有过错。

⑪毁禁:毁弃戒律。

⑫供养:佛教称以香花、明灯、饮食等资养三宝(佛、法、僧)为“供养”,并分财供养、法供养两种。香花、饮食等为财供养;修行、利益众生叫法供养。供养就是礼佛,或施舍僧人、斋僧的意思。

⑬戒行:佛教指恪守戒律的操行。

⑭法服:僧、道所穿的法衣。

⑮僧数:僧人的命运。

⑯斋讲:宣讲佛法之集会。诵持:诵念经文并持守之。

⑰白衣:佛教徒着缁衣,因称俗家为“白衣”。

⑱不啻:无异于,如同。山海:比喻高深、繁多或重大。

〔译文〕

对第三种责难的解释:自从开天辟地以来,不善良的人多而善良的人少,怎能要求僧尼们都精粹纯洁呢?看到名僧高尚的品行,就丢在一旁不说;如果看到了普通僧人的一些不好的习俗,就非议诋毁。况且学习的人不勤勉,难道是教导者的过错吗?普通僧人学习佛典佛法,同士人学习《诗》《礼》有什么不同?以《诗》

《礼》的标准来衡量在朝为官的人，几乎没有品行完美无缺的；以佛典的戒律来衡量出家人，却唯独要求他们不能触犯吗？而且道德修养上有过错的臣子，还照样能求取禄位；那些毁弃了戒律的僧侣，为什么要羞于接受供养呢？他们对于恪守戒律的操行，自然难免有所触犯。但他们一旦披上法衣，就已流入僧人的命运，一年到头所做的事情，就是斋讲、诵持，和俗家人相比，他们所做的无异于高山大海了。

释四曰：内教多途，出家自是其一法耳①。若能诚孝在心②，仁惠为本，须达、流水③，不必剃落须发；岂令罄井田而起塔庙④，穷编户以为僧尼也⑤？皆由为政不能节之，遂使非法之寺，妨民稼穑，无业之僧，空国赋算⑥，非大觉之本旨也⑦。抑又论之：求道者，身计也⑧；惜费者，国谋也。身计国谋，不可两遂。诚臣徇主而弃亲⑨，孝子安家而忘国⑩，各有行也⑪。儒有不屈王侯高尚其事⑫，隐有让王辞相避世山林；安可计其赋役，以为罪人？若能偕化黔首⑬，悉入道场⑭，如妙乐之世⑮，禳佉之国⑯，则有自然稻米⑰，无尽宝藏，安求田蚕之利乎⑱？

〔注释〕

①出家：到寺庙道观里去做僧尼或道士。

②诚孝：即忠孝。为避隋讳而改。

③须达、流水：须达，即须达多，梵语 sudatta 的音译。意译为“善与”“善给”“善授”等。古印度拘萨罗国舍卫城富商，波斯匿王的大臣，释迦的有力施主之一，号称给孤独。后皈依佛陀。与祇陀太子共同施佛精舍，称祇树给孤独园。流水，指古印度流水长者，曾以皮囊盛水，以象负之，救活干涸池中的十千鱼。《金光明经·流水长者子品》：“是时流水及其二子将二十大

象,从治城人借索皮囊,疾至彼河上流决处盛水象负,驰疾奔还,至空泽池,从象背上下其囊水,泻置池中,水遂弥满,还复如本。”

④罄:引申为尽、竭。井田:泛指田地。塔庙:塔。亦泛指寺塔。

⑤编户:编入户籍的普通人家。

⑥赋算:按人丁计算的赋税。

⑦大觉:佛教语。谓正觉。本旨:原意。

⑧身计:为自身打算。

⑨诚臣:即忠臣。为避隋讳而改。

⑩安家:使家庭安乐。

⑪行:道理,事物的发展规律。

⑫高尚:使保持高洁。

⑬化:劝化。谓僧道劝人出家。黔首:古代称平民、老百姓。

⑭道场:佛教界。

⑮如:往,去。妙乐:古印度俗语的音译。古代西印度国名。

⑯禳佉(ránggū):梵语。也作“儴佉”“蠰佉”。印度古代神话中国王名,即转轮王。

⑰自然稻米:指自然而生的稻米。

⑱田蚕:泛指农桑。

〔译文〕

对第四种责难的解释:佛教修行的途径有很多种,出家为僧只是其中的一种。如果心中能存忠孝之念,做事能以仁惠为出发点,像须达多和流水长者那样,就不必剃掉须发出家为僧;难道是要把所有田地都用来建造寺塔,把所有编户的百姓都变成僧尼吗?都是由于为政者不能合理地节制佛事,这才使得非法的寺院妨害了百姓的农业劳动,无业的僧侣耗空了国家的赋税,这不是佛教的原意。话又说回来:信佛求道,是为自身打算;珍惜费用,是为国家打算。为自身打算和为国家打算,不能两全。就像忠臣为君主而死而放弃亲人,孝子为家庭安乐而忘掉国家,各有各的道理。儒士中有不屈身于王侯而自命清高的，隐士中有辞让王位相位而避世山林的；怎么可以去计算他们的赋税和徭役，而把他们当成罪人呢？如果能劝化所有百姓，让他们都皈依佛门，去往妙乐的世界，禳佉的国度，就会有自生的稻米和无尽的宝藏，哪还用得着去求取农桑之利呢？

释五曰：形体虽死，精神犹存。人生在世，望于后身似不相属[①]；及其殁后，则与前身似犹老少朝夕耳[②]。世有魂神[③]，示现梦想[④]，或降童妾[⑤]，或感妻孥[⑥]，求索饮食[⑦]，征须福佑[⑧]，亦为不少矣。今人贫贱疾苦，莫不怨尤前世不修功业[⑨]；以此而论，安可不为之作地乎？夫有子孙，自是天地间一苍生耳[⑩]，何预身事[⑪]？而乃爱护，遗其基址[⑫]，况于己之神爽[⑬]，顿欲弃之哉？凡夫蒙蔽[⑭]，不见未来，故言彼生与今非一体耳；若有天眼[⑮]，鉴其念念随灭[⑯]，生生不断[⑰]，岂可不怖畏邪[⑱]？又君子处世，贵能克己复礼[⑲]，济时益物。治家者欲一家之庆[⑳]，治国者欲一国之良[㉑]，仆妾臣民，与身竟何亲也，而为勤苦修德乎？亦是尧、舜、周、孔虚失愉乐耳。一人修道，济度几许苍生[㉒]？免脱几身罪累[㉓]？幸熟思之[㉔]！汝曹若观俗计[㉕]，树立门户，不弃妻子，未能出家；但当兼修戒行[㉖]，留心诵读，以为来世津梁[㉗]。人生难得，无虚过也。

〔注释〕

①后身：佛教语。指人或动物来世转生的人或动物。相属：相关，相类。

②前身：佛教语。犹前生。

③魂神：魂灵。

④示现:佛教语。谓佛菩萨应机缘而现种种化身,如观音之三十三身。引申谓神灵的显现。

⑤童妾:婢女,小妾。

⑥妻孥(nú):妻子和儿女。

⑦求索:索取,乞求。

⑧征须:求取。

⑨怨尤:埋怨责怪。前世:前生,前一辈子。

⑩苍生:指百姓。

⑪预:关涉,牵连。身事:自身的事情。

⑫基址:喻事业的根基、根本。

⑬神爽:谓神魂,心神。

⑭凡夫:人世间的俗人。蒙蔽:昏庸不明,愚昧无知。

⑮天眼:佛教所说五眼之一。又称天趣眼,能透视六道、远近、上下、前后、内外及未来等。

⑯念念:佛教语。谓极短的时间,犹言刹那。

⑰生生:滋生不绝,繁衍不已。

⑱怖畏:恐惧。

⑲克己复礼:语见《论语·颜渊》篇。

⑳庆:福泽。

㉑良:和乐,欢悦。

㉒济度:谓救济众生,超度苦海。度,通"渡"。

㉓免脱:免掉,脱离。罪累:罪过。

㉔熟思:慎重考虑,周密思考。

㉕俗计:尘世间的生计。

㉖戒行:佛教指恪守戒律的操行。

㉗津梁:比喻济渡众生。

〔译文〕

对第五种责难的解释:人的形体虽然死去,精神仍然存在。人生在世的时候,遥想自己来世所转生的后身,觉得似乎并不相干；等到死后，会发现后身同自己的前生就像是一个人的老年与少年、一天中的早晨和晚上一样关系密切。世上有些死者的魂灵，会在活人的梦中出现，有的托梦给婢女，有的托梦给妻子儿女，向他们索取饮食，求取福佑，这种事情也不少了。如今的人如果生活贫贱困苦，没有不埋怨责怪前生不修功业的；照这样说来，生时怎能不为自己的后身开辟好福地呢？人有子孙，他们不过是天地间一苍生而已，和自身有什么关涉呢？而人们却对子孙加以爱护，把家业留给他们，何况对于自己的灵魂，却要完全抛弃它吗？世间的俗人因为愚昧无知，无法预知来世，所以就说来世和今生不是一体；如果人有天眼，就能看到自己的生命在瞬间由生到死，又由死到生，生生死死轮回不断，难道不感到恐惧吗？并且，君子处世，贵在能克制自己，使自己的言行合乎"礼"，能够济助世人。治家的人希望这个家庭幸福美满，治国的人希望这个国家吉祥美好，其实仆妾臣民与自己到底有什么相干，而要勤苦地为他们修养德行呢？尧、舜、周公、孔子也是因此而白白地失去了很多的欢乐啊。一个人修道，能救济多少百姓超度苦海？能免掉多少人的罪过？希望你们慎重考虑一下！你们如果顾念尘世间的生计，树立门户，不能抛弃妻子儿女，不能出家；那么就应当兼顾修行，留心诵读佛经，以此作为通往来世的桥梁。人生难得，不要虚度啊。

儒家君子，尚离庖厨，见其生不忍其死，闻其声不食其肉①。高柴、折像②，未知内教③，皆能不杀，此乃仁者自然用心。含生之徒④，莫不爱命；去杀之事⑤，必勉行之。好杀之人，临死报验⑥，子孙殃祸，其数甚多，不能悉录耳，且示数条于末。

〔注释〕

①"儒家君子"数句：语出《孟子·梁惠王上》："君子之于禽兽也，见其生不忍见其死，闻其声不忍食其肉，是以君子远庖厨也。"庖厨，厨房。

②高柴、折像：高柴，名柴，字子羔，孔子弟子。春秋末期齐国（一说卫国）人。《孔子家语·弟子行》载其"启蛰不杀，方长不折"。折像，字伯式，东汉末广汉雒（今四川广汉）人。《后汉书·方术传》载其"幼有仁心，不杀昆虫，不折萌芽"。

③内教：指佛教。

④含生：一切有生命者。多指人类。

⑤去杀：戒杀生。

⑥报验：报应。

〔译文〕

儒家的君子，尚且远离厨房，因为他们见到活着的生灵就不忍心看到它们死去，听到它们被杀时的惨叫声就不忍心吃它们的肉。高柴、折像，不知晓佛教教义，却都能不杀生，这是仁爱之人天然的善心。一切有生命的物种，没有不爱惜自己生命的；所以戒杀生的事，你们一定要勉力去做。喜好杀生的人，自己临死会遭到报应，子孙也会遭受灾祸，这种事例很多，不能一一记录下来，姑且在篇末列举几例。

梁世有人，常以鸡卵白和沐①，云使发光，每沐辄二三十枚。临死，发中但闻啾啾数千鸡雏声。

〔注释〕

①和（huò）：掺和，混杂。沐：洗头发。

〔译文〕

梁代有个人，常用鸡蛋清和在水中洗头发，说能使头发有光泽，每次洗头发就要用去二三十枚鸡蛋。他临死的时候，只听到头发中有数千只小鸡的啾啾叫声。

江陵刘氏，以卖鳝羹为业。后生一儿头是鳝，自颈以下，方为人耳。

〔译文〕

江陵有个姓刘的人，以卖鳝鱼羹为业。他后来生了一个小孩，头部是鳝鱼的样子，从脖颈以下，才是人身。

王克为永嘉郡守①，有人饷羊②，集宾欲宴。而羊绳解，来投一客，先跪两拜，便入衣中。此客竟不言之，固无救请。须臾，宰羊为羹，先行至客③。一脔入口④，便下皮内，周行遍体⑤，痛楚号叫，方复说之。遂作羊鸣而死。

〔注释〕

①王克：南朝梁、陈时人。永嘉：郡名。郡治在今浙江温州。

②饷：赠送。

③行：谓以盘盛，传递至各客座前。

④脔（luán）：切成块状的肉。

⑤周行：循环运行。

〔译文〕

王克做永嘉郡郡守的时候，有人送了只羊给他，他于是召集宾客打算宴饮。那只羊挣脱了绳子，来投靠一位客人，先跪下拜了两拜，然后钻进他的衣服里。这位客人竟然没有说起这事，也没有去向王克请求救它。一会儿，羊被宰杀做成了羹汤，先送到了这位客人面前。他刚把一块肉放到嘴里，这块肉就窜入了皮内，在他全身乱窜，他痛苦地号叫起来，这才说了刚才羊来求救的事。接着他发出几声羊叫而死。

梁孝元在江州时[①]，有人为望蔡县令[②]，经刘敬躬乱[③]，县廨被焚[④]，寄寺而住。民将牛酒作礼，县令以牛系刹柱[⑤]，屏除形像[⑥]，铺设床坐，于堂上接宾。未杀之顷[⑦]，牛解，径来至阶而拜，县令大笑，命左右宰之。饮啖醉饱，便卧檐下。稍醒而觉体痒，爬搔隐疹[⑧]，因尔成癞[⑨]，十许年死。

〔注释〕

①江州：古郡名。东晋始置，辖境为江西大部。南朝多次分割，使辖境变小。

②望蔡：古县名。治所在今江西上高。

③刘敬躬乱：刘敬躬，安成郡民，梁大同八年(542)春正月率众反叛，攻克安城(江西安福)、庐陵(今江西吉安)、豫章(今江西南昌)三郡，前逼新淦(今江西吉安)、柴桑(今江西九江)。次年二月被擒，斩于建康。

④县廨(xiè)：县署。廨，官舍，官署。

⑤刹(chà)柱：佛教语。指寺前的幡竿。

⑥屏除：排除，除去。形像：指佛像。

⑦顷：时，时候。

⑧爬搔：用爪甲轻抓。隐疹：皮肤上起的小疙瘩。

⑨癞：恶疮，顽癣，麻风。

〔译文〕

梁孝元帝在江州做刺史的时候，有个人在望蔡县做县令，经历了刘敬躬叛乱，县署被烧了，他临时寄居在寺庙中。百姓拿来牛和酒作为礼物送给他，县令让人把牛系在寺前的刹柱上，撤掉佛像，铺设座席，在佛堂上接待宾客。牛在即将被宰杀的时候，挣脱了绳子，径直来到台阶前向他跪拜，县令大笑，命手下的人把牛宰了。酒足饭饱之后，县令就在屋檐下睡着了。过了一会儿他醒来觉得身上痒，用手轻抓，皮肤上就起了一些小疙瘩，他因此得了恶疮，大约过了十年就死了。

杨思达为西阳郡守[①]，值侯景乱，时复旱俭[②]，饥民盗田中麦。思达遣一部曲守视[③]，所得盗者，辄截手腕，凡戮十余人。部曲后生一男，自然无手。

〔注释〕

①西阳：古郡名。治所在今湖北黄冈。
②旱俭：旱灾。俭，岁歉。
③部曲：部属，部下。

〔译文〕

杨思达做西阳郡郡守的时候，正赶上侯景之乱，当时又是旱灾，饥民们就去偷官田里的麦子。杨思达派了一名部下前去看守，凡是抓到的盗麦人，都砍掉手腕，总计砍了十多个人。这名部下后来生了一个儿子，生下来就没有手。

齐有一奉朝请[①]，家甚豪侈，非手杀牛，啖之不美。年三十许，病笃[②]，大见牛来，举体如被刀刺，叫呼而终。

〔注释〕

①奉朝请：古代诸侯朝见天子，春季朝见为朝，秋季朝见为请。因称定

期参加朝会为奉朝请。汉代退职大臣、将军和皇室、外戚多以奉朝请名义参加朝会。晋代以奉车、驸马、骑三都尉为奉朝请,南北朝设以安置闲散官员,隋初罢之,另设朝请大夫、朝请郎,为文散官。

②病笃:病重。笃,甚,达到高度,常形容病势沉重。

〔译文〕

齐国有名奉朝请,家里非常豪华奢侈,如果不是自己亲手杀的牛,吃起来就觉得不够美味。他在大约三十岁的时候得了重病,看见很多牛向自己冲过来,他全身就像被刀割一样疼痛,大声呼叫着而死。

江陵高伟①,随吾入齐,凡数年,向幽州淀中捕鱼②。后病,每见群鱼啮之而死。

〔注释〕

①江陵:今湖北荆州。

②淀:浅水湖泊。

〔译文〕

江陵人高伟,跟随我来到齐国,前后几年之间,一直在幽州的浅湖中捕鱼。后来他生了病,常看到一群鱼来咬自己,他因此而死。

世有痴人,不识仁义,不知富贵并由天命。为子娶妇,恨其生资不足①,倚作舅姑之尊,蛇虺其性,毒口加诬,不识忌讳,骂辱妇之父母,却成教妇不孝己身,不顾他恨。但怜己之子女,不爱己之儿妇。如此之人,阴纪其过②,鬼夺其算③。慎不可与为邻,何况交结乎?避之哉!

〔注释〕

①生资：指嫁妆。

②阴：冥冥之中。借指鬼神。

③算：寿命。

〔译文〕

世上有种痴人，不懂得仁义，也不知道富贵都是上天所注定的。为儿子娶媳妇，怨恨她的嫁妆不够多，倚赖自己公婆的尊长身份，如同蛇虺般对儿媳恶言辱骂，甚至不懂得忌讳，辱骂儿媳的父母。这样做反而教儿媳不孝敬自己，也不考虑她对自己的怨恨。只疼爱自己的子女，而不爱护自己的儿媳，这样的人，鬼神也会记录他的罪过，剥夺他的寿命。切记不可同他们做邻居，更何况结交呢？要避开这种人啊！

卷　六

书证第十七

〔**题解**〕

本篇为《家训》中最长的一篇，为作者治学过程中的笔记，共四十七篇训诂类小文章。作者以其渊博的学识、丰富的经历，对典籍中的一些讹谬进行了分析考证，提出了自己独到的见解，解答了一些疑问。颜之推信服许慎的《说文解字》，因为这部书对文字的编排规范有明确的体例，通过剖析字形来探究字的本义。因此他以之作为典籍阅读、研究的基础，在论证中常常加以引用。这反映了他重视文字学的思想。作者在考证过程中还将文献记载与出土实物相结合，具有一定的科学性。

《诗》云："参差荇菜①。"《尔雅》云："荇，接余也②。"字或为"莕"。先儒解释皆云："水草，圆叶细茎，随水浅深。今是水悉有之，黄花似莼③，江南俗亦呼为猪莼，或呼为荇菜。"刘芳具有注释④。而河北俗人多不识之，博士皆以参差者是苋菜⑤，呼"人苋"为"人荇"⑥，亦可笑之甚。

〔注释〕

①参差荇菜:参差不齐的荇菜。语见《诗经·周南·关雎》。参差,不齐貌。荇,多年生水生草本植物,叶呈对生圆形,嫩时可食,亦可入药。

②接余:即荇菜。

③莼(chún):莼菜。

④刘芳:字伯文,彭城(今江苏徐州)人。北魏学者、名臣。《隋书·经籍志》:"《毛诗笺音证》十卷,后魏太常卿刘芳撰。""《礼记义证》十卷,刘芳撰。"

⑤苋菜:一年生草本植物。叶对生,卵形或菱形,有绿、紫两色。花黄绿色。种子极小,黑色而有光泽。嫩苗可做蔬菜。

⑥人苋:苋的一种。

〔译文〕

《诗经》说:"参差荇菜。"《尔雅》解释:"荇,就是接余。"字或者写成"莕"。以前的学者解释都说:"荇是一种水草,圆叶细茎,茎的长短同水的浅深一样。如今凡是有水的地方都有这种水草,开黄花,好似莼菜,江南地区通常叫它'猪莼',也有叫它'荇菜'的。"刘芳对此有详细注释。而河北地区的人大多不认识它,博士们都认为《诗经》里的这种长得参差不齐的荇菜就是苋菜,把"人苋"叫作"人荇",也太可笑了。

《诗》云:"谁谓荼苦①?"《尔雅》《毛诗传》并以荼,苦菜也。又《礼》云:"苦菜秀②。"案:《易统通卦验玄图》曰③:"苦菜生于寒秋,更冬历春,得夏乃成。"今中原苦菜则如此也。一名游冬④,叶似苦苣而细,摘断有白汁,花黄似菊。江南别有苦菜,叶似酸浆⑤,其花或紫或白,子大如珠,熟时或赤或黑,此菜可以释劳。案:郭璞注《尔雅》⑥,

此乃蘵黄蒢也[7]。今河北谓之龙葵。梁世讲《礼》者，以此当苦菜；既无宿根[8]，至春方生耳，亦大误也。又高诱注《吕氏春秋》曰[9]："荣而不实曰英[10]。"苦菜当言英，益知非龙葵也。

〔注释〕

①谁谓荼苦：语见《诗经·邶风·谷风》。

②苦菜秀：语见《礼记·月令·孟夏》。秀，开花。

③《易统通卦验玄图》：《隋书·经籍志》著录，著者不详。

④游冬：《广雅·释草》："游冬，苦菜也。"

⑤酸浆：草名。多年生草本植物，高二三尺，叶卵形而尖，六七月开白花。开花后，萼肥大成囊状，包围浆果，其色红，根茎花实均可入药，有清热化痰的功用。

⑥郭璞注《尔雅》：《隋书·经籍志》："《尔雅》五卷，郭璞注。""《尔雅图》十卷，郭璞撰。"郭璞，字景纯。河东闻喜（今山西闻喜）人。两晋时期著名文学家、训诂学家。

⑦蘵（zhī）：草名。即龙葵。古人亦误之为苦蘵。

⑧宿根：某些二年生或多年生草本植物的根。茎叶枯萎后可以继续生存，次年春重新发芽，所以叫作宿根。

⑨高诱注《吕氏春秋》：《隋书·经籍志》："《吕氏春秋》二十六卷，秦相吕不韦撰，高诱注。"高诱，涿郡涿县（今河北涿州）人，东汉学者。

⑩荣而不实曰英：见《吕氏春秋·孟夏纪》。

〔译文〕

《诗经》说："谁谓荼苦？"《尔雅》《毛诗传》都认为荼是苦菜。《礼记》也说："苦菜秀。"案：《易统通卦验玄图》说："苦菜生于深秋，经历冬、春两季，到夏天才长成。"如今中原地区的苦菜就是这样。苦菜又叫"游冬"，叶子像苦苣而比苦苣细，折断它有白色的汁流出来，花是黄色的，像菊花。江南地区另外有种苦菜，叶子像酸浆草，花有的是紫色有的是白色，果实大小像珍珠，成熟时为红色或者黑色，这种菜可以消除疲劳。案：郭璞注《尔雅》，认为这是蘵草，也就是黄蒢。如今河北地区叫它“龙葵”。梁代讲《礼记》的人把它当成苦菜；但它既没有宿根，又是到春天才长出来，把它当成苦菜也是大错了。另外高诱注《吕氏春秋》说：“开花而不结果实的，叫作‘英’。”苦菜应当说是“英”，这就更加知道它不是龙葵了。

《诗》云：“有杕之杜①。”江南本并木傍施大，《传》曰：“杕，独皃也②。”徐仙民音徒计反③。《说文》曰：“杕，树皃也。”在《木部》。《韵集》音次第之第④，而河北本皆为夷狄之狄，读亦如字⑤，此大误也。

〔注释〕

①有杕(dì)之杜：语见《诗经·唐风·杕杜》《诗经·唐风·有杕之杜》《诗经·小雅·杕杜》等。杕，树木孤立貌。杜，即杜梨，也叫棠梨。一种野生梨。

②皃：古同“貌”。

③徐仙民：徐邈，字仙民。东莞姑幕(今山东莒县)人。

④《韵集》：《隋书·经籍志》：“《韵集》六卷，晋安复令吕静撰。”

⑤如字：一字有两个或两个以上读音，依本音读叫“如字”。

〔译文〕

《诗经》说：“有杕之杜。”江南地区的《诗经》抄本，“杕”字都是“木”旁加“大”字。《毛诗传》说：“杕，是树木孤立的样子。”徐仙民给它注音“徒计反”。《说文》说：“杕，是树的样子。”收在《木部》。《韵集》的注音为“次第”的“第”。而河北地区的抄本都写成“夷狄”的“狄”字，读音也和“狄”字的本音一样，这是大错啊。

《诗》云："駉駉牡马[1]。"江南书皆作牝牡之牡[2]，河北本悉为"放牧"之"牧"。邺下博士见难云："《駉颂》既美僖公牧于坰野之事[3]，何限騲骘乎[4]？"余答曰："案：《毛传》云[5]：'駉駉，良马腹干肥张也[6]。'其下又云：'诸侯六闲四种：有良马、戎马、田马、驽马[7]。'若作牧放之意，通于牝牡，则不容限在良马独得駉駉之称。良马，天子以驾玉辂[8]，诸侯以充朝聘郊祀[9]，必无騲也。《周礼·圉人职》：'良马，匹一人。驽马，丽一人[10]。'圉人所养，亦非騲也；颂人举其强骏者言之，于义为得也。《易》曰：'良马逐逐[11]。'《左传》云：'以其良马二[12]。'亦精骏之称[13]，非通语也[14]。今以《诗传》良马，通于牧騲[15]，恐失毛生之意[16]，且不见刘芳《义证》乎[17]？"

〔注释〕

①駉駉(jiōng)牡马：语见《诗经·鲁颂·駉》。駉駉，马肥壮貌。亦指肥壮之马。牡马，指雄马。牡，鸟兽的雄性。

②牝牡：鸟兽的雌性和雄性。

③《駉颂》既美僖公牧于坰(jiōng)野之事：鲁僖公能遵照伯禽之法，节俭爱民，务农重谷，在坰野放牧，鲁人尊敬他，于是作了这篇颂。坰，远郊，野外。

④騲(cǎo)：雌性的。这里指母马。骘(zhì)：公马。

⑤《毛传》：《毛诗故训传》(一作《毛诗诂训传》)的简称。为汉人训释《诗经》之作。

⑥肥张：肥壮。

⑦"诸侯"数句：诸侯有六个马厩，四种马：好马、战马、田马、劣马。六闲，周诸侯有六闲。闲，马厩。良马，骏马。戎马，战马。田马，打猎所用的马。驽马，劣马。

⑧玉辂(lù):古代帝王所乘之车,以玉为饰。

⑨朝聘:古代诸侯亲自或派使臣按期朝见天子。郊祀:古代于郊外祭祀天地,南郊祭天,北郊祭地。郊为大祀,祀为群祀。

⑩“《周礼》”数句:意为骏马,一匹马由一个人驾驶。劣马,两匹马由一个人驾驶。圉人,《周礼》官名,掌管养马放牧等事,亦以泛称养马的人。丽,偶,成对。

⑪良马逐逐:语见《周易·大畜》卦。意为骏马奔忙。逐逐,奔忙貌,匆忙貌。

⑫以其良马二:语出《左传·宣公十二年》:“赵旃以其良马二济其兄与叔父,以他马反。”

⑬精骏:精良的骏马。

⑭通语:通常的说法。

⑮牧骒:放牧的母马。

⑯毛生:指汉河间太守毛苌。

⑰《义证》:指刘芳《毛诗笺音义证》。

〔译文〕

《诗经》说:“駉駉牡马。”江南地区都把“牡”写作“牝牡”的“牡”,河北地区的抄本都写成“放牧”的“牧”。邺下的博士责难说:“既然《诗经·鲁颂·駉》是称美鲁僖公在坰野放牧的事,为什么要限定雌马、雄马呢?”我回答说:“案:《毛传》说:‘駉駉,是形容好马腹部、躯干肥壮。’下面又说:‘诸侯有六个马厩,四种马:良马、戎马、田马和驽马。’如果“牡”字是“放牧”之意,那么就是通指雌马和雄马,就不能只限于良马才能得到‘駉駉’的美名。良马,天子用来驾驶玉辂,诸侯用来朝聘或郊祀,肯定没有雌马。《周礼·圉人职》说:‘良马,一人养一匹。驽马,一人养两匹。’圉人所养的,也不是雌马。颂诗的作者取强骏的马来赞美鲁僖公,从意义上讲是得当的。《周易》说:‘良马逐逐。’《左传》说:‘以其良马二。’这些也是称谓精良的骏马,不是指通常的马。现在认为

《诗传》里的良马等同于放牧的母马，恐怕背离了毛公的本意。难道没读过刘芳《毛诗笺音义证》中对这个问题的解释吗？”

《月令》云：“荔挺出。”郑玄注云：“荔挺，马薤也①。”《说文》云：“荔，似蒲而小，根可为刷。”《广雅》云：“马薤，荔也。”《通俗文》亦云马蔺②。《易统通卦验玄图》云：“荔挺不出③，则国多火灾。”蔡邕《月令章句》云④：“荔似挺⑤。”高诱注《吕氏春秋》云：“荔草挺出也⑥。”然则《月令》注“荔挺”为草名，误矣。河北平泽率生之⑦。江东颇有此物，人或种于阶庭，但呼为“旱蒲”，故不识马薤。讲《礼》者乃以为马苋；马苋堪食，亦名豚耳，俗名马齿。江陵尝有一僧，面形上广下狭；刘缓幼子民誉⑧，年始数岁，俊晤善体物⑨，见此僧云：“面似马苋。”其伯父绍因呼为荔挺法师⑩。绍亲讲《礼》名儒⑪，尚误如此。

〔注释〕

①马薤（xiè）：亦名荔实、马蔺子、马楝子、马帚、铁扫帚、剧草、旱蒲、豕首、三坚。是一种药材。

②《通俗文》：东汉末服虔撰，是我国第一部以俚俗语词为研究对象的训诂学专著。已佚。马蔺（lìn）：蠡实的别名。多年生草本植物。根茎粗，叶子线形，花蓝色。叶子富于韧性，可用来捆东西，又可造纸，根可以制刷子。

③挺：通“莛”。草茎。

④《月令章句》：东汉蔡邕撰。主要是对《礼记·月令》的内容和其中所涉及的名物制度、天文历象、治政原则进行考证与阐释。

⑤似：通“以”。已经。挺：生长，长出。

⑥挺出：突出，出众。

⑦平泽：平湖，沼泽。

⑧刘缓：字合度，平原高唐（今山东高唐）人。官安西湘东王记室。《梁

书·刘昭传附刘缓传》："时西府盛集文学，缓居其首。"

⑨俊晤：聪明卓异。体物：描述事物，摹状事物。

⑩绍：刘绍，字言明，平原高唐（今属山东）人。通"三礼"。梁武帝大同中为尚书祠部郎。著《先圣本纪》十卷。

⑪亲：犹言本人或本身。

〔译文〕

《礼记·月令》说："荔挺出。"郑玄注说："荔挺，就是马薤。"《说文》说："荔，样子像蒲草但比蒲草小，根可以做刷子。"《广雅》说："马薤，就是荔。"《通俗文》也说荔挺是马蔺。《易统通卦验玄图》说："如果荔草茎长不出来，国家就会多火灾。"蔡邕《月令章句》说："荔似挺。"高诱注《吕氏春秋》说："荔草挺出也。"这样看来，郑玄《月令注》把荔挺解释为草名，就错了。河北地区的沼泽中长有很多这种植物。江东地区也有这种植物，有的人家把它种在台阶前的庭院里，只是把它称为"旱蒲"，所以不知道马薤。讲授《礼记》的人竟以为"荔"是马苋；马苋可以吃，也叫豚耳，俗名叫马齿。江陵曾有一名僧人，脸型上宽下窄；刘缓的小儿子民誉，才几岁年纪，聪明伶俐，善于描摹事物，他见到这名僧人就说："他的脸像马苋。"他的伯父刘绍因此称呼这位僧人为"荔挺法师"。刘绍本人是讲授《礼记》的名儒，尚且有这样的错误。

《诗》云："将其来施施①。"《毛传》云："施施，难进之意。"郑《笺》云："施施，舒行皃也②。"《韩诗》亦重为施施③。河北《毛诗》皆云施施。江南旧本，悉单为施，俗遂是之，恐为少误。

〔注释〕

①将其来施施：语出《诗经·王风·丘中有麻》："彼留子嗟，将其来施

施。"施施，舒行貌。

②皃：古同"貌"。

③《韩诗》：《诗》今文学派之一。指汉初燕人韩婴所传授的《诗经》。西汉初传《诗》者有鲁、齐、韩、毛四家。"韩诗"创立者韩婴，文帝时为博士官，推诗人之意而作《内外传》数万言。西晋时，"韩诗"虽存，无传者；南宋以后《内传》亡失，仅存《外传》。今本《韩诗外传》已非原书，有一部分已经后人修改。

〔译文〕

《诗经》说："将其来施施。"《毛传》说："施施，是难以行进的意思。"郑玄《笺》说："施施，缓慢行走的样子。"《韩诗》也是重叠作"施施"。河北地区《毛诗》抄本也都作"施施"。江南地区的旧本，都是单作一个"施"字，习俗就认为这样是正确的，恐怕有些错误。

《诗》云："有渰萋萋，兴云祁祁①。"《毛传》云："渰，阴云皃。萋萋，云行貌。祁祁，徐皃也。"《笺》云②："古者，阴阳和，风雨时，其来祁祁然，不暴疾也③。"案：渰已是阴云，何劳复云"兴云祁祁"耶？"云"当为"雨"，俗写误耳。班固《灵台》诗云："三光宣精，五行布序，习习祥风，祁祁甘雨④。"此其证也。

〔注释〕

①有渰萋萋，兴云祁祁：语见《诗经·小雅·大田》。渰(yǎn)，阴云。萋萋，云行弥漫貌。祁祁，徐缓貌。

②《笺》：指《郑笺》。汉郑玄所作《〈毛诗传〉笺》的简称。郑玄兼通经今古文学，他以《毛传》为主，兼采今文三家诗说，加以疏解。他作《毛诗笺》，谦敬不敢言注，但云表明古人之意或断以己意，使可识别，故曰《笺》。书出后，

《毛诗》日盛，三家诗渐废。

③暴疾：迅猛。

④"班固"数句：见《文选》班固《东都赋》。意为日月星辰明丽，五行井然有序。轻拂的祥风和煦，飘着舒缓的甘雨。三光，日、月、星。宣精，放光。宣，放，发。精，光。五行，金、木、水、火、土。序，序列。习习，微风和煦貌。甘雨，适时好雨。

〔译文〕

《诗经》说："有渰萋萋，兴云祁祁。"《毛传》说："渰，是阴云密布的样子。萋萋，是云朵移动的样子。祈祈，是徐缓的样子。"《郑笺》说："古时，阴阳调合，风雨适时，它们来的时候是徐缓的，不是快速猛烈的。"案："渰"已经是阴云的意思，为什么还要再重复"兴云祁祁"呢？"云"应当写作"雨"，这是通行的写法弄错了。班固的《灵台》诗说："三光宣精，五行布序，习习祥风，祁祁甘雨。"这就是例证。

《礼》云："定犹豫，决嫌疑①。"《离骚》曰："心犹豫而狐疑。"先儒未有释者。案：《尸子》曰②："五尺犬为犹。"《说文》云："陇西谓犬子为犹③。"吾以为人将犬行，犬好豫在人前④，待人不得，又来迎候，如此往还，至于终日，斯乃豫之所以为未定也，故称犹豫。或以《尔雅》曰："犹如麂⑤，善登木。"犹，兽名也，既闻人声，乃豫缘木⑥，如此上下，故称犹豫。狐之为兽，又多猜疑，故听河冰无流水声，然后敢渡。今俗云："狐疑，虎卜⑦。"则其义也。

〔注释〕

①定犹豫，决嫌疑：语出《礼记·曲礼上》："卜、筮者，先圣之所以使民信时日，敬鬼神，畏法令也；所以使民决嫌疑，定犹与也。"

②《尸子》:《隋书·经籍志》:“《尸子》二十卷、目一卷(梁十九卷),秦相卫鞅上客尸佼撰。其九篇亡,魏黄初中续。”尸佼,《汉书·艺文志》载:“《尸子》二十篇。名佼,鲁人,秦相商君师之。鞅死,佼逃入蜀。”

③犬子:幼犬。

④豫:预先,事先。

⑤麂(jǐ):哺乳动物的一属。是小型的鹿,雄的有长牙和短角。腿细而有力,善于跳跃,皮很柔软,可以制革。常见品种有黄麂、黑麂、赤麂等。

⑥缘木:爬树。

⑦狐疑,虎卜:狐狸性多疑,老虎会占卜。狐疑,《水经·河水注》一:“且狐性多疑,故俗有狐疑之说。”虎卜,卜法之一。李时珍《本草纲目·兽二·虎》集解引《易卦通验》:“虎知冲破,能画地观奇偶以卜食,今人效之,谓之虎卜。”

〔译文〕

《礼记》说:“定犹豫,决嫌疑。”《离骚》说:“心犹豫而狐疑。”从前的学者对此没有做出解释。案:《尸子》说:“五尺长的犬叫犹。”《说文》说:“陇西称幼犬为犹。”我认为人带着犬行路的时候,犬喜欢预先跑在人的前面,等不到人又跑回来迎候,像这样来回往返,竟然一整天,这就是“豫”之所以表示尚未确定之意的原因,所以称为“犹豫”。有人以《尔雅》所说做出解释:“犹,样子像麂,善于上树。”犹,是兽名,听到人的声音,就预先爬到树上,像这样上上下下,所以称“犹豫”。狐狸是一种兽类,生性多疑,所以它听到河里的冰下面没有流水声之后,才敢渡河。现在俗话说:“狐疑,虎卜。”就是这个意思了。

《左传》曰:“齐侯痎,遂痁[①]。”《说文》云:“痎,二日一发之疟[②]。痁,有热疟也。”案:齐侯之病,本是间日一发,渐加重乎故,为诸侯忧也。今北方犹呼痎疟,音皆。

而世间传本多以痎为疥[③]，杜征南亦无解释[④]，徐仙民音“介”，俗儒就为通云[⑤]：“病疥，令人恶寒，变而成疟。”此臆说也[⑥]。疥癖小疾，何足可论，宁有患疥转作疟乎？

〔注释〕

①齐侯痎（jiē），遂店（shān）：语出《左传·昭公二十年》：“齐侯痎，遂店。”齐侯，指齐景公。痎，隔日发作的疟疾。店，疟病。

②疟：以疟蚊为媒介，由疟原虫引起的周期性发作的急性传染病。

③疥：疥疮。又称疥癣。由疥虫引起的传染性皮肤病，多发生于手腕、指缝、臀、腹等部位。症状是局部起丘疹和水疱，非常刺痒。

④杜征南：指杜预。位居征南大将军，故称。撰《春秋左氏经传集解》三十卷。

⑤俗儒：浅陋而迂腐的儒士。通：解说。

⑥臆说：只凭个人想象的说法。

〔译文〕

《左传》说：“齐侯患了痎病，后来就转成了店疾。”《说文》说：“痎，是两天发作一次的疟疾。店，是有发热症状的虐疾。”案：齐侯的病，本来是隔一天发作一次，因为逐渐加重，才为诸侯所担忧。现在北方还叫痎疟，“痎”读音为“皆”。但世间的《左传》传本大多把“痎”写成“疥”，杜预对此也没有做出解释，徐仙民把“痎”注音为“介”，浅陋而迂腐的儒士就因此解释成：“得了疥病，令人怕冷，就转成了疟疾。”这是只凭个人想象的说法。疥癣这类小毛病，哪里值得一说，岂有生了疥癣却转成疟疾的？

《尚书》曰：“惟影响[①]。”《周礼》云：“土圭测影，影朝影夕[②]。”《孟子》曰：“图影失形[③]。”《庄子》云：“罔两问影[④]。”如此等字，皆当为“光景”之“景”。凡阴景者，因光而生，故即谓为景。《淮南子》呼为景柱[5]，《广雅》云："晷柱挂景[6]。"并是也。至晋世葛洪《字苑》[7]，傍始加"彡"，音"于景反"。而世间辄改治《尚书》《周礼》《庄》《孟》从葛洪字，甚为失矣。

〔注释〕

①惟影响：《尚书·大禹谟》："惠迪吉，从逆凶，惟影响。"孔传："迪，道也。顺道吉，从逆凶，吉凶之报，若影之随形，响之应声。"

②土圭测影，影朝影夕：《周礼·地官·大司徒》："以土圭之法测土深，正日景，以求地中。日南则景短，多暑；日北则景长，多寒；日东则景夕，多风；日西则景朝，多阴。"景，同"影"。土圭，古代用以测日影、正四时和测度土地的工具。

③图影失形：《风俗通义·正失》："孟轲云：'尧、舜不胜其美，桀、纣不胜其恶。传言失指，图景失形。'"

④罔两问影：《庄子·齐物论》："罔两问景曰：'曩子行，今子止；曩子坐，今子起。何其无特操与？'景曰：'吾有待而然者邪？……'"成玄英疏："罔两，景外之微阴也。"

⑤景柱：古代测日影的标杆。

⑥晷柱：即晷表。日晷上测量日影的标杆。

⑦《字苑》：《旧唐书·经籍志》："《要用字苑》一卷，葛洪撰。"已佚。

〔译文〕

《尚书》说："惟影响。"《周礼》说："土圭测影，影朝影夕。"《孟子》说："图影失形。"《庄子》说："罔两问影。"像这些地方的"影"字，都应当写成"光景"的"景"。大凡阴影，都是因光而生，所以就称为"景"。《淮南子》称作"景柱"，《广雅》说"晷柱挂景"，都是如此。到晋代葛洪的《字苑》，才开始在"景"旁边加"彡"，读音是"于景反"。而世人就擅自把《尚书》《周礼》《庄子》《孟子》等书中的"景"字都改成了葛洪的"影"字，是大错特错了。

太公《六韬》[①]，有天陈、地陈、人陈、云鸟之陈。《论语》曰："卫灵公问陈于孔子[②]。"《左传》："为鱼丽之陈[③]。"俗本多作"阜"傍"车乘"之"车"[④]。案诸陈队，并作"陈、郑"之"陈"。夫行陈之义，取于陈列耳，此六书为假借也[⑤]，《苍》《雅》及近世字书[⑥]，皆无别字；唯王羲之《小学章》[⑦]，独"阜"傍作"车"，纵复俗行，不宜追改《六韬》《论语》《左传》也[⑧]。

〔注释〕

①太公：即太公望吕尚。《六韬》：兵书名。旧题周吕望撰。分文韬、武韬、龙韬、虎韬、豹韬、犬韬六卷。

②卫灵公问陈于孔子：语见《论语·卫灵公》。陈，通"阵"。

③为鱼丽之陈：语见《左传·桓公五年》。鱼丽之陈，春秋时的一种阵法。杜预注引《司马法》："'车战，二十五乘为偏。'以车居前，以伍次之，承偏之隙，而弥缝阙漏也。五人为伍。此盖鱼丽陈法也。"

④俗本：世间流行的校刻不精的版本。阜：亦作"阝"。

⑤六书：古人分析汉字造字的理论。即象形、会意、形声、转注、假借、指事。

⑥《苍》《雅》：指《仓颉篇》和《尔雅》。

⑦王羲之《小学章》：《隋书·经籍志》："《小学篇》一卷，晋下邳内史王义撰。"不知"王羲之"是否为"王义"之误。另《旧唐书·经籍志》："《小学篇》一卷，王羲之撰。"《新唐书·艺文志》："王羲之《小学篇》一卷。"

⑧追改：后来加以更改。

〔译文〕

姜太公的《六韬》中，有天陈、地陈、人陈、云鸟之陈。《论语》说："卫灵公问陈于孔子。"《左传》说："为鱼丽之陈。"世间流行的校刻不精的版本，大多写作“阜”旁加“车乘”的“车”字。案表示各种陈列队伍的“陈”字，都写作“陈、郑”之“陈”。行陈的意思，取于“陈列”，这是“六书”中的假借法，《仓颉篇》《尔雅》及近世的字书，都没有其他写法；只有王羲之的《小学章》，独独是“阜”旁加“车”，即使这种写法在世间流行，也不应追改《六韬》《论语》《左传》啊。

《诗》云：“黄鸟于飞，集于灌木①。”《传》云：“灌木，丛木也。”此乃《尔雅》之文②，故李巡注曰③：“木丛生曰灌。”《尔雅》末章又云：“木族生为灌④。”族亦丛聚也。所以江南《诗》古本皆为“丛聚”之“丛”，而古“丛”字似“取”字⑤，近世儒生，因改为“取”，解云：“木之取高长者。”案：众家《尔雅》及解《诗》无言此者，唯周续之《毛诗注》⑥，音为“徂会反”；刘昌宗《诗注》⑦，音为“在公反”，又“祖会反”：皆为穿凿，失《尔雅》训也⑧。

〔注释〕

①黄鸟于飞，集于灌木：语见《诗经·周南·葛覃》。

②此乃《尔雅》之文：出自《尔雅·释木》。

③李巡注：《隋书·经籍志》：“《尔雅》三卷，汉中散大夫樊光注。梁有汉刘歆，犍为文学、中黄门李巡《尔雅》各三卷，亡。”李巡，汝南汝阳（今河南汝阳）人。东汉宦官。《后汉书·宦者列传》载其“与诸儒共刻五经文于石”。

④族生：丛生。

⑤取：古同“最”。

⑥周续之《毛诗注》：《清史稿·艺文志》：“宋周续之《毛诗周氏注》一卷。”周续之，字道祖，雁门广武（今山西代县）人，南朝宋学者。《南史·周续之传》载其“通《毛诗》六义及礼论，注《公羊传》，皆传于世”。

⑦刘昌宗《诗注》：刘昌宗，或为晋时人。《隋书·经籍志》载其有"《礼音》三卷""《仪礼音》一卷""《礼记音》五卷"，未见《诗注》。

⑧失《尔雅》训：背离了《尔雅》的解说。训，解说。

〔译文〕

《诗经》说："黄鸟于飞，集于灌木。"《毛传》说："灌木，就是丛生的树木。"这是《尔雅》的说法，所以李巡注《尔雅》说："树木丛生叫作灌。"《尔雅·释木》的最后一句又说："木族生为灌。"族，也是丛聚的意思。所以江南的《诗经》古本都把"族"字写成"丛聚"的"丛"，而古"丛"字(叢)很像"冣"字，于是近代以来的儒生就把"丛"字改为"冣"字，注解说："树木中最高大的。"案：众家《尔雅》及注解《诗经》的，都没有这么讲的，只有周续之的《毛诗注》，给这个字注音为"祖会反"；刘昌宗的《诗注》，注音为"在公反"，还有"祖会反"：这些都是牵强的解释，背离了《尔雅》的解说。

"也"是语已及助句之辞[①]，文籍备有之矣[②]。河北经传，悉略此字[③]。其间字有不可得无者，至如"伯也执殳"[④]，"于旅也语"[⑤]，"回也屡空"[⑥]，"风，风也，教也"[⑦]，及《诗传》云"不戢，戢也；不傩，傩也"[⑧]"不多，多也"[⑨]。如斯之类，傥削此文，颇成废阙[⑩]。《诗》言："青青子衿[⑪]。"《传》曰："青衿，青领也，学子之服。"按：古者，斜领下连于衿，故谓领为衿。孙炎、郭璞注《尔雅》[⑫]，曹大家注《列女传》[⑬]，并云："衿，交领也[⑭]。"邺下《诗》本，既无"也"字[⑮]，群儒因谬说云："青衿、青领，是衣两处之名，皆以青为饰。"用释"青青"二字，其失大矣！又有俗学，闻经传中时须也字，辄以意加之，每不得所，益成可笑。

〔注释〕

①语已:语尾。语,话,语言。已,完毕。助句:语助词。

②文籍:文章典籍。泛指书籍。备:尽,皆;完备,齐备。

③略:简省,省略。

④伯也执殳(shū):语见《诗经·卫风·伯兮》。伯,古代妻子对丈夫的称呼。殳,古代兵器,以竹或木制成,八棱,顶端装有圆筒形金属,无刃。亦有装金属刺球,顶端带矛的。多用作仪仗。

⑤于旅也语:语出《仪礼·乡射礼》:"古者于旅也语。凡旅,不洗。不洗者,不祭。既旅,士不入。"旅,指旅酬。

⑥回也屡空:语出《论语·先进》:"回也其庶乎,屡空。"回,颜回。

⑦风,风也,教也:语见《诗·小序》。第一个"风"字指《诗经》的十五国风;第二个"风"字意为风教,教化。

⑧不戢(jí),戢也;不傩(nuó),傩也:《毛传》对《诗经·小雅·桑扈》"不戢不难,受福不那"的解释。戢,约束。难,通"傩"。

⑨不多,多也:《毛传》对《诗经·大雅·卷阿》"矢诗不多,维以遂歌"的解释。

⑩废阙:指缺漏。

⑪青青子衿:语见《诗经·郑风·子衿》。

⑫孙炎:字叔然,乐安(今山东博兴)人,三国时期经学家,受业于郑玄,时人称为"东州大儒",曾为《尔雅》作注。

⑬曹大家注《列女传》:《隋书·经籍志》:"《列女传》十五卷,刘向撰,曹大家注。"曹大家,即班昭,东汉史学家、文学家。家,通"姑"。古时对女子的尊称。因班昭嫁曹世叔为妻,故称。

⑭交领:古代交叠于胸前的衣领。

⑮既:全,都。

〔译文〕

"也"是语尾及语助词,书籍里都有这个字。河北地区的经传中,都省略了这个字。这之中有的"也"字是不可或缺的,比如"伯也执殳"，"于旅也语"，"回也屡空"，"风，风也，教也"，及《诗传》的"不戢，戢也；不傩，傩也"，"不多，多也"。像这类的，如果删去"也"字，就成了缺漏的句子了。《诗经》说："青青子衿。"《毛传》说："青衿，青领也，学子之服。"按：古时，衣领斜下来连到衿上，所以称领为"衿"。孙炎、郭璞注《尔雅》，曹大家注《列女传》，都说："衿，是交领。"邺下的《诗经》本子，都没有"也"字，群儒因而妄说："青衿、青领，是衣服上两处地方的名称，都用青色来装饰。"这样来解释"青青"二字，大错特错！又有些世俗的读书人，听说经传中常用"也"字，就凭自己的主观想法来加上这个字，常常加得不是地方，就更加可笑了。

《易》有蜀才注[①]，江南学士，遂不知是何人。王俭《四部目录》[②]，不言姓名，题云："王弼后人。"谢炅、夏侯该[③]，并读数千卷书，皆疑是谯周[④]；而《李蜀书》一名《汉之书》[⑤]，云："姓范名长生，自称蜀才[⑥]。"南方以晋家渡江后，北间传记，皆名为伪书，不贵省读[⑦]，故不见也。

〔注释〕

①《易》有蜀才注：《隋书·经籍志》："《周易》十卷，蜀才注。"

②王俭《四部目录》：王俭，字仲宝，琅琊临沂（今山东临沂）人，南齐名臣、文学家、目录学家，撰有《七志》《宋元徽元年四部书目录》等。

③谢炅、夏侯该：二人未见于记载。

④谯周：字允南，巴西西充国（今四川西充）人。三国时期蜀汉学者、官员。

⑤而《李蜀书》一名《汉之书》：《隋书·经籍志》："《汉之书》十卷，常璩撰。"《史通·古今正史》："蜀，初号成，后改称汉。李势散骑常侍常璩撰《汉之书》十卷，后入晋秘阁，改为《蜀李书》。"

⑥姓范名长生，自称蜀才：蜀才，《经籍旧音序录》："《七录》云不详何人，《七志》云是王弼后人。案《蜀李书》云：'姓范名长生，一名贤隐，居青城山，自号蜀才，李雄以为丞相。'"

⑦省读：犹阅读。

〔译文〕

《周易》有蜀才的注本，江南的学士，都不知道蜀才是何人。王俭的《四部目录》中，没注明姓名，只是题为："王弼后人。"谢炅、夏侯该都读过数千卷书，他们都怀疑蜀才是谯周；而《李蜀书》（一名《汉之书》），说："姓范名长生，自称蜀才。"南方在晋室渡江之后，把北方的传记都称为伪书，不重视阅读，所以没见到这条记载。

《礼·王制》云："裸股肱[①]。"郑注云："谓擐衣出其臂胫[②]。"今书皆作"擐甲"之"擐"[③]。国子博士萧该云[④]："'擐'当作'揎'，音'宣'，'擐'是穿着之名，非出臂之义。"案《字林》，萧读是，徐爰音"患"[⑤]，非也。

〔注释〕

①裸：赤身露体。股肱：大腿和胳膊。

②擐（xuān）：捋起衣袖露出手臂。臂胫（jìng）：胳膊和小腿。胫，人的小腿。

③擐（xuān）甲：穿上甲胄，贯甲。擐，通"揎"。捋起。

④萧该：南兰陵（今江苏常州）人，梁鄱阳王萧恢之孙。通《诗》《书》《春秋》《礼记》大义，尤精《汉书》。著有《汉书音义》《文选音义》，为当时所重。开皇初，任国子博士。

⑤徐爰：曾任南朝宋中散大夫，有《礼记音》二卷。

〔译文〕

《礼记·王制》说:"裸股肱。"郑玄注:"谓捋衣出其臂胫。"现在的书都把"捋"字写成"擐甲"的"擐"。国子博士萧该说:"'擐'当写作'揎',读音为'宣','擐'是穿着的名称,不是露出手臂的意思。"案《字林》,萧该的读音正确,徐爰注音为"患",是错误的。

《汉书》:"田肎贺上[①]。"江南本皆作"宵"字。沛国刘显[②],博览经籍,偏精班《汉》,梁代谓之《汉》圣[③]。显子臻[④],不坠家业[⑤]。读班史[⑥],呼为"田肎"。梁元帝尝问之,答曰:"此无义可求,但臣家旧本,以雌黄改'宵'为'肎'[⑦]。"元帝无以难之。吾至江北,见本为"肎"。

〔注释〕

①田肎(kěn)贺上:语见《汉书·高帝纪》。肎,古同"肯"。

②刘显:字嗣芳,谥遐。沛国相(今安徽濉溪)人。南朝梁学者、官员。

③偏精班《汉》,梁代谓之《汉》圣:《北史·文学传》载刘臻"精于《两汉书》,时人称为《汉》圣"。此处言刘显,当为颜之推误。偏精,擅长,特别精通。

④臻:指刘臻,字宣挚,刘显之子,南朝梁至隋代学者、官员。

⑤坠:丧失,败坏。

⑥班史:指班固《汉书》。

⑦雌黄:用矿物雌黄制成的颜料。古人写字用黄纸,有误,则用雌黄涂抹后改写。亦用于绘画。

〔译文〕

《汉书》中有:"田肎贺上。"江南的《汉书》抄本都把"肎"写成

“宵”字。沛国人刘显，博览经籍，特别精通班固的《汉书》，梁代人称他为“《汉》圣”。刘显的儿子刘臻，不废弛家传的学业。他读《汉书》时，读作“田肎”。梁元帝曾问他为何如此，他回答说：“这个没有意义可以寻求，但我家的《汉书》旧本中，用雌黄把‘宵’改为了‘肎’字。”元帝也没法责难他。我到了江北，见到这个字原本就写成“肎”字。

《汉书·王莽赞》云：“紫色蛙声，余分闰位[①]。”盖谓非玄黄之色[②]，不中律吕之音也[③]。近有学士，名问甚高[④]，遂云：“王莽非直鸢髆虎视[⑤]，而复紫色蛙声。”亦为误矣。

〔注释〕

①紫色蛙声，余分闰位：此言王莽篡位称帝，并非正统帝位。紫色，不正之色。蛙声，不正之声。闰位，不正之位。

②玄黄：指天地的颜色。玄为天色，黄为地色，为正色。

③律吕：古代校正乐律的器具。用竹管或金属管制成，共十二管，管径相等，以管的长短来确定音的不同高度。从低音管算起，成奇数的六个管叫作“律”，成偶数的六个管叫作“吕”，合称“律吕”。后亦用以指乐律或音律。

④名问：同“名闻”。名声，名望。

⑤鸢髆：如老鹰般的肩膀和胳臂。髆，同“膊”。虎视：如老虎般极为凶猛的注视。

〔译文〕

《汉书·王莽赞》说：“紫色蛙声，余分闰位。”这是说王莽篡位不是玄黄之色，不符律吕之音。近代有名学士，名望很高，他竟然说：“王莽不只是有着老鹰般的肩膀和胳臂、老虎般极为凶猛的注视，还有紫色的皮肤，声如蛙鸣。”也弄错了。

简策字[①],“竹”下施“朿”,末代隶书[②],似“杞、宋”之“宋”,亦有“竹”下遂为“夹”者,犹如“刺”字之傍应为“朿”[③],今亦作“夹”。徐仙民《春秋》《礼音》[④],遂以“筴”为正字[⑤],以“策”为音,殊为颠倒。《史记》又作“悉”字,误而为“述”,作“妬”字,误而为“姤”,裴、徐、邹皆以“悉”字音“述”[⑥],以“妬”字音“姤”。既尔[⑦],则亦可以“亥”为“豕”字音[⑧],以“帝”为“虎”字音乎[⑨]?

〔注释〕

①简策:亦作“简筴”。即简册。由竹简编连而成。后指史籍、典籍。

②末代:后世,后代。

③傍(páng):汉字的偏旁。

④《春秋》《礼音》:指《春秋左氏传音》和《礼记音》。二书都为徐邈撰。

⑤正字:字形或拼法符合标准的字。区别于异体字、错字、别字等。亦指本字。

⑥裴、徐、邹:指裴骃、徐广与邹诞生。裴骃撰《史记集解》八十卷,徐广撰《史记音义》十二卷,邹诞生撰《史记音》三卷。

⑦既尔:从此。

⑧以“亥”为“豕”字音:《孔子家语·七十二弟子解》载子夏“尝返卫,见读史志者云:‘晋师伐秦,三豕渡河。’子夏曰:‘非也!“己亥”耳。’读史志者问诸晋史,果曰‘己亥’。”

⑨以“帝”为“虎”字音:《毛诗古音考》:“谚云:‘书三写,鱼成鲁,帝成虎。’”

〔译文〕

“简策”的“策”字,是“竹”下面加“朿”。后世的隶书,写得就像“杞、宋”的“宋”字,也有“竹”下面就写成“夹”字的,就像“刺”

字的偏旁应为“朿”，如今也写作“夹”一样。徐仙民的《春秋左氏传音》《礼记音》，就以“筴”为正字，把“策”作为读音，完全弄颠倒了。《史记》又把“悉”字误写成“述”字，把“妬”字误写成“姤”字，裴骃、徐广、邹诞生就都用“悉”字作为“述”的读音，用“妬”字作为“姤”的读音。从此之后，是不是也可以把“亥”作为“豕”字的读音，把“帝”作为“虎”字的读音呢？

张揖云[①]：“虙，今伏羲氏也。”孟康《汉书》古文注亦云[②]：“虙，今伏。”而皇甫谧云：“伏羲或谓之宓羲[③]。”按诸经史纬候[④]，遂无“宓羲”之号。“虙”字从“虍”，“宓”字从“宀”，下俱为“必”，末世传写，遂误以“虙”为“宓”，而《帝王世纪》因误更立名耳。何以验之？孔子弟子虙子贱为单父宰[⑤]，即虙羲之后，俗字亦为“宓”[⑥]，或复加“山”。今兖州永昌郡城，旧单父地也，东门有《子贱碑》，汉世所立，乃曰：“济南伏生[⑦]，即子贱之后。”是“虙”之与“伏”，古来通字[⑧]，误以为“宓”，较可知矣[⑨]。

〔注释〕

①张揖：字稚让，北魏清河（今河北清河）人。魏太中博士。撰《埤苍》《古今字诂》，已佚。今存《广雅》。

②孟康：字公休，安平广宗（今河北广宗）人。三国曹魏时期著名学者、官员。著有《汉书音义》九卷。

③伏羲：古代传说中的三皇之一。风姓。相传其始画八卦，又教民渔猎，取牺牲以供庖厨，因称庖牺。

④纬候：纬书与《尚书中候》的合称，亦为纬书的通称。

⑤孔子弟子虙子贱为单父宰：虙子贱，名不齐，字子贱，春秋末年鲁国人（一说宋国人），孔子的得意门生，孔门七十二贤之一。曾任单父宰。单父，春秋鲁国邑名。今山东单县。宰，古代官吏的通称。

⑥俗字：俗体字。旧时指通俗流行而字形不合规范的汉字，别于正体字而言。

⑦伏生：西汉济南（今山东邹平）人，名胜，或云字子贱。原秦博士，治《尚书》。始皇焚书，伏生以书藏壁中。汉兴后，求其书已散佚，仅得二十九篇，教于齐鲁间。文帝即位，欲召之。然伏生年已九十余，老不能行，乃命晁错往受之。西汉《尚书》学者，皆出其门下。

⑧通：通假。用音同或音近的字来代替本字。

⑨较：明显，显著。

〔译文〕

张揖说："虙，就是现在所说的伏羲氏。"孟康的《汉书》古文注也说："虙，就是今天的'伏'字。"而皇甫谧说："伏羲，有人称作'宓羲'。"考察各种经书、史书、纬书，并没有"宓羲"这个称呼。"虙"字从"虍"，"宓"字从"宀"，两个字的下面都是"必"，后世传抄，就错把"虙"写成了"宓"，而《帝王世纪》就因此而错改了伏羲的名字。用什么来证明这一说法呢？孔子弟子虙子贱曾做过单父宰，他就是虙羲的后人，他的姓俗字也写成了"宓"，或者下面再加上"山"字。现在的兖州永昌郡城，就是单父的旧地，城东门有块《子贱碑》，是汉代立的，上写："济南伏生，即子贱之后。"可见"虙"与"伏"，自古以来就是通假字，把"虙"字误写成"宓"字的原因，就明显可知了。

《太史公记》曰[①]："宁为鸡口，无为牛后[②]。"此是删《战国策》耳[③]。案：延笃《战国策音义》曰[④]："尸，鸡中之王。从（從），牛子[⑤]。"然则，"口"当为"尸"，"后（後）"当为"从"，俗写误也。

〔注释〕

①《太史公记》：指《史记》。

②宁为鸡口，无为牛后：语见《史记·苏秦列传》。牛后，牛的肛门。比喻处于从属地位。

③此是删《战国策》耳：《战国策·韩策一》："苏秦为楚合从说韩王曰：'……臣闻鄙语曰："宁为鸡口，无为牛后。"今大王西面交臂而臣事秦，何以异于"牛后"乎？夫以大王之贤，挟强韩之兵，而有"牛后"之名，臣窃为大王羞之。'"

④延笃：字叔坚，南阳犨县（今河南鲁山）人，东汉官员、学者。《隋书·经籍志》："《战国策论》一卷，汉京兆尹延笃撰。"

⑤牛子：指牛。

〔译文〕

《太史公记》说："宁为鸡口，无为牛后。"这是节取的《战国策》中的文字。案：延笃的《战国策音义》说："尸，鸡中之王。从（從），牛子。"既然这样，那么，"口"当为"尸"，"后（後）"当为"从（從）"，世上流行的写法是错误的。

应劭《风俗通》云[①]："《太史公记》：'高渐离变名易姓，为人庸保，匿作于宋子，久之作苦，闻其家堂上有客击筑，伎痒，不能无出言[②]。'"案：伎痒者，怀其伎而腹痒也。是以潘岳《射雉赋》亦云[③]："徒心烦而伎痒。"今《史记》并作"徘徊"，或作"彷徨不能无出言"，是为俗传写误耳[④]。

〔注释〕

①应劭：字仲瑗，汝南南顿（今河南项城南顿镇）人。东汉学者，灵帝时被举为孝廉。曾任泰山郡太守，后依袁绍，卒于邺。《风俗通》：即《风俗通义》，应劭所著的一部汉代民俗著作。原书三十卷，附录一卷，今仅存十卷。

②"《太史公记》"数句：事见《史记·刺客列传·荆轲传》。高渐离，战国末燕（今河北定兴）人，荆轲的好友，擅长击筑。荆轲刺秦王临行时，高渐

离与太子丹送之于易水河畔，高渐离击筑，荆轲和而高歌"风萧萧兮易水寒，壮士一去兮不复还"。秦灭六国后，高渐离到了宋子这个地方，变易姓名受雇为别人充任杂役。后因伎痒而身份败露。秦王因为高渐离善击筑，请他来王宫击筑，事先命人将高渐离的眼睛弄瞎，以防他刺杀。高渐离往筑里灌铅，趁秦王听曲正入迷时，向秦王的头部猛砸，但失败被杀。庸保，受雇充任杂役的人。匿作，隐瞒姓名而劳作。宋子，县名，秦置，属巨鹿郡，治所在今河北赵县。筑，古代的一种击弦乐器，颈细肩圆，中空，十三弦。伎痒，谓有所擅长，遇机会即欲表现，如痒难忍。伎，指其他各种技艺。

③潘岳：即潘安，字安仁，荥阳中牟（今河南中牟）人。西晋文学家、政治家。

④传写：传抄，转抄。

〔译文〕

应劭《风俗通》说："《太史公记》中写道：'高渐离改了姓名，在宋子县隐姓埋名，在别人家做杂役，时间长了，觉得很辛苦，听见主人家的厅堂上有人击筑，忍不住想要展示自己的才能。'"案：伎痒，是擅长某种技艺，遇机会而欲表现，如痒难忍的意思。因此潘岳《射雉赋》也说："徒心烦而伎痒。"现在的《史记》抄本都写作"徘徊"，或者写作"彷徨不能无出言"，这是人们传抄错了。

太史公论英布曰①："祸之兴自爱姬，生于妒媚，以至灭国②。"又《汉书·外戚传》亦云："成结宠妾妒媚之诛③。"此二"媚"并当作"媢"，"媢"亦妒也，义见《礼记》《三苍》。且《五宗世家》亦云："常山宪王后妒媢④。"王充《论衡》云："妒夫媢妇生，则忿怒斗讼⑤。"益知"媢"是"妒"之别名。原英布之诛为意贲赫耳⑥，不得言"媚"。

〔注释〕

①英布：九江六县（今安徽六安）人，坐罪受秦律被黥，又称黥布。秦末

汉初名将。初属项梁，后为项羽帐下将领之一，封九江王。后叛楚归汉。汉朝建立后，封淮南王，与韩信、彭越并称汉初三大名将。韩、彭被杀后，心生畏惧。又值贲赫告发他谋反，遂于公元前196年起兵反汉。兵败后以谋反罪被杀。

②"祸之兴"数句：语出《史记·黥布列传》："祸之兴自爱姬殖，妒媢生患，竟以灭国！"英布因怀疑爱姬与贲赫私通，要抓捕贲赫，贲赫遂向朝廷告发英布谋反。英布因此被诛。

③成结宠妾妒媢之诛：《汉书·外戚传》载汉成帝赵皇后与其妹赵昭仪专宠十余年，杀后宫所生诸子。二人被问罪，成帝死后赵昭仪自杀，哀帝死后赵皇后自杀。成结，结婚。

④常山宪王后妒媢（mào）：《史记·五宗世家》载常山宪王舜内多幸姬，王后希得幸。等到宪王病重，王后因妒媢不常侍病。王后因此被告发而遭废黜。

⑤妒夫媢妇生，则忿怒斗讼：语出《论衡·论死》："妒夫媢妻，同室而处，淫乱失行，忿怒斗讼。"忿怒，愤怒。斗讼，争讼。

⑥原：推究，考究，研究。意贲（féi）赫：怀疑贲赫。意，怀疑。贲赫，西汉人。初为淮南王英布中大夫，因被英布怀疑与其姬妾私通，害怕被诛，就赴长安上告英布谋反。英布族灭其家，发兵反。高祖十二年封贲赫为期思侯。谥康。

［译文］

太史公评论英布说："祸之兴自爱姬，生于妒媚，以至灭国。"又《汉书·外戚传》也说："成结宠妾妒媚之诛。"这两处的"媚"字都应当作"媢"，"媢"也是嫉妒的意思，这个字的含义见于《礼记》《三苍》。而且《史记·五宗世家》也说："常山宪王后妒媢。"王充《论衡》说："妒夫媢妇生，则忿怒斗讼。"更加可以知道"媢"是"妒"的别名。推究英布被诛杀的原因，是因他怀疑贲赫，不能说成"媚"。

《史记·始皇本纪》:“二十八年,丞相隗林、丞相王绾等[1],议于海上[2]。”诸本皆作“山林”之“林”。开皇二年五月[3],长安民掘得秦时铁称权[4],旁有铜涂镌铭二所[5]。其一所曰:“廿六年,皇帝尽并兼天下诸侯,黔首大安,立号为皇帝,乃诏丞相状(丬犬)、绾,法度量鼎不壹歉疑者,皆明壹之[6]。”凡四十字。其一所曰:“元年,制诏丞相斯、去疾,法度量,尽始皇帝为之,皆□刻辞焉。今袭号而刻辞不称始皇帝,其于久远也,如后嗣为之者[7],不称成功盛德,刻此诏□左,使毋疑[8]。”凡五十八字,一字磨灭,见有五十七字,了了分明[9]。其书兼为古隶[10]。余被敕写读之[11],与内史令李德林对[12],见此称权,今在官库;其“丞相状(丬犬)”字,乃为“丬犬貌”之“丬犬”,“爿”旁作“犬”;则知俗作“隗林”,非也,当为“隗状”耳。

〔注释〕

①王绾(wǎn):秦时丞相。

②海上:东海之滨。

③开皇:隋文帝杨坚的年号,581—600年。

④称权:秤锤。称,同“秤”。权,指秤锤。

⑤铜涂(dù)镌铭二所:两处镀铜的铭记。涂,以金饰物。后作“镀”。镌铭,铭记,铭刻。所,量词。用于地点、位置。

⑥“廿六年”数句:这几句话的意思是,秦始皇二十六年,皇帝兼并了天下诸侯,百姓大安,确立了皇帝称号,诏命丞相隗状、王绾,废弃混乱不统一的度量标准,把它们都明确统一起来。法,通“废”,废弃。度量,用以计量长短和容积的标准。鼎,同“则”,标准权衡器。歉疑,当为“嫌疑”,指疑惑难辨的事理。壹,统一,一致。

⑦后嗣:后代子孙。

⑧“元年”数句:句中前一处□,前人研究当为“有”字。这几句话的意思

是:元年,皇帝命令丞相李斯、冯去疾,统一度、量制度,这些都是始皇帝所为,都有刻辞记载。现在的帝王都沿袭皇帝的名号,而原有的刻辞并没有称始皇帝。对于后世子孙来说,就看不出是哪一代皇帝所为,就像是后代子孙所为。这同始皇帝的功业盛德不相称,因此刻此诏书来做证明,使后人不致产生怀疑。斯,李斯,字通古,汝南上蔡(今河南上蔡)人。秦朝著名政治家、文学家和书法家。去疾,冯去疾,秦时任右丞相。左,通“佐”,佐证,证明。

⑨了了:明白,清楚。

⑩兼:副词。俱,同时。古隶:秦汉隶书。与三国后盛行的今隶(楷书)对称。

⑪余被敕写读(dòu)之:我奉敕抄写、断句这段话。被,蒙受,遭受,领受。敕,古时自上告下之词。汉时凡尊长告诫后辈或下属皆称敕。南北朝以后特指皇帝的诏书。读,语句中的停顿。古代诵读文章,分句和读,短的停顿叫读,稍长的停顿叫句。后亦把“读”写成“逗”。

⑫内史令:官名。隋文帝改中书省为内史省,置内史监、令各一员。李德林:字公辅,博陵安平(今河北安平)人。隋朝开国元勋、史学家。著有文集八十卷和《齐史》。对:校核。

〔译文〕

《史记·秦始皇本纪》记载:“秦始皇二十八年,丞相隗林、丞相王绾等,于东海之滨议事。”“隗林”的“林”字,各种抄本都写作“山林”的“林”。隋文帝开皇二年五月,长安百姓挖到秦时的铁秤锤,旁边有两处镀铜的铭记。其中一处说:“廿六年,皇帝尽并兼天下诸侯,黔首大安,立号为皇帝,乃诏丞相状、绾,法度量鼎不壹歉疑者,皆明壹之。”总计四十个字。另一处说:“元年,制诏丞相斯、去疾,法度量,尽始皇帝为之,皆□刻辞焉。今袭号而刻辞不称始皇帝,其于久远也,如后嗣为之者,不称成功盛德,刻此诏□左,使毋疑。”总计五十八个字,其中一个字已经磨灭,可见的有五十七个字,都清楚可辨。铭文的字体都是古隶。我奉敕抄写、断句这些刻辞,与内史令李德林校核,见到了这个秤锤,现在收藏在官库中；其中“丞相状”的“状”字，就是“状貌”的“状”，“爿”旁加“犬”；因此知道通常所写的“隗林”是错的，应当是“隗状”。

《汉书》云：“中外禔福[①]。”字当从“示”。禔，安也，音“匙匕”之“匙”，义见《苍雅》《方言》[②]。河北学士皆云如此。而江南书本，多误从“手”，属文者对耦[③]，并为“提挈”之意，恐为误也。

〔注释〕

①中外禔(zhī)福：语见《汉书·司马相如传》。禔福，安宁幸福。禔，安宁，安享。

②《方言》：扬雄所著《辅轩使者绝代语释别国方言》，简称《方言》。该书仿《尔雅》体例，汇集古今各地同义词语，分别注明通行范围。是研究古代词汇的重要资料。今本《方言》十三卷。

③属文：撰写文章。对耦：即“对偶”，修辞格之一。用对称的字句加强语言的表达效果。

〔译文〕

《汉书》说：“中外禔福。”“禔”字应当从“示”旁。禔，是安宁的意思，读音为“匙匕”的“匙”，释义见于《三苍》《尔雅》《方言》。河北的学士都认为如此。而江南地区的抄本，大多将“禔”字错写成从“手”旁，写文章的人运用对偶表达时，都把它作为“提挈”的意思，这恐怕错了。

或问：“《汉书注》[①]：‘为元后父名禁[②]，故禁中为省中[③]。’何故以‘省’代‘禁’？”答曰：“案：《周礼·宫正》：‘掌王宫之戒令纠禁[④]。’郑注云：‘纠，犹割也，察也。’李登云[⑤]：‘省，察也。’张揖云：‘省，今省督也。’然则小井、所领二反，并得训‘察’。其处既常有禁卫省察[6]，故以‘省’代‘禁’。督，古‘察’字也。”

〔注释〕

①《汉书注》：颜师古晚年力作。汇集二十三家前人注释，又有自己的考证，是现存最早最为通行的注本。在审定音读、诠释字义方面用功最多。与《史记三家注》《三国志裴注》《资治通鉴胡注》并称为四大注。

②元后父名禁：元后指汉元帝刘奭的皇后王政君，其父阳平侯王禁。

③禁中：帝王所居宫内。省中：宫禁之中。

④纠禁：纠察和禁绝。纠，督察，督责。

⑤李登：三国魏音韵学家。《隋书·经籍志》：“《声类》十卷，魏左校令李登撰。”

⑥省(xǐng)察：审察，仔细考察。

〔译文〕

有人问：“《汉书注》说：‘因为元皇后的父亲名字叫“禁”，所以把“禁中”改称“省中”。’为什么用‘省’来代替‘禁’呢？”我回答说：“案：《周礼·宫正》记载：‘掌王宫之戒令纠禁。’郑玄注说：‘纠，如同割、察的意思。’李登说：‘省，是察的意思。’张揖说：‘省，是现在的省督。’这样的话，那么‘省’字的两个读音‘小井反’和‘所领反’，都应解释为‘察’。禁中那个地方因为常有禁卫军省察，所以用‘省’字代替‘禁’。督，就是古时的‘察’字。”

《汉明帝纪》[1]：“为四姓小侯立学[2]。”按：桓帝加元服，又赐四姓及梁、邓小侯帛[3]，是知皆外戚也。明帝时，外戚有樊氏、郭氏、阴氏、马氏为四姓。谓之小侯者，或以年小获封，故须立学耳。或以侍祠猥朝[4]，侯非列侯[5]，故曰小侯。《礼》云：“庶方小侯[6]。”则其义也。

〔注释〕

①《汉明帝纪》：指《后汉书·明帝纪》。明帝，汉明帝刘庄。

②为四姓小侯立学：《后汉书·明帝纪》："（中元九年）为四姓小侯开立学校，置《五经》师。"立学，兴建学校。小侯，旧时称功臣子孙或外戚子弟之封侯者。以其非列侯，故称。

③"桓帝加元服"二句：《后汉书·桓帝纪》："（建和）二年春正月甲子，皇帝加元服……赐……四姓及梁邓小侯、诸夫人以下帛，各有差。"加元服，指行冠礼。元服，指冠。

④侍祠猥（wěi）朝：指侍祠侯和猥朝侯。猥朝侯又称"猥诸侯"。汉代，王子封为侯者称诸侯，群臣异姓以功封者称彻侯。在长安者，皆奉朝请。其有赐特进者，位在三公下，称朝侯。位次九卿下者，但侍祠而无朝位，称侍祠侯。其非朝侯侍祠，而以下土小国或以肺腑宿亲，若公主子孙，或奉先侯坟墓在京师者，随时见会，称猥诸侯。侍祠，陪从祭祀。猥，亲昵，亲近。

⑤列侯：爵位名。秦制爵分二十级，彻侯位最高。汉承秦制，为避汉武帝刘彻讳，改彻侯为通侯，或称"列侯"。

⑥庶方小侯：语出《礼记·曲礼下》："庶方小侯，入天子之国曰'某人'，于外曰'子'，自称曰'孤'。"

〔译文〕

《后汉书·明帝纪》载："为四姓小侯立学。"按：桓帝行冠礼，又赐给四姓及梁、邓小侯帛，由此可知他们都是外戚。明帝时，外戚有樊氏、郭氏、阴氏、马氏，这是四姓。称为"小侯"的原因，或许是因为他们年龄小而获得封爵，所以需要兴建学校。或许是因为他们只是侍祠侯或猥朝侯，虽然是侯爵但不是列侯，所以叫"小侯"。《礼记》说："庶方小侯。"就是这个意思。

《后汉书》云："鹳雀衔三鳝鱼①。"多假借为"鳣鲔"之"鳣"②；俗之学士，因谓之为鳣鱼。案：魏武《四时食制》[3]："鳣鱼大如五斗奁[4]，长一丈。"郭璞注《尔雅》："鳣长二三丈。"安有鹳雀能胜一者，况三乎？鳣又纯灰色，无文章也[5]。鳝鱼长者不过三尺，大者不过三指，黄地黑文；故都讲云："蛇鳝，卿大夫服之象也[6]。"《续汉书》及《搜神记》亦说此事[7]，皆作"鳝"字。孙卿云[8]："鱼鳖鳟鳣。"及《韩非》《说苑》皆曰："鳣似蛇，蚕似蠋[9]。"并作"鳣"字。假"鳣"为"鳝"，其来久矣。

〔注释〕

①鹳(guàn)雀衔三鳝鱼：语出《后汉书·杨震列传》："后有冠雀衔三鳣鱼，飞集讲堂前。"冠雀，即鹳雀。

②鳣(shàn)：即鲟鳇鱼。《尔雅·释鱼》："鳣。"郭璞注："鳣，大鱼，似鱏而短鼻，口在颔下，体内有邪行甲，无鳞，肉黄。大者长二三丈。今江东呼为黄鱼。"鲔(wěi)：鲟鱼和鳇鱼的古称。

③《四时食制》：魏武帝曹操著。已亡佚，《太平御览》《初学记》等书中保留了内容。

④奁(lián)：泛指盒匣一类的盛物器具。

⑤文章：错杂的色彩或花纹。

⑥"故都讲"三句：语出《后汉书·杨震列传》："后有冠雀衔三鳣鱼，飞集讲堂前，都讲取鱼进曰：'蛇鳣者，卿大夫服之象也。数三者，法三台也。先生自此升矣。'"都讲，古代学舍中协助博士讲经的儒生。选择高材者充之。

⑦《续汉书》：西晋史学家司马彪所著的纪传体断代史，主要记载了东汉一代的历史。全书共八十三卷，分为纪、传、志和颇具史书编撰特色的序传。范晔的《后汉书》问世后，该书逐渐被淘汰，惟有"八志"因为补入范书而被保留下来。《搜神记》：东晋史学家干宝所撰的志怪小说集，现存二十卷。

⑧孙卿：即荀卿，荀况。

⑨鳣似蛇，蚕似蠋(zhú)：语见《韩非子·说林下》。蠋，鳞翅目昆虫的幼虫。色青，形似蚕，大如手指。

〔译文〕

《后汉书》说："鹳雀衔三鳝鱼。""鳝"字经常假借为"鳣鲔"的"鳣"字；世上的学士，因而把鳝鱼称为"鳣鱼"。案：魏武帝《四时食制》说："鳣鱼大得如同五斗的奁，长一丈。"郭璞注《尔雅》说："鳣鱼长二三丈。"哪有鹳雀能衔起一条鳣鱼的，何况三条呢？鳣鱼又是纯灰色，身上没有错杂的色彩或花纹。鳝鱼长的不过三尺，大的粗不过三指，黄色的底子黑色的花纹；所以都讲说："蛇鳝，是卿大夫服饰上的图像。"《续汉书》及《搜神记》也说到此事，都写作"鳝"字。荀卿说："鱼鳖鳅鳣。"另外《韩非子》《说苑》都说："鳣似蛇，蚕似蠋。"都写成"鳣"字。假借"鳣"字为"鳝"，由来很久了。

《后汉书》："酷吏樊晔为天水郡守，凉州为之歌曰：'宁见乳虎穴，不入冀府寺①。'"而江南书本"穴"皆误作"六"，学士因循②，迷而不寤③。夫虎豹穴居，事之较者④；所以班超云⑤："不探虎穴，安得虎子⑥？"宁当论其六七耶？

〔注释〕

①"酷吏"数句：事见《后汉书·酷吏列传》。樊晔，字仲华，南阳新野（今属河南）人。东汉酷吏。天水，天水郡，西汉武帝元鼎三年（前114）年置。凉州，汉代十三刺史部之一，范围包括今甘肃省全境、宁夏回族自治区、青海省东部和内蒙古自治区额济纳旗，治所姑臧（今甘肃武威）。"宁见乳虎穴，不入冀府寺"，此句章怀太子注："乳，产也。猛兽产乳护其子，则搏噬过常，故以喻也。诸本'穴'字或作'六'，误也。"乳虎，育子的猛虎。冀，天水太守治所。府寺，泛指高级官员的府邸或官署。

②因循：沿袭，承袭，继承。

③寤：引申为理解。

④较：明显，显著。

⑤班超：字仲升。扶风平陵(今陕西咸阳)人。东汉著名军事家、外交家。

⑥不探虎穴，安得虎子：语出《后汉书·班超传》：“超曰：‘不入虎穴，不得虎子。当今之计……’”

〔译文〕

《后汉书》：“酷吏樊晔为天水郡太守，凉州人为他编了歌谣说：‘宁见乳虎穴，不入冀府寺。”而江南地区的抄本“穴”都误写作“六”，学士沿袭下来，迷惑而不能理解。虎豹穴居，是很明显的事，所以班超说：“不探虎穴，安得虎子？”怎能去论老虎是六只还是七只呢？

《后汉书·杨由列传》云[①]：“风吹削胏[②]。”此是削札牍之柹耳[③]。古者，书误则削之，故《左传》云“削而投之”是也[④]。或即谓“札”为“削”，王褒《童约》曰：“书削代牍。”苏竟书云[⑤]：“昔以摩研编削之才[⑥]。”皆其证也。《诗》云：“伐木浒浒[⑦]。”《毛传》云：“浒浒，柹貌也。”史家假借为肝胏字，俗本因是悉作“脯腊”之“脯”[⑧]，或为“反哺”之“哺”[⑨]。学士因解云：“削哺，是屏障之名。”既无证据，亦为妄矣！此是风角占候耳[⑩]。《风角书》曰[⑪]：“庶人风者[⑫]，拂地扬尘转削。”若是屏障，何由可转也？

〔注释〕

①杨由：字哀侯，蜀郡成都(今四川成都)人。《后汉书·方术列传》载其“少习《易》，并七政、元气、风云占候”。

②风吹削胏：语出《后汉书·方术列传》：“又有风吹削哺，太守以问由。”

③札牍：札与牍都是古代书写用的小木片。柹(fèi)：削下的木片、木皮。

④削而投之：语见《左传·襄公二十七年》。

⑤苏竟：字伯况，扶风平陵（今陕西咸阳）人。历仕汉平帝、王莽、光武帝朝。《后汉书·苏竟列传》载其“善图纬，能通百家之言”。

⑥昔以摩研编削之才：语出《后汉书·苏竟列传》：“走昔以摩研编削之才，与国师公从事出入，校定秘书，窃自依依，末由自远。”摩研，切磋研究。编削，编次简册。

⑦伐木浒浒：语出《诗经·小雅·伐木》：“伐木浒浒，酾酒有萸。”浒浒，伐木声。今本作“伐木许许”。

⑧脯（fǔ）腊：干肉。

⑨反哺（bǔ）：乌雏长成，衔食喂养其母。后比喻报答亲恩。

⑩风角：古代占卜之法。以五音占四方之风而定吉凶。占候：视天象变化以附会人事，预言吉凶。

⑪《风角书》：书名。《隋书·经籍志》载有“汉京房著《风角书》”“《风角书》十二卷，梁十卷”及多种此类图书，不知颜之推所言为何种。

⑫庶人风：谓卑恶之风。

〔译文〕

《后汉书·杨由列传》说：“风吹削肺。”这里的“肺”就是削札牍时削下的“柿”。古时，写错了字就用刀削去，因此《左传》说“削而投之”，就是这个意思。有人把“札”称为“削”，王褒《童约》说：“书削代牍。”苏竟的信里说：“昔以摩研编削之才。”这些都是“札”被称为“削”的例证。《诗经》说：“伐木浒浒。”《毛传》说：“浒浒，柿貌也。”史学家假借“柿”为“肝肺”的“肺”字，世间流行的抄本据此都写作“脯腊”的“脯”，或是“反哺”的“哺”。学士于是解释说：“削哺，是屏障之名。”这种说法既没有证据，也是虚妄的！“风吹削肺”是讲风角占候的。《风角书》说：“卑恶之风，吹拂地面，扬起尘土，吹木屑。”如果“削肺”是屏障，怎么能被吹转呢？

《三辅决录》云："前队大夫范仲公，盐豉蒜果共一筩①。""果"当作"魏颗"之"颗"②。北土通呼物一凷③，改为一颗，"蒜颗"是俗间常语耳。故陈思王《鹞雀赋》曰④："头如果蒜，目似擘椒⑤。"又《道经》云⑥："合口诵经声璅璅，眼中泪出珠子碟⑦。"其字虽异，其音与义颇同。江南但呼为"蒜符"，不知谓为"颗"。学士相承，读为"裹结"之"裹"，言盐与蒜共一苞裹⑧，内筩中耳⑨。《正史削繁音义》又音"蒜颗"为"苦戈反"⑩，皆失也。

〔注释〕

①前队大夫范仲公，盐豉蒜果共一筩：《太平御览》卷八五五、九七七引《三辅决录》："平陵范氏，南陵旧语曰：'前队大夫范仲公，盐豉蒜果共一筩。'言其廉俭也。"盐豉，即豆豉。前队大夫，《后汉书·光武帝纪》章怀太子注："王莽置六队，郡置大夫一人，职如太守。南阳为前队，河内为后队，颍川为左队，弘农为右队，河东为兆队，荥阳为祈队。队音遂。"

②魏颗：春秋时晋人。事见《左传·宣公十五年》。

③北土：泛指北部地区。凷：通"块"。

④陈思王：曹植，字子建，沛国谯（今安徽亳州）人。生前曾为陈王，去世后谥号"思"，故称陈思王。

⑤擘（bò）：分开，剖裂。

⑥《道经》：指《老子化胡经》。

⑦合口诵经声璅璅，眼中泪出珠子碟：语见《老子化胡经》载《老子十六变》词。璅璅，形容声音细碎。璅，古同"琐"。碟，古同"颗"。颗粒。

⑧苞裹：同"包裹"。

⑨内：同"纳"。使进入，放入。

⑩《正史削繁音义》：《隋书·经籍志》："《正史削繁》九十四卷，阮孝绪撰。"新、旧《唐书》均著录为《正史削繁》。疑即为该书。译文据改。

〔译文〕

《三辅决录》说："前队大夫范仲公，盐豉蒜果共一筒。"这里的"果"当作"魏颗"的"颗"字。北方地区通常把一块物体称为"一颗"，"蒜颗"是民间常用语。所以陈思王的《鹞雀赋》说："头如果蒜，目似擘椒。"还有，《老子化胡经》说："合口诵经声璅璅，眼中泪出珠子碟。""颗""碟"虽然写法不同，但音与义颇为相同。江南地区只是称为"蒜符"，不知道称为"蒜颗"。学士们递相沿袭，把"果"读为"裹结"的"裹"，说把盐和蒜包在一起，放入竹筒中。《正史削繁》又把"蒜颗"的"颗"注音为"苦戈反"，都错了。

有人访吾曰①："《魏志》蒋济上书云'弊攰之民'②，是何字也？"余应之曰："意为'攰'即是'攱倦'之'攱'耳③。张揖、吕忱并云：'"支"傍作"刀剑"之"刀"，亦是"剞"字④。'不知蒋氏自造'支'傍作'筋力'之'力'，或借'剞'字，终当音'九伪反'。"

〔注释〕

①访：咨询。

②《魏志》蒋济上书云"弊攰(guì)之民"：蒋济，字子通，楚国平阿(今安徽怀远)人。仕魏，《三国志·魏书·蒋济传》载其上书明帝，疏中有此句。攰，困疲。

③意：意料，猜测。

④剞(jī)：刻镂的刀具。

〔译文〕

有人询问我说："《魏志》里蒋济上书说'弊攰之民'，'攰'是什么字呢?”我回答说:“我想‘𠠎’就是‘觑倦’的‘觑’字。张揖、吕忱都说:‘“支”傍加“刀剑”的“刀”,也就是“剞”字。’不知道这个字是蒋济以‘支’傍加‘筋力’的‘力’自造而成,还是假借了‘剞’字?不管是哪种情况,这个字终究应当读作‘九伪反’。”

《晋中兴书》[①]:“太山羊曼[②],常颓纵任侠[③],饮酒诞节[④],兖州号为䓿伯[⑤]。”此字皆无音训[⑥]。梁孝元帝常谓吾曰:“由来不识。唯张简宪见教[⑦],呼为‘嚃羹’之‘嚃’[⑧]。自尔便遵承之[⑨],亦不知所出。”简宪是湘州刺史张缵谥也[⑩],江南号为硕学[⑪]。案:法盛世代殊近[⑫],当是耆老相传[⑬];俗间又有“䓿䓿”语[⑭],盖无所不施,无所不容之意也。顾野王《玉篇》误为“黑”傍“沓”[⑮]。顾虽博物[⑯],犹出简宪、孝元之下[⑰],而二人皆云“重”边。吾所见数本,并无作“黑”者。“重沓”是多饶积厚之意,从“黑”更无义旨[⑱]。

〔**注释**〕

①《晋中兴书》:七十八卷,一作八十卷。南朝宋何法盛撰。一说郗绍撰。刘知幾称其为东晋史书中最佳者。

②太山:即泰山。羊曼:字祖延,泰山南城(今山东新泰)人。东晋大臣,中兴名士。

③颓纵:颓放。任侠:凭借权威、勇力或财力等手段扶助弱小,帮助他人。

④诞节:放纵不拘。

⑤䓿(tà)伯:放纵豁达的人。晋人特指羊曼。䓿,放纵豁达。

⑥音训:训诂学术语。与“形训”相对,取声音相同或相近的字来解释字义。又称“声训”。

⑦见教:指教我。

⑧嚃(tà)羹:谓饮羹不加咀嚼而连菜吞下。嚃,大口吞食。

⑨遵承:犹遵照,遵从。

⑩湘州:南朝梁置,治大活关城,即今湖北红安县西北界之老君山至天台山之河南新县一侧。北魏领安蛮、梁宁、永安三郡。北齐天保七年(556)废。张缵:字伯绪,范阳方城(今河北固安)人。南朝梁大臣、藏书家。

⑪硕学:博学的人。

⑫法盛:何法盛,宋孝武帝时为奉朝请,校书东宫。世代:年代。

⑬耆老:老年人。

⑭黤黤:堆积,物上加物。

⑮顾野王:原名顾体伦,字希冯,吴郡吴县(今江苏苏州)人。南朝梁、陈间官员、文字训诂学家、史学家。《玉篇》:字书。又名《原本玉篇》。体例仿《说文解字》,按汉字形体分部编排。顾野王撰。现仅存若干残卷。

⑯博物:通晓众物,指博学多识。

⑰出:在,处于。

⑱更:副词。反而,却。义旨:意义与宗旨。

〔译文〕

《晋中兴书》载:"泰山人羊曼,日常颓唐放纵,行侠仗义,饮酒不羁,兖州人称他为'黤伯'。""黤"这个字学者都没有注音解释过。梁孝元帝曾对我说:"我从来不认识这个字。只有张简宪曾指教我,读为'嚃羹'的'嚃'。从此我就遵照这个读音,也不知道它的依据是什么。""简宪"是湘州刺史张缵的谥号,江南人都称他为博学之人。案:何法盛所处的时代距今很近,"黤"字的读音应当是老年人口耳相传下来的;民间又有"黤黤"这个词,是什么都放、什么都容纳的意思。顾野王的《玉篇》把这个字误写为"黑"傍加"沓"。顾野王虽然博学多识,但还是在张简宪、梁孝元之下,而他们二人都说这个字为"重"字边。我所见到的《晋中兴书》的几个本子,并没有作"黑"字边的。"重沓"是富足深厚的意思,从"黑"反而没有意义了。

《古乐府》歌词[①],先述三子,次及三妇,妇是对舅姑之称[②]。其末章云:“丈人且安坐,调弦未遽央[③]。”古者,子妇供事舅姑[④],旦夕在侧,与儿女无异,故有此言。丈人亦长老之目[⑤],今世俗犹呼其祖考为先亡丈人[⑥]。又疑“丈”当作“大”,北间风俗,妇呼舅为大人公。“丈”之与“大”,易为误耳。近代文士,颇作《三妇诗》[⑦],乃为匹嫡并耦己之群妻之意[⑧],又加郑、卫之辞[⑨],大雅君子[⑩],何其谬乎?

〔注释〕

①《古乐府》:上古至陈、隋时期的乐府诗汇编。分为八类:古歌谣、鼓吹曲、横吹曲、相和曲、清商曲、舞曲、琴曲、杂曲。

②舅姑:称夫之父母。俗称公婆。舅,夫之父,公公。姑,夫之母,婆婆。

③丈人且安坐,调弦未遽央:《古乐府·相逢行》的末两句。遽央,终尽,完毕。遽,尽,完。央,尽。

④供事:侍奉,服侍。

⑤长老之目:长老之称。长老,老年人。目,称。

⑥祖考:指已故的祖父。

⑦颇:就,便,于是。《三妇诗》:唐权德舆作。全诗为:“大妇刺绣文,中妇缝罗裙。小妇无所作,娇歌遏行云。丈人且安坐,金炉香正薰。”

⑧匹嫡:谓缔结婚姻。并耦:谓成双。

⑨郑、卫之辞:古称郑、卫之俗轻靡淫逸,因以借指浮华淫靡的文辞。

⑩大雅君子:指有才德的人。大雅,称德高而有大才的人。

〔译文〕

《古乐府》歌词中,先叙述三个儿子,然后是三个儿媳妇,“妇”是相对公婆而言的称呼。歌词的最后一段说:“丈人且安坐,调弦未遽央。”古时，儿媳侍奉公婆，早晚都陪在他们身边，同儿女没有什么不同，所以歌词中这么说。“丈人”也是对老年人的称呼，现在还习惯称呼自己已故的祖父为“先亡丈人”。我又怀疑“丈”字当作“大”，北方的风俗，儿媳称呼公公为“大人公”。“丈”字与“大”字，很容易弄错。近代的文人，作了不少《三妇诗》，但都是表达缔结婚姻、与自己的妻妾成双成对的意思，还在诗中用了一些浮华淫靡之辞。这些大雅君子，是何等谬误啊！

《古乐府》歌百里奚词曰①：“百里奚，五羊皮。忆别时，烹伏雌，吹扊扅；今日富贵忘我为②！”“吹”当作“炊煮”之“炊”。案：蔡邕《月令章句》曰：“键，关牡也③，所以止扉④，或谓之剡移⑤。”然则当时贫困，并以门牡木作薪炊耳⑥。《声类》作“扊”，又或作“扂”⑦。

〔注释〕

①百里奚：姜姓，百里氏，名奚，字子明，先是春秋时虞国（今山西平陆北）大夫，后为秦穆公时贤臣，辅佐秦穆公内修国政，外图霸业，使秦国成为春秋五霸之一，为秦国最终统一中国奠定了牢固基础。

②“百里奚”数句：此为百里奚妻作《扊扅》。百里奚家境贫困，出游列国求仕之前其妻为给他饯行宰杀了家里唯一的一只母鸡，并劈了门闩炖母鸡。他在蹇叔的举荐下到虞国当了大夫。晋献公借道伐虢灭了虞国，俘获了百里奚，把他作为秦穆公夫人出嫁时陪嫁的奴隶送到秦国。百里奚逃离秦国跑到楚国宛地，被楚人所执。秦穆公知道百里奚贤能，用五张黑羊皮将其赎回，拜为大夫，因此称“五羖（gǔ，黑色的公羊）大夫”。伏雌，指母鸡。吹，通“炊”。扊扅（yǎnyí），门闩。

③关牡：门闩。关、牡，都为门闩。

④止扉：掩门。止，使停止。扉，门扇。

⑤剡（yǎn）移：门栓。

⑥门牡:锁门的键,门闩。

⑦扂(diàn):门闩。

〔译文〕

《古乐府》歌咏百里奚的词说:“百里奚,五羊皮。忆别时,烹伏雌,吹扊扅;今日富贵忘我为!”这里的“吹”字当作“炊煮”的“炊”字。案:蔡邕《月令章句》说:“键,就是门闩,是用来掩门的,有人叫它‘剡移’。”这样看来,百里奚当时生活贫困,甚至把门闩当作做饭的柴火了。《声类》作“扊”,又或者写作“扂”。

《通俗文》,世间题云“河南服虔字子慎造”。虔既是汉人,其叙乃引苏林、张揖①;苏、张皆是魏人。且郑玄以前,全不解反语②,《通俗》反音③,甚会近俗④。阮孝绪又云“李虔所造”⑤。河北此书,家藏一本,遂无作“李虔”者。《晋中经簿》及《七志》⑥,并无其目,竟不得知谁制。然而其文义允惬⑦,实是高才⑧。殷仲堪《常用字训》⑨,亦引服虔《俗说》,今复无此书,未知即是《通俗文》,为当有异⑩?近代或更有服虔乎?不能明也。

〔注释〕

①叙:序,序言。乃:却。苏林:字孝友,陈留(今河南开封)人。汉献帝建安中为五官将文学,魏黄初中为博士给事中。博学,多通古今字义。

②反语:即反切。

③反音:即反切。

④会:符合,相合。近俗:浅近通俗。

⑤阮孝绪:字士宗,陈留尉氏(今河南尉氏)人。南朝梁目录学家。著《七录》十二卷。体例仿《七略》《七志》而自定新法,分为内外两篇。该目早佚,但《七录·序》载于道宣所著《广弘明集》中,赖以保存至今,成为研究中

国目录学的一篇重要的文献。卒后，门徒谥为文贞处士。

⑥《晋中经簿》：西晋荀勖著，亦称《中经新簿》。全书正文十四卷，另附佛经两卷，共著录图书 1885 部、20935 卷。只记书名、卷数与撰人，是一部以四部分类为主的图书目录，创立了四部分类法。《七志》：南朝齐王俭撰。三十卷，是继刘歆《七略》之后的一部图书目录分类专著。其书分图书为经典、诸子、文翰、军书、阴阳、术艺、图谱七类。另附道、佛各一类。今佚。

⑦允惬：妥帖，适当。

⑧高才：亦作“高材”。才智过人。

⑨殷仲堪：陈郡(今河南西华)人，东晋末年重要将领、大臣。官至荆州刺史，曾两度响应王恭讨伐朝臣的起事，在王恭死后与桓玄及杨佺期结盟对抗朝廷，逼令朝廷屈服。后来却被桓玄袭击，逼令自杀。《常用字训》：《隋书·经籍志》载：“梁有《常用字训》一卷，殷仲堪撰，亡。”

⑩为(wéi)：连词，表选择。犹言还是，或者。

〔译文〕

《通俗文》一书，世间的抄本都题为“河南服虔字子慎造”。服虔是汉朝人，他的序言却引用了苏林、张揖的话；而苏、张都是三国时魏国人。况且在郑玄以前，人们完全不懂反切，而《通俗文》的反切注音，很是浅近通俗。阮孝绪又说此书是“李虔所造”。该书在河北地区，每家藏有一本，竟然没有题为李虔作的。《晋中经簿》及《七志》中，都没有这本书的名称，所以最终也不知道是谁所著。然而这本书的文义妥帖，作者确实才智过人。殷仲堪的《常用字训》，也引用了服虔的《俗说》，现在也没有这本书了，不知道这本书就是《通俗文》，还是另有其他的书？或者另外还有叫服虔的人？我搞不清楚了。

或问：“《山海经》①，夏禹及益所记②，而有长沙、零陵、桂阳、诸暨③，如此郡县不少，以为何也？”答曰：“史之阙文④，为日久矣；加复秦人灭学⑤，董卓焚书⑥，典籍错乱，非止于此。譬犹《本草》神农所述[7]，而有豫章、朱崖、赵国、常山、奉高、真定、临淄、冯翊等郡县名[8]，出诸药物；《尔雅》周公所作，而云'张仲孝友'[9]；仲尼修《春秋》，而《经》书孔丘卒[10]；《世本》左丘明所书[11]，而有燕王喜、汉高祖[12]；《汲冢琐语》[13]，乃载《秦望碑》[14]；《苍颉篇》李斯所造，而云'汉兼天下，海内并厕[15]，豨黥韩覆[16]，畔讨灭残[17]'；《列仙传》刘向所造[18]，而《赞》云七十四人出佛经[19]；《列女传》亦向所造[20]，其子歆又作《颂》[21]，终于赵悼后[22]，而传有更始韩夫人、明德马后及梁夫人嫕[23]：皆由后人所羼[24]，非本文也[25]。"

〔注释〕

①《山海经》：我国早期志怪古籍，也是一部有价值的地理著作。作者不详，一般认为成书并非一时，作者亦非一人。《山海经》传世版本共计十八卷，包括《山经》五卷，《海经》十三卷，各卷著作年代无从定论，其中十四卷为战国时作品，四卷为西汉初年作品。内容主要是民间传说中的地理知识，包括山川、地理、民族、物产、药物、祭祀、巫医等。保存了包括夸父逐日、精卫填海、大禹治水等相关内容在内的不少远古神话传说和寓言故事。对中国古代历史、地理、文化、中外交通、民俗、神话等的研究，均有重要的文献价值。其中的矿物记录，更是世界上最早的有关文献。现存最早版本为晋郭璞《山海经传》。

②夏禹：古代部落联盟的领袖。姒姓，名文命，鲧之子。又称夏禹、大禹、戎禹。原为夏后氏部落领袖，奉舜命治理洪水，领导人民疏通江河，兴修沟渠，发展农业。据传治水十三年中，三过家门而不入。后被选为舜的继承人，舜死后即位，建立夏朝。后世视为圣王。其事迹详见《书》之《舜典》《大禹谟》《皋陶谟》《益稷》《禹贡》等篇。益：即伯益。相传为尧、舜时大臣，曾佐禹治水。

③长沙、零陵、桂阳、诸暨：《汉书·地理志》载，长沙国，秦郡；零陵郡，武

帝元鼎六年置;桂阳郡,高帝置;会稽郡,秦置,有诸暨县。

④阙文:犹佚文。

⑤秦人灭学:《史记·秦始皇本纪》载李斯“请史官非秦记皆烧之,非博士官所职,天下敢有藏《诗》《书》、百家语者,悉诣守、尉杂烧之。有敢偶语《诗》《书》者弃市,以古非今者族。吏见知不举者与同罪。令下三十日不烧,黥为城旦。”

⑥董卓焚书:《后汉书·董卓列传》载董卓迁天子西都长安,“悉烧宫庙官府居家,二百里内无复孑遗”。

⑦《本草》:《神农本草经》的省称,古代著名药书。因所记各药以草类为多,故称《本草》。原书已佚,有清孙星衍辑本。神农:传说中的太古帝王名。始教民为耒耜,务农业,故称神农氏。又传他曾尝百草,发现药材,教人治病。也称炎帝,谓以火德王。

⑧豫章、朱崖、赵国、常山、奉高、真定、临淄、冯翊:《汉书·地理志》载,豫章郡,高帝置;合浦郡,武帝元鼎六年开,县五,有朱崖;赵国,故秦邯郸郡,高帝四年为赵国;常山郡,高帝置;泰山郡,高帝置,县二十四,有奉高;真定国,武帝元鼎四年置;齐郡,县十二,有临淄,师尚父所封;左冯翊,故秦内史,武帝太初元年更改。

⑨张仲孝友:语见《诗经·小雅·六月》。张仲,西周宣王时人。孝友,事父母孝顺,对兄弟友爱。

⑩《经》书孔丘卒:《左传·哀公十六年》:“夏,四月己丑,孔丘卒。”

⑪《世本》:又称作世、世系、世纪、世牒、牒记、谱牒等,是古代谱牒。“世”是指世系;“本”则表示起源。据说是由先秦时期(亦有说汉代)史官修撰的,记载从黄帝到春秋时期的帝王、诸侯、卿大夫的世系和氏姓,也记载帝王的都邑、制作、谥法等。已佚。左丘明:春秋末期鲁国都君庄(今山东肥城)人。著名史学家、思想家。曾任鲁国史官,为解析《春秋》而作《左传》(又称《左氏春秋》);又作《国语》。两书记录了不少西周、春秋的重要史事,保存了具有很高价值的原始资料。

⑫燕王喜:姬姓,名喜,燕孝王之子,战国时期燕国最后一任君主。燕王喜二十八年(前227),秦国攻燕,兵临易水(在今河北易县)。燕太子丹派荆轲、秦舞阳等人以献督亢地图和秦将樊於期首级之名,图刺秦王政,事败。

燕王喜二十九年(前226),秦王派王翦率军伐燕,同年十月破燕都蓟城,燕王徙辽东,杀太子丹献秦以求和。燕王喜三十三年(前222),王贲破辽东活捉燕王喜,燕国灭亡。汉高祖:刘邦,字季,沛郡丰邑(今江苏徐州丰县)人。汉朝开国皇帝,谥号高皇帝,庙号太祖。

⑬《汲冢琐语》:晋太康二年(281),汲郡人不準盗发魏襄王墓(或言安釐王冢),得数十车竹书,内有《琐语》十一篇,为诸国卜梦妖怪相书。参见《晋书·束皙传》。琐语,犹琐言。记述逸闻、琐事的文章体裁,常作书名。

⑭《秦望碑》:《史记·秦始皇本纪》载秦始皇三十七年,"上会稽,祭大禹,望于南海,而立石刻颂秦德",即此《秦王碑》,通称"会稽刻石"。秦望,山名,在今浙江杭州西南。相传秦始皇东巡时曾登上此山以望南海,故名。

⑮并厕:统一之意。

⑯豨黥韩覆:豨、黥、韩分别指陈豨、黥布、韩信。汉初的三名将领,后皆反叛被杀。

⑰畔讨灭残:畔,通"叛"。背叛,叛变。讨,惩治有罪,征讨。残,摧毁,消灭。

⑱《列仙传》:我国第一部系统叙述神仙的传记,具体成书时间与作者争议颇多,现多认为是西汉史学家刘向所著。主要记述了上古及三代、秦、汉之间的七十多位神仙的重要事迹及成仙过程。列仙,诸仙。

⑲《赞》云七十四人出佛经:《列仙传·赞》中说"七十四人已在佛经中"。因佛教东汉末年才传入中国,因此西汉的刘向不可能有此语。在,处于。

⑳《列女传》:一部介绍西汉以前知名女性事迹的传记性史书,全书共七卷,一百余篇。作者是西汉的经学家、目录学家、文学家刘向,但也有人认为该书不是刘向所著。

㉑歆:刘歆,字子骏,后改名秀,字颖叔。刘向之子。经学家、目录学家、天文历法学家。颂:文体的一种,以颂扬为宗旨的诗文。

㉒赵悼后:战国时期赵国国君赵悼襄王的王后,赵幽缪王的生母。本为邯郸(今河北邯郸)娼妓,赵悼襄王不听李牧劝谏,娶之入宫。生子迁,于是废太子嘉而立迁,迁母立为后。悼襄王死,迁即位,受秦赂,杀良将李牧,秦遂灭赵。大夫怨而杀悼后,并灭其家。

㉓更始韩夫人：更始帝刘玄的宠姬，嗜酒。明德马后：汉明帝刘庄的皇后，谥号明德。梁夫人嫕（yì）：梁竦之女，樊调之妻，汉和帝刘肇之姨。窦后陷害梁氏，嫕上书辩冤。

㉔羼（chàn）：掺杂。

㉕本文：原文。

〔译文〕

有人问："《山海经》，是夏禹及伯益所记，其中却有不少长沙、零陵、桂阳、诸暨等后世所立的郡县名，为什么呢？"回答说："史书的文章有缺失，由来已久；再加上秦始皇消灭学术，董卓焚毁书籍，导致典籍中出现的错乱，不止这些。譬如《本草》是神农所著，里面却有豫章、朱崖、赵国、常山、奉高、真定、临淄、冯翊等后世的郡县名，出产各种药物；《尔雅》是周公所作，里面却说'张仲孝友'；孔子修《春秋》，而《春秋》却记载了孔子去世的事；《世本》是春秋时期左丘明所著，书里却记有战国末期的燕王喜和汉高祖；战国时期的《汲冢琐语》，却记载了秦时的《秦望碑》；《苍颉篇》是秦朝人李斯所作，却说'汉朝兼并天下，海内统一，陈豨、黥布、韩信覆亡，叛变者被征讨消灭'；《列仙传》是西汉人刘向所作，它的《赞》中却说'七十四人出佛经'；《列女传》也是刘向所作，刘向的儿子刘歆又作了《颂》，截止于战国时期的赵悼后，而传中却有更始帝的韩夫人、光武帝的明德马皇后及汉和帝之姨梁夫人嫕。这些都是后人胡乱掺杂进去的，不是原文。"

或问曰："《东宫旧事》何以呼'鸱尾'为'祠尾'①？"答曰："张敞者②，吴人，不甚稽古③，随宜记注④，逐乡俗讹谬⑤，造作书字耳⑥。吴人呼'祠祀'为'鸱祀'，故以"祠"代"鸱"字；呼'绀'为'禁'，故以'纟'傍作'禁'代'绀'字；呼'盏'为'竹简反'，故以'木'傍作'展'代'盏'字；

呼'镬'字为'霍'字,故以'金'傍作'霍'代'镬'字;又'金'傍作'患'为'镮'字,'木'傍作'鬼'为'魁'字,'火'傍作'庶'为'炙'字,'既'下作'毛'为'髻'字;金花则'金'傍作'华',窗扇则'木'傍作'扇':诸如此类,专辄不少⑦。"

〔注释〕

①《东宫旧事》:张敞著。记录晋太子礼仪风俗之类。十卷。已佚。鸱尾:古代宫殿屋脊正脊两端的一种饰物。初作鸱尾之形,一说为蚩(一种海兽)尾之形,象征辟除火灾。后来式样改变,折而向上似张口吞脊,因名鸱吻。

②张敞:东晋吴郡吴(今江苏苏州)人,官至侍中尚书、吴国内史。

③稽古:考察古事。

④随宜:便宜行事。谓根据情况怎么办好便怎么办。记注:记述,注释。

⑤逐乡俗:顺随时俗。

⑥造作:制造,制作。书字:文字。

⑦专辄:专断,专擅。

〔译文〕

有人问:"《东宫旧事》为什么称'鸱尾'为'祠尾'?"我回答说:"张敞是吴人,不注意考察古事,他随意地来记述,沿袭了时俗的错误,制造出这类文字。吴人称'祠祀'为'鸱祀',所以他就用"祠"代替"鸱"字;称'绀'为'禁',所以他就用'纟'傍加'禁'代替'绀'字;读'盏'为'竹简反',所以他就用'木'傍加'展'代替'盏'字;读'镬'字为'霍',所以他就用'金'傍加'霍'代替'镬'字;还有用'金'傍加'患'代替'镮'字,用'木'傍加'鬼'代替'魁'字,用'火'傍加'庶'代替'炙'字,用'既'下加'毛'代替'髻'字;金花就用'金'傍加'华'来表示,窗扇就用'木'傍加

‘扇’来表示。诸如此类的字，他擅自造出了不少。”

又问：“《东宫旧事》‘六色罽缳’[①]，是何等物[②]？当作何音？”答曰：“案：《说文》云：‘莙[③]，牛藻也，读若“威”。’《音隐》[④]：‘坞瑰反。’即陆机所谓‘聚藻，叶如蓬’者也。又郭璞注《三苍》亦云：‘蕴，藻之类也，细叶蓬茸生[⑤]。’然今水中有此物，一节长数寸，细茸如丝，圆绕可爱，长者二三十节，犹呼为莙。又寸断五色丝[⑥]，横着线股间绳之[⑦]，以象莙草，用以饰物，即名为莙；于时当绀六色罽[⑧]，作此莙以饰绲带[⑨]，张敞因造‘纟’旁‘畏’耳，宜作‘隈’。”

〔注释〕

①罽(jì)：毛织物。

②何等：什么样的。表示疑问。

③莙(jūn)：水藻的一种。可食。

④《音隐》：《隋书·经籍志》：“《说文音隐》四卷。”已佚。

⑤蓬茸：草木茂盛貌。

⑥寸断：斩成许多小段。

⑦绳：捆缚。

⑧于时当绀(gàn)六色罽：绀，天青色，深青透红之色。这里用此字，疑误。《太平御览》所引“绀”作“绁(xiè)”，拴、缚之意。

⑨绲(gǔn)带：以色丝织成的束带。绲，编织的带子。

〔译文〕

又问：“《东宫旧事》里的‘六色罽缳’是什么东西？应当读什么音呢？”我回答说：“案：《说文》说：‘莙，就是牛藻，读音如“威”。’《说文音隐》注音：‘坞瑰反。’就是陆机所说的‘聚藻，叶如蓬'的那种植物。另外郭璞注《三苍》也说:'蕴,是藻类,细叶蓬蓬茸茸地生长着。'现在水里长有这种植物,一节有几寸长,细细的茸毛像丝似的,随着水流回还缭绕,非常可爱,长的有二三十节,人们仍称它为'若'。又把五色丝斩成许多小段,横在线股间捆住它,做成若草的样子,用来装饰物体,这种东西就称为'若'。当时应当是用六色罽捆扎,做成这种若用来装饰绲带,张敞于是就制造了'纟'旁加'畏'这个字,应该读作'隈'。"

柏人城东北有一孤山①,古书无载者。唯阚骃《十三州志》以为舜纳于大麓②,即谓此山,其上今犹有尧祠焉;世俗或呼为宣务山,或呼为虚无山,莫知所出。赵郡士族有李穆叔、季节兄弟,李普济③,亦为学问,并不能定乡邑此山。余尝为赵州佐④,共太原王邵读柏人城西门内碑。碑是汉桓帝时柏人县民为县令徐整所立,铭曰:"山有巏嵍⑤,王乔所仙⑥。"方知此巏嵍山也。"巏"字遂无所出。"嵍"字依诸字书,即"旄丘"之"旄"也;"旄"字,《字林》一音"亡付反",今依附俗名,当音"权务"耳。入邺,为魏收说之,收大嘉叹。值其为《赵州庄严寺碑铭》,因云:"权务之精。"即用此也。

〔注释〕

①柏人:古地名。在今河北隆尧。春秋晋地,战国属赵,汉置县。

②阚(kàn)骃:字玄阴,敦煌(今属甘肃)人,南北朝时期北魏著名地理学家、经学家。《十三州志》:又名《十三州记》。阚骃撰,原书十卷。已佚。该书是一部全国性的地理总志,以在汉代版图内所设的十三州为纲,系统介绍了各地的郡县沿革、河道发源及流向、社会风俗等。纳于大麓:语见《尚书·尧典》。纳,入,使入。麓,指山林。

③李穆叔、季节兄弟，李普济：李公绪，字穆叔，北齐赵郡柏人（今河北隆尧）人，撰有《典言》《礼质疑》《丧服章句》《古今略记》《玄子》《赵语》，并行于世。李概，字季节，李公绪之弟，撰《战国春秋》及《音谱》，并行于世。李普济，赵郡平棘（今河北赵县）人，北齐济北太守、北海太守。

④州佐：州郡的副职。

⑤巏嵍（quánwù）：即尧山。

⑥王乔：古代神话人物、道教崇奉的神仙。即王子乔，周灵王的太子、王氏始祖，本名姬晋，字子乔。在邢台为柏人（今隆尧柏人城）县令数年，后弃官在宣务山修炼道术，得道后骑白鹤升天。

〔译文〕

柏人城东北有一座孤山，古书中没有关于它的记载。只有阚骃的《十三州志》以为舜进入山林之中，说的就是这座山，山上现在还有祭祀尧的祠庙；世人有的叫它宣务山，有的叫它虚无山，没人知道这些称呼的根据是什么。赵郡士族中有李穆叔、李季节兄弟和李普济，也都是有学识之人，但他们都不能确定家乡这座山的名称。我曾经在赵州做州佐，同太原人王邵一起读柏人城西门内的石碑。碑是汉桓帝时柏人县的百姓为县令徐整立的，碑文写道："山有巏嵍，王乔所仙。"我才知道这座山叫巏嵍山。"巏"字完全不知道出自何处。"嵍"字依照各字书，就是"旄丘"的"旄"。"旄"字，《字林》注的一种读音是"亡付反"，现在依照通俗的名称，应当读"权务"。我到邺城后，向魏收说起此事，魏收大为赞叹。正值他在撰《赵州庄严寺碑铭》，于是写了"权务之精"这几个字，就是用的我说的这个典故。

或问："一夜何故五更？'更'何所训[①]？"答曰："汉、魏以来，谓为甲夜、乙夜、丙夜、丁夜、戊夜，又云鼓，一鼓、二鼓、三鼓、四鼓、五鼓，亦云一更、二更、三更、四更、五更，皆以五为节。《西都赋》亦云[②]：'卫以严更之署[③]。'所以尔者，假令正月建寅[④]，斗柄夕则指寅[⑤]，晓则指午矣；自寅至午，凡历五辰[⑥]。冬夏之月，虽复长短参差[⑦]，然辰间辽阔，盈不过六，缩不至四[⑧]，进退常在五者之间。更，历也，经也，故曰五更尔。"

〔**注释**〕

①训：解说。

②《西都赋》：汉代史学家、文学家班固创作的一篇大赋。此赋通过对长安（今陕西西安）地理位置、宫室台榭、田猎游览场面的描写，表现了都城的壮丽宏大，宫殿的奇伟华美，为后人呈现了汉朝首都的繁荣景象，委婉地表达了对长安旧制极端豪华、奢侈的讽刺。

③严更：警夜行的更鼓。

④建寅：古代以北斗星斗柄的运转计算月份，斗柄指向十二辰中的寅即为夏历正月。

⑤斗柄：北斗柄。指北斗的第五至第七星，即玉衡、开阳、摇光。北斗，第一至第四星象斗，第五至第七星象柄。

⑥辰：十二地支的通称。《周礼·秋官·硩蔟氏》："十有二辰之号。"郑玄注："辰谓从子至亥。"

⑦虽复：犹纵令。

⑧盈不过六，缩不至四：盈缩，伸屈，进退。盈，长，增加。缩，退。

〔**译文**〕

有人问："一夜为什么有五更？'更'是怎么来的？"我回答说："汉、魏以来，一夜分为甲夜、乙夜、丙夜、丁夜、戊夜，又叫一鼓、二鼓、三鼓、四鼓、五鼓，也说一更、二更、三更、四更、五更，都是分为五节。《西都赋》也说：'卫以严更之署。'之所以这样分，是因为假令北斗星的斗柄指向寅位时为正月，那么斗柄在傍晚时指向寅位，天亮时就指向午位了；从寅到午，总共经历了五辰。冬天和夏天，即使长短不一，然而因为各辰之间辽阔，所以进不会超过第六辰，退不会超过第四辰，进退常在五辰之间。更，是'历''经'的意思，所以说一夜分五更。"

《尔雅》云："术①，山蓟也②。"郭璞注云："今术似蓟而生山中。"案：术叶其体似蓟，近世文士，遂读"蓟"为"筋肉"之"筋"，以耦地骨用之③，恐失其义。

〔注释〕

①术(zhú)：草名。多年生草本。有白术、苍术等数种。根茎可入药。

②蓟：多年生草本植物。有大蓟、小蓟两种。大蓟茎高四五尺，小蓟茎高仅尺余。全草可供药用，嫩叶和茎皆可食，亦可做饲料。

③耦地骨：与"地骨"对偶。耦，匹敌，相对。地骨，枸杞的别名。

〔译文〕

《尔雅》说："术，就是山蓟。"郭璞注："现在的术，长得像蓟而生在山中。"案：术的叶子形状像蓟，于是近世的文士就把"蓟"读为"筋肉"的"筋"，用来同"地骨"对偶，恐怕背离了它的本义。

或问："俗名傀儡子为郭秃①，有故实乎②？"答曰："《风俗通》云：'诸郭皆讳秃。'当是前代人有姓郭而病秃者，滑稽戏调③，故后人为其象④，呼为郭秃，犹《文康》象庾亮耳⑤。"

〔注释〕

①傀儡子：即傀儡戏。

②故实：出处，典故。

③滑稽：谓能言善辩，言辞流利。后指言语、动作或事态令人发笑。戏调：诙谐，开玩笑。

④象：状貌，图象。

⑤《文康》：乐名。又名《礼毕》。因扮演晋庾亮，庾亮谥文康，故名。《隋书·音乐志》："《礼毕》者，本出自晋太尉庾亮家。亮卒，其伎追思亮，因假为其面，执翳以舞，象其容，取其谥以号之，谓之为《文康乐》。"象：效法，仿效。庾亮：字元规，颍川鄢陵（今河南鄢陵北）人，东晋时期外戚、名士，善书法，有文集二十一卷，今已佚。

〔译文〕

有人问："俗称傀儡戏为'郭秃'，有什么典故吗？"我回答说："《风俗通》说：'姓郭的都忌讳"秃"字。'应当是前代人有姓郭而得了秃病的，诙谐好笑，所以后人把木偶做成他们的样子，称为'郭秃'，就像《文康乐》模仿庾亮一样。"

或问曰："何故名治狱参军为长流乎[①]？"答曰："《帝王世纪》云：'帝少昊崩[②]，其神降于长流之山[③]，于祀主秋。'案：《周礼·秋官》，司寇主刑罚、长流之职[④]，汉、魏捕贼掾耳[⑤]。晋、宋以来，始为参军，上属司寇，故取秋帝所居为嘉名焉[⑥]。"

〔注释〕

①治狱：审理案件。参军：官名。东汉末始有"参某某军事"的名义，谓参谋军事，简称"参军"。晋以后军府和王国始置为官员。沿至隋唐，兼为郡官。明、清称经略为参军。长流：指治狱参军，也称长流参军，司禁防。《宋书·百官志上》："其后又有直兵、长流、刑狱、城局、水曹、右户、墨曹七曹。"

②少昊：又作"少皞""少皓""少颢"，姬姓，名玄嚣、挚，黄帝之子。上古

部落首领，三皇五帝之一，又称白帝。史称青阳氏、金天氏、穷桑、云阳氏或朱宣。

③神：指人死后的魂灵。

④司寇：官名。夏、殷已有之。周为六卿之一，曰秋官大司寇。掌管刑狱、纠察等事。春秋列国亦多置之。

⑤捕贼掾：当作“贼捕掾”。掾，官府中佐助官吏的通称。

⑥秋帝：指传说中的古帝少昊。嘉名：好名字，好名称。

〔译文〕

有人问：“为什么称治狱参军为‘长流’呢？”我回答说：“《帝王世纪》说：‘少昊帝死后，他的魂灵降在长流山上，掌管秋天的祭祀。’案：《周礼·秋官》说，司寇掌管刑罚、禁防的职责，就是汉、魏的贼捕掾。晋、宋以来，才开始设立参军一职，其上隶属于司寇。所以取秋帝少昊所居的长流山作为它的美名了。”

客有难主人曰①：“今之经典，子皆谓非，《说文》所言，子皆云是，然则许慎胜孔子乎？”主人拊掌大笑②，应之曰：“今之经典，皆孔子手迹耶？”客曰：“今之《说文》，皆许慎手迹乎？”答曰：“许慎检以六文③，贯以部分④，使不得误，误则觉之。孔子存其义而不论其文也。先儒尚得改文从意⑤，何况书写流传耶？必如《左传》‘止戈为武’⑥，‘反正为乏’⑦，‘皿虫为蛊’⑧，‘亥有二首六身’之类⑨，后人自不得辄改也，安敢以《说文》校其是非哉？且余亦不专以《说文》为是也，其有援引经传，与今乖者，未之敢从。又相如《封禅书》曰⑩：‘导一茎六穗于庖，牺双觡共抵之兽⑪。’此‘导’训‘择’⑫，光武诏云‘非徒有豫养导择之劳’是也⑬。而《说文》云：‘䆃是禾名。’引《封禅书》为证；无妨自当有禾名‘𥝧’[14]，非相如所用也。‘禾一茎六穗于庖’，岂成文乎？纵使相如天才鄙拙[15]，强为此语；则下句当云‘麟双觡共抵之兽’，不得云‘牺’也。吾尝笑许纯儒[16]，不达文章之体[17]，如此之流，不足凭信。大抵服其为书[18]，隐括有条例[19]，剖析穷根源，郑玄注书，往往引以为证；若不信其说，则冥冥不知一点一画有何意焉[20]。”

〔注释〕

①难(nàn)：责难，诘问。

②拊(fǔ)掌：拍手，鼓掌。表示欢乐或激愤。

③检以六文：以六书察验。检，察验。六文，指六书。

④贯以部分：以部首贯通。贯，通，贯通。部分，按部首分类，分别部居。

⑤得：知晓，明白。

⑥止戈为武：语出《左传·宣公十二年》："夫文，止戈为武。"

⑦反正为乏：语出《左传·宣公十五年》："天反时为灾，地反物为妖，民反德为乱，乱则妖灾生。故文，反正为乏。"

⑧皿虫为蛊：语出《左传·昭公元年》："赵孟曰：'何谓蛊？'对曰：'淫溺惑乱之所生也。于文，皿虫为蛊。'"

⑨亥有二首六身：语出《左传·襄公三十年》："史赵曰：'亥有二首六身。'"洪亮吉《诂》："《说文》：'亥，荄也，十月微阳起接盛阴。从二。二，古文上字，一人男、一人女也。从乚，象裹子咳咳之形。'"

⑩相如：指司马相如。《封禅书》：西汉文学家司马相如的遗作。这篇文章在司马相如死后被交给汉武帝，并对汉武帝日后的多次封禅活动产生了重要影响。该文叙述了古代传说中七十二位国君封禅泰山；而汉王朝文治武功，显赫一时，四境归顺，祥瑞屡现，汉武帝的雄才大略可与历代君王媲美。作者借此文劝汉武帝进行封禅，并在文章的末尾对天子加以讽谏。

⑪导一茎六穗于庖，牺双觡(gé)共抵之兽：导一茎六穗于庖，指择嘉禾之米于庖厨以供祭祀。导，择。一茎六穗，为嘉禾的特征。牺双觡共抵之

兽，指以长着同根分枝角的奇兽作为祭品。牺，充当牺牲。觡，角。抵，同“柢”。本。犹根，本根。武帝获白麟，两角共一本，因以为牲。

⑫训：解说。

⑬光武诏云‘非徒有豫养导择之劳’：《后汉书·光武帝纪》：“（建武十三年春正月）戊子，诏曰：‘往年已敕郡国，异味不得有所献御，今犹未止，非徒有豫养导择之劳，至乃烦扰道上，疲费过所。其令太官勿复受。’”豫，预先，事先。

⑭自：假如。

⑮天才：天然的资质。鄙拙：浅俗拙劣。

⑯纯儒：纯粹的儒者。

⑰达：通晓，明白。

⑱大抵：大要，要旨。

⑲隐括：引申为标准、规范。条例：著作的义例、体例。

⑳冥冥：懵懂无知貌。

〔译文〕

有客人责难我说：“现在的经典，您都说有错误；《说文》所说的，您都说是正确的。既然这样，那么就是许慎超过孔子吗？”我拍手大笑，回答说：“现在的经典，都是孔子亲手写的吗？”客人说：“现在的《说文》，都是许慎亲手写的吗？”主人回答说：“许慎以六书来察验字义，以部首贯通全书，使文字不会出错，错了就会发现。孔子则保存文字大意而不研究文字本身。先世的儒者尚且改动文字来服从文意，何况又经过了抄写流传呢？如果一定是像《左传》中的‘止戈为武’‘反正为乏’‘皿虫为蛊’‘亥有二首六身’之类说明了字体结构的情况，后人自然不能随意改动，我怎么敢以《说文》去考订它的对错呢？而且我也不认为《说文》完全正确，《说文》里有援引经传原文，与现在通行的文字不同的，我也不敢盲从。比如司马相如的《封禅书》说：‘导（導）一茎六穗于庖，牺双觡共抵之兽。’这里的‘导’应解释为‘择’，光武帝诏书里说的‘非徒有豫养导择之劳’的‘导’也是这个意思。而《说文》说：‘“禀”是禾的名字。’并且引《封禅书》作为证明。不妨假设有名叫‘禀’的禾，但它不是司马相如《封禅书》所用的那个‘导(導)’。‘禾一茎六穗于庖’，能成为文句吗？即使司马相如天生浅俗拙劣，勉强写出了这句话；那么下句应当说‘麟双觡共抵之兽’，而不能说‘牺双觡共抵之兽’啊。我曾笑话许慎是个纯粹的儒生，不明白文章的内容，像这样的一些引证，就不值得相信。总的来说我还是信服他写的这部《说文解字》，这部书对文字的编排规范有明确的体例，通过剖析字形来探究字的本义，郑玄注解经书时，往往引用它作为证据。如果不相信许慎的学说，就会懵懵懂懂不知道文字的一点一画有什么意义了。”

世间小学者[①]，不通古今，必依小篆，是正书记[②]；凡《尔雅》《三苍》《说文》，岂能悉得苍颉本指哉[③]？亦是随代损益，互有同异[④]。西晋已往字书[⑤]，何可全非？但令体例成就，不为专辄耳[⑥]。考校是非[⑦]，特须消息[⑧]。至如“仲尼居”，三字之中，两字非体，《三苍》“尼”旁益“丘”[⑨]，《说文》“尸”下施“几”[⑩]：如此之类，何由可从？古无二字[⑪]，又多假借，以“中”为“仲”，以“说”为“悦”，以“召”为“邵”，以“閒”为“闲(閑)”：如此之徒，亦不劳改。自有讹谬，过成鄙俗，“乱(亂)”旁为“舌”，“揖”下无“耳”，“鼋”“鼍”从“龟”，“奋(奮)”“夺(奪)”从“雚”，“席”中加“带”，“恶”上安“西”，“鼓”外设“皮”，“凿(鑿)”头生“毁”，“离(離)”则配“禹”，“壑”乃施“豁”，“巫”混“经”旁，“皋”分“泽(澤)”片，“猎(獵)”化为“獦”，“宠(寵)”变成“寵”，“业(業)”左益“片”，“灵

(靈)"底着"器","率"字自有"律"音,强改为别;"单"字自有"善"音,辄析成异:如此之类,不可不治[12]。吾昔初看《说文》,蚩薄世字[13],从正则惧人不识,随俗则意嫌其非,略是不得下笔也。所见渐广,更知通变,救前之执,将欲半焉。若文章著述,犹择微相影响者行之[14],官曹文书[15],世间尺牍[16],幸不违俗也。

〔注释〕

①小学:汉代称文字学为小学。因儿童入小学先学文字,故名。隋唐以后为文字学、训诂学、音韵学之总称。

②是正:订正,校正。指将歪斜不正或有偏差、谬误的事物改正过来。书记:书写,记载。

③本指:亦作"本旨"。原意。

④互:古同"互"。

⑤已往:以后。

⑥专辄:专断,专擅。

⑦考校:校核,研究。

⑧消息:斟酌。

⑨"尼"旁益"丘":即"屔"字。

⑩"尸"下施"几":即"尻"字。

⑪二字:即一个字两种写法。

⑫治:整治,整理。

⑬蚩薄:讥嘲鄙薄。蚩,通"嗤"。

⑭影响:近似。

⑮官曹:官吏办事机关,官吏办事处所。

⑯尺牍:信札,书信。

〔译文〕

世上那些研究文字学的人,不通晓古今字体的变化,一定要依照小篆的字形来校正书籍；只是《尔雅》《三苍》《说文》等书，哪能完全弄明白苍颉所造之字的原意呢？这些文字也是随着时代的发展而笔画有所增减，互有同异。西晋以前的字书，怎能都加以否定呢？只要它们体例完备，不是擅自随意发挥的就可以了。校对核查文字的对错，尤其需要斟酌。像“仲尼居”，三个字之中，两个不是正体字，《三苍》中“尼”旁加“丘”，《说文》中“尸”下加“几”：像这类的字，怎能盲目依从呢？古时候一个字没有两种写法，有很多假借的现象，例如以“中”假借为“仲”，以“说”假借为“悦”，以“召”假借为“邵”，以“閒”假借为“闲（閑）”：像这样的一些字，也不必劳烦去改动。本来就有的一些讹谬，时间长了就成了俗字，如把“乱（亂）”的偏旁写为“舌”字，“揖”字下面没有“耳”字，“鼋”“鼍”从“龟”旁，“奋（奮）”“夺（奪）”从“雚”的俗体，把“席”字中间写成“带”字，“恶”字上面写成“西”字，“鼓”字右面写成“皮”，“凿（鑿）”字上部写成“毁”字，“离（離）”字左边写成“禹”字，“壑”字上面写成“豁”，把“巫”和“经（經）”字的偏旁弄混，把“皋”字分“泽（澤）”字的右半边写成“睾”，“猎（獵）”写成“獦”，“宠（寵）”写成“寵”，“业（業）”左边加“片”，“灵（靈）”字下部写成“器”，“率”字本来有“律”的音，却强改为别的字；“单”字本来有“善”的音，却把它分成两个字：像这样的情况，不可不加以整治。我过去初读《说文》的时候，很鄙薄世上的这些俗字，依从正体写则担心别人不认识，依从俗体写心里又感觉不对，这样就没法下笔了。随着见识的逐渐增多，才知道加以变通，纠正了以前的坚持，打算将二者折中。若是写文章著述，还是择取与《说文》近似的字来使用，若是写官府文书以及来往书信，则希望不违背世俗的用字习惯。

案：弥亙字从二间舟[①]，《诗》云“亙之秬秠”是也[②]。

今之隶书，转“舟”为“日”；而何法盛《中兴书》乃以舟在二间为舟航字，谬也。《春秋说》以人十四心为“德”，《诗说》以二在天下为“酉”③，《汉书》以货泉为“白水真人”④，《新论》以金昆为“银”⑤，《国志》以天上有口为“吴”⑥，《晋书》以黄头小人为“恭”⑦，《宋书》以召刀为“邵”⑧，《参同契》以人负告为“造”⑨：如此之例，盖数术谬语⑩，假借依附，杂以戏笑耳⑪。如犹转“贡”字为“项”，以“叱”为“七”⑫，安可用此定文字音读乎？潘、陆诸子《离合诗》《赋》《栻卜》《破字经》⑬，及鲍昭《谜字》⑭，皆取会流俗⑮，不足以形声论之也⑯。

〔注释〕

①亙(gèn)：同“亘”。

②亙之秬秠(jùpī)：语见《诗经·大雅·生民》。秬是黑黍的大名，秠是黑黍中一稃二米者。

③《春秋说》《诗说》：均为古代纬书。已佚。

④《汉书》以货泉为“白水真人”：《后汉书·光武帝纪》：“及王莽篡位，忌恶刘氏，以钱文有金刀，故改为货泉。或以货泉字文为‘白水真人’。”

⑤《新论》以金昆为“银”：《抱朴子·内篇·金丹》《校补》引桓谭《新论》：“铅(鈆)则金之公，而银者金之昆弟也。”《新论》，又称《桓子新论》，东汉桓谭著，共二十九篇，早亡佚。

⑥《国志》以天上有口为“吴”：《三国志·吴书·薛综传》：“综应声曰：‘无口为天，有口为吴，君临万邦，天子之都。’于是众坐喜笑，而奉无以对。”《国志》，指晋陈寿所撰《三国志》。

⑦《晋书》以黄头小人为“恭”：《晋书·五行志中》：“王恭在京口，百姓间忽云：‘黄头小人欲作贼，阿公在城，下指缚得。’又云：‘黄头小人欲作乱，赖得金刀作蕃扞。’黄字上恭字头也。小人恭字下也，寻如谣言者焉。”《晋书》，“二十四史”之一，唐房玄龄等人合著。记载了上起三国时期司马懿早

年，下至东晋恭帝元熙二年（420）刘裕废晋帝自立、以宋代晋的历史。同时还以“载记”形式，记述了十六国政权的状况。原有叙例、目录各一卷，帝纪十卷，志二十卷，列传七十卷，载记三十卷，共一百三十二卷。后来叙例、目录失传，今存一百三十卷。

⑧《宋书》以召刀为“邵”：《南史·刘劭传》：“初命之曰劭，在文为召刀，后恶焉，改刀为力。”《宋书》，“二十四史”之一，南朝梁沈约撰。是一部记述南朝刘宋一代历史的纪传体史书。含本纪十卷、志三十卷、列传六十卷，共一百卷。

⑨《参同契》以人负告为“造”：钱大昕《恒言录》引魏伯阳《参同契》：“吉人乘负，安稳长生。”其字谜为“人负吉”，本文作“人负告”，为“吉”“告”二字混同之故。《参同契》，即《周易参同契》，道教早期经典，东汉魏伯阳著。全书托易象而论炼丹，参同“大易”“黄老”“炉火”三家之理而会归于一，以乾坤为鼎器，以阴阳为堤防，以水火为化机，以五行为辅助，以玄精为丹基等等，从而阐明炼丹的原理和方法，为道教最早的系统论述炼丹的经籍。

⑩数术：即术数。古代关于天文、历法、占卜的学问。谬语：隐语。

⑪戏笑：取笑，讥笑。

⑫以“叱”为“七”：《齐民要术·枣》引《东方朔传》曰：“武帝时，上林献枣。上以杖击未央殿槛，呼朔曰：‘叱叱，先生来！来！先生知此箧里何物？’朔曰：‘上林献枣四十九枚。’上曰：‘何以知之？’朔曰：‘呼朔者，上也；以杖击槛，两木，林也；朔来来者，枣也；叱叱者，四十九也。’上大笑。”

⑬潘、陆诸子《离合诗》《赋》《栻卜》《破字经》：潘指潘岳，陆指陆机。《离合诗》，杂体诗名。常见之一种是拆开字形合成诗句。实际是文字游戏。《栻卜》，占卜书。栻，古代占卜时用的器具，后称为星盘。《破字经》，拆字书。破字，即拆字，以汉字加减笔画，拆开偏旁或打乱字体结构，加以附会，以推算吉凶。

⑭鲍昭：即鲍照，唐人或避武后讳而作“鲍昭”。字明远，祖籍东海（今山东郯城），南朝宋文学家，与北周庾信并称“鲍庾”，与颜延之、谢灵运并称“元嘉三大家”。《谜字》：见《艺文类聚》。

⑮取会：迎合。

⑯不足：不可，不能。

〔译文〕

案:“弥亙”的“亙”字,从“二”,中间加“舟”字,《诗经》所说的“亙之秬秠”的“亙”就是这个字。现在的隶书,改“舟”为“日”字;而何法盛《中兴书》却认为“舟”字夹在“二”中间是“舟航”的“航”字,这是错误的。《春秋说》以“人十四心”为“德”字,《诗说》以“二在天下”为“酉”字,《汉书》把“货泉”称为“白水真人”,《新论》以“金昆”暗指“银”字,《三国志》以“天上有口”暗指“吴”字,《晋书》以“黄头小人”暗指“恭”字,《宋书》以“召刀”暗指“邵”字,《参同契》以“人负告”暗指“造”字:像这些例子,大都是术数暗语,假托一些字形来附会自己的意思,又夹杂着讥笑而已。就像将“贡”字转化为“项”字,把“叱”字当成“七”字,怎能用这种方式确定文字的读音呢?潘岳、陆机等人的《离合诗》《赋》《栻卜》《破字经》,以及鲍照的《谜字》,都是为了迎合流行的风气,不值得用形声的造字法来研究它们。

河间邢芳语吾云:“《贾谊传》云:‘日中必熭①。’注:‘熭,暴也。’曾见人解云:‘此是‘暴疾’之意②,正言日中不须臾③,卒然便昃耳④。’此释为当乎?”吾谓邢曰:“此语本出太公《六韬》,案字书,古者‘曓晒’字与‘暴疾’字相似⑤,唯下少异,后人专辄加傍‘日’耳⑥。言日中时,必须曓晒,不尔者,失其时也。晋灼已有详释⑦。”芳笑服而退。

〔注释〕

①日中必熭(wèi):语出《汉书·贾谊传》:“黄帝曰:‘日中必熭,操刀必割。’”日中,正午。熭,晒干,烤干。

②暴疾:迅猛。

③正言：确定地说，确切地说。须臾：片刻，短时间。
④卒（cù）然：突然，忽然。昃（zè）：指日西斜。
⑤暴（pù）："暴"的本字。暴（bào）："暴"的异体字。
⑥专辄：专断，专擅。
⑦晋灼：西晋尚书郎，河南人。有《汉书集注》十四卷（一说十三卷）。

〔译文〕

河间人邢芳对我说："《汉书·贾谊传》说：'日中必熭。'注释说：'熭，是"暴"的意思。'我曾见到有人解释说：'这个"暴"是"暴疾"的意思，是说正午没一会儿，突然就日西斜了。'这种解释恰当吗？"我对邢芳说："这句话原本出自姜太公的《六韬》，查考字书，古时'暴晒'的'暴'字与'暴疾'的'暴'字很相似，只有下部有少许的差异，是后人擅自加上了'日'旁。这句话是说正午时，必须抓紧暴晒物品，不然就错过时机了。对此晋灼已有详细的解释。"邢芳信服地笑着告退了。

卷　七

音辞第十八

〔题解〕

本篇为作者在声韵学方面的专篇，彰显了他的学问与功力。颜之推指出了因为地域的原因，各地的语音有所不同；因为时代的变迁，不同时期的语音也不同："古今言语，时俗不同；著述之人，楚、夏各异。"他对自己治学或生活实践中碰到的一些音韵方面的问题进行了分析探讨，提出了自己的见解，具有很高的学术价值。作者重视声韵，对于书籍中没有考证过的言论、行为和物品，不敢擅自称谓它们；他告诫子孙，对子女的发音从幼时就要加以督正，显示了其作为学者的严谨。

夫九州之人，言语不同，生民已来[①]，固常然矣[②]。自《春秋》标齐言之传[③]，《离骚》目楚词之经[④]，此盖其较明之初也[⑤]。后有扬雄著《方言》[⑥]，其言大备[⑦]。然皆考名物之同异[⑧]，不显声读之是非也。逮郑玄注《六经》[⑨]，高诱解《吕览》《淮南》[⑩]，许慎造《说文》[⑪]，刘熹制《释名》[⑫]，始有譬况假借以证音字耳[⑬]。而古语与今殊别[⑭]，其间轻重清浊，犹未可晓；加以"内言外言""急言徐言"

"读若"之类[15],益使人疑。孙叔言创《尔雅音义》[16],是汉末人独知反语[17]。至于魏世,此事大行[18]。高贵乡公不解反语[19],以为怪异。自兹厥后[20],音韵锋出[21],各有土风[22],递相非笑[23],指马之谕[24],未知孰是。共以帝王都邑[25],参校方俗[26],考覈古今[27],为之折衷[28]。搉而量之[29],独金陵与洛下耳[30]。南方水土和柔[31],其音清举而切诣[32],失在浮浅,其辞多鄙俗。北方山川深厚,其音沉浊而鈋钝[33],得其质直[34],其辞多古语。然冠冕君子[35],南方为优[36];闾里小人[37],北方为愈[38]。易服而与之谈,南方士庶[39],数言可辩;隔垣而听其语,北方朝野[40],终日难分。而南染吴、越,北杂夷虏,皆有深弊,不可具论[41]。其谬失轻微者,则南人以"钱"为"涎",以"石"为"射",以"贱"为"羡",以"是"为"舐";北人以"庶"为"戍",以"如"为"儒",以"紫"为"姊",以"洽"为"狎"。如此之例,两失甚多。至邺已来,唯见崔子约、崔瞻叔侄[42],李祖仁、李蔚兄弟[43],颇事言词,少为切正[44]。李季节著《音韵决疑》[45],时有错失;阳休之造《切韵》[46],殊为疏野[47]。吾家儿女,虽在孩稚[48],便渐督正之[49];一言讹替[50],以为己罪矣。云为品物[51],未考书记者[52],不敢辄名,汝曹所知也。

〔注释〕

①生民:人类。

②常然:一向如此。

③《春秋》标齐言之传:指《春秋公羊传》中有齐国方言。《春秋公羊传·隐公五年》:"公曷为远而观鱼?登来之也。"何休注:"登,读言得来。得来之者,齐人语也。齐人名求得为得来。作登来者,其言大而急,由口授也。"标,

标明，显出。

④《离骚》目楚词之经：指《离骚》多楚人之语。目，称。

⑤较明：明显，明白。

⑥扬雄著《方言》：即扬雄所著《辅轩使者绝代语释别国方言》，简称《方言》。该书仿《尔雅》体例，汇集古今各地同义词语，分别注明通行范围。是研究古代词汇的重要资料。今本《方言》十三卷。

⑦大备：指一切具备，完备。

⑧名物：事物的名称、特征等。

⑨郑玄注《六经》：《后汉书·郑玄传》："凡玄所注《周易》《尚书》《毛诗》《仪礼》《礼记》《论语》《孝经》《尚书大传》《中候》《乾象历》……凡百余万言。"

⑩高诱解《吕览》《淮南》：《隋书·经籍志》载《吕氏春秋》二十六卷，《淮南子》二十一卷，并"高诱注"。高诱，涿郡涿县(今河北涿州)人，东汉末年学者。《吕览》，《吕氏春秋》的别称。秦相吕不韦使其门客各著所闻，集论而成。以书中有《有始》《孝行》《慎大》《先识》《审分》《审应》《离俗》及《恃君》八览，故称。《淮南》，指《淮南子》。

⑪造：著述，编写。

⑫刘熹：生卒年不详。或称刘熙，字成国，北海(今山东昌乐)人，官至南安太守。东汉经学家、训诂学家。生当汉末桓、灵之世，献帝建安中曾避地交州。制：著述，创作。《释名》：东汉末年刘熹作，是一部以声训方法探求事物名源之作。八卷。

⑬譬况：用近似的事物来比照说明。音字：用以注音的同音或音近的汉字。

⑭殊别：差异，不同。

⑮内言外言：古代注家譬况字音用语。所谓内外指韵之洪细而言，内言发洪音，外言发细音。急言：汉代注家譬况字音用语。有 i[i]介音的细音字，因发音时口腔的气道先窄而后宽，肌肉先紧而后松，其音急促，故名。徐言：犹缓言，缓气言之。读若：古代注音、释义用语。

⑯孙叔言：当为"孙叔然"。孙炎，字叔然，乐安(今山东博兴)人。三国时期经学家。受业于郑玄，时人称为"东州大儒"。曾著《周易·春秋例》，为《毛诗》《礼记》《春秋三传》《国语》《尔雅》和《尚书》作过注，所著《尔雅音

义》影响较大。创:撰写,创作。

⑰独:通“孰”“熟”。深透。反语:即反切。我国给汉字注音的一种传统方法。用两个汉字来注另一个汉字的读音。两个字中,前者称反切上字,后者称反切下字。被切字的声母和清浊跟反切上字相同,被切字的韵母和字调跟反切下字相同。如:东,德红切。取德的声母 d,红的韵母 ong,便构成东音(dong)。

⑱大行:广为推行,普遍流行。

⑲高贵乡公:指曹髦,字彦士,沛国谯县(今安徽亳州)人。三国时期曹魏第四位皇帝(254—260 年在位),魏文帝曹丕之孙,东海定王曹霖之子。聪明好学,才慧早成。正始五年(244),封为高贵乡公。嘉平五年(254),大将军司马师废除齐王曹芳后,拥立为帝,年号正元。因不满司马氏专权秉政,甘露五年(260),亲自讨伐司马昭,为太子舍人成济所弑,年仅二十岁。以王礼葬于洛阳西北。擅长诗文,精通绘画。不解:不懂,不理解。

⑳自兹厥后:从此以后。自兹,从此。兹,代词。此,这。厥,助词,之。

㉑音韵:汉字字音中声母、韵母、声调三要素的总称。锋出:纷纷出现。锋,通“蜂”。

㉒土风:土音,指方言。

㉓递相:互相。非笑:讥笑。

㉔指马之谕:战国时名家公孙龙提出“物莫非指,而指非指”“白马非马”等命题,讨论名与实之间的关系。《庄子·齐物论》则谓“以指喻指之非指,不若以非指喻指之非指也;以马喻马指非马,不若以非马喻马之非马也。天地,一指也。万物,一马也”。谓世界是一个统一体,应各任自然,不分彼此、是非、长短、多少。后遂以“指马”为争辩是非、差别的代称。谕,比喻,比拟。

㉕共:介词。表示涉及的对象。犹同,跟。都邑:指京城,京都。

㉖参校:参照比较,参照校勘。常指为别人所著之书做校订工作,或以一书的一种本子做底本,参考其他本子加以校订。方俗:地方风俗。

㉗考覈(hé):研究考证。

㉘折衷:取正,用为判断事物的准则。

㉙搉(què)而量之:搉量,估计,估量。搉,研讨,商讨。

㉚金陵:古邑名。今南京市的别称。洛下:指洛阳城。

㉛和柔：犹和软。

㉜清举：谓声音清脆而悠扬。切诣(yì)：谓发音迅急。

㉝讹(é)钝：浑厚，不尖锐。

㉞质直：形容言辞质朴平实。

㉟冠冕：冠族，仕宦之家。君子：对统治者和贵族男子的通称。常与"小人"或"野人"对举。

㊱优：胜过，比别的好。

㊲闾里：借指平民。小人：平民百姓。指被统治者。

㊳愈：贤，胜过。

㊴士庶：士族和庶族。

㊵朝野：朝廷与民间。亦指政府方面与非政府方面。

㊶具论：详细讨论。

㊷崔子约：崔子侃弟，清河东武城(今河北故城)人。北齐时官司空祭酒。崔瞻：当为崔赡，字彦通，崔㥄子，清河东武城(今河北故城)人。北齐时官吏部郎中。

㊸李祖仁：李岳，字祖仁。北齐时官中散大夫。李蔚：李岳弟。仕齐，卒于秘书丞。

㊹切正：切磋相正。

㊺李季节：李概，字季节，赵郡柏人(今河北隆尧)人。仕齐为大将军高澄府行参军，后为太子舍人。《隋书·经籍志》："《修续音韵决疑》十四卷，李概撰。""《音谱》四卷，李概撰。"

㊻阳休之：字子烈，右北平无终(今天津蓟县)人。历仕齐、周，隋初卒。《隋书·经籍志》："《韵略》一卷，阳休之撰。"

㊼疏野：粗略草率。

㊽孩稚：幼年，幼儿。

㊾督正：矫正，纠正。

㊿讹替：犹差误。

51云为：言论行为。品物：物品，东西。

52书记：指文字、书籍、文章等。

〔译文〕

九州之人，言语不同，从人类诞生以来，就一向如此。自从《春秋公羊传》标明齐地方言，《离骚》被称为楚地语词的经典，这大概是古人最初认识到各地言语存在差异。后来扬雄著《方言》，这方面的论述就完备了。然而该书内容都是考察事物名称的同异，不显示读音的对与错。直到郑玄为《六经》做注，高诱注解《吕氏春秋》《淮南子》，许慎著《说文》，刘熹著《释名》，才开始用譬况或假借的方法来为音同或音近的字注音。但古时的读音同今天的不同，这中间的轻重清浊，尚且不知晓；加上“内言外言”“急言徐言”“读若”之类的注音方法，更加令人心生疑惑。孙炎撰《尔雅音义》，这说明汉末人唯独懂得反切注音法。等到了魏世，反切注音法广为流行。高贵乡公曹髦因为不懂反切注音法，被认为是很怪异的事。从此以后，音韵书纷纷出现，各自记录不同地区的方言，互相讥笑，争辩是非，不知道到底哪个是对的。后来大家都用帝王都城所在地区的语音，参照比较地方风俗，研究考证古今语音情况，来制定一种准则。经过研究讨论，确定只有金陵与洛下两地的语音可以代表南北地区的发音。南方水土和软，声音清脆悠扬而发音迅急，不足在发音浮浅，言辞大多鄙陋庸俗。北方山川深厚，声音沉浊而浑厚，优点是质朴平实，言辞中多有古代语言。然而为官之人的语言，南方的优于北方；平民百姓的语言，北方的优于南方。假如让他们换了服装去交谈，南方的为官之人和平民，几句话就能辨别出来；隔着墙听他们说话，北方的为官之人与平民，一整天都难以分别出来。然而南方的语言沾染了吴语、越语的特点，北方则夹杂了蛮夷少数民族的语言，都有很大的弊端，这里不能详细讨论。其中错误轻微的，比如南方人把“钱”读为“涎”，把“石”读为“射”，把“贱”读为“羡”，把“是”读为“舐”；北方人把“庶”读为“戍”，把“如”读为“儒”，把“紫”读为“姊”，把

“洽”读为“狎”。像这类例子，南北两方都错得很多。我到了邺下以来，只见到崔子约、崔赡叔侄，李祖仁、李蔚兄弟，对语言略有研究，稍做了些切磋补正。李概著《音韵决疑》，不时有错误；阳休之著《切韵》，很是粗略草率。我家的儿女，即使还在幼年，也要逐渐纠正他们的发音；一个字说错了，我就认为是自己的罪过。言论、行为和物品，书籍中没有考证过的，就不敢称谓它们，这都是你们所知道的。

古今言语，时俗不同；著述之人，楚、夏各异①。《苍颉训诂》②，反“稗”为“逋卖”，反“娃”为“於乖”；《战国策》音“刎”为“免”，《穆天子传》音“谏”为“间”；《说文》音“戛”为“棘”，读“皿”为“猛”；《字林》音“看”为“口甘反”，音“伸”为“辛”；《韵集》以“成”“仍”“宏”“登”合成两韵，“为”“奇”“益”“石”分作四章；李登《声类》以“系”音“羿”③，刘昌宗《周官音》读“乘”若“承”④：此例甚广，必须考校⑤。前世反语，又多不切，徐仙民《毛诗音》反“骤”为“在遘”⑥，《左传音》切“椽”为“徒缘”⑦，不可依信⑧，亦为众矣。今之学士，语亦不正；古独何人，必应随其謁僻乎⑨？《通俗文》曰：“入室求曰搜。”反为“兄侯”。然则“兄”当音“所荣反”。今北俗通行此音，亦古语之不可用者。玙璠⑩，鲁人宝玉，当音“余烦”，江南皆音“藩屏”之“藩”。“岐山”当音为“奇”，江南皆呼为“神祇”之“祇”⑪。江陵陷没⑫，此音被于关中⑬，不知二者何所承案⑭。以吾浅学⑮，未之前闻也。

〔注释〕

①楚、夏：南楚和诸夏。南楚，古地区名。春秋战国时，楚国在中原南

面，后世称南楚，为三楚之一。北起淮汉，南至江南，约包括今安徽中部、西南部，河南东南部，湖南、湖北东部及江西等地区。诸夏，周代分封的中原各个诸侯国。泛指中原地区。

②《苍颉训诂》：东汉杜林所撰的启蒙识字课本。《新唐书·艺文志》："杜林《苍颉训诂》二卷。"已佚。

③李登：三国魏音韵学家，任左校令。著有《声类》十卷。《声类》：中国最早的韵书。声类指声母的类别，是某一类声母的总称。

④刘昌宗：东晋时期人。《周官音》：《隋书·经籍志》："《礼音》三卷，刘昌宗撰。"

⑤考校：考订校正。

⑥《毛诗音》：《隋书·经籍志》："梁有《毛诗音》十六卷，徐邈等撰；《毛诗音》二卷，徐邈撰。"

⑦《左传音》：《通志·艺文略》："《左传音》，三卷。徐邈。"

⑧依信：信从，信赖。

⑨譌(é)僻：讹误。譌，同"讹"。僻，误。

⑩玙璠(yúfán)：美玉。

⑪神祇：泛指神灵。

⑫陷没：沦陷，被攻占。

⑬关中：古地域名。所指范围不一。或泛指函谷关以西战国末秦故地（有时包括秦岭以南的汉中、巴蜀，有时兼有陕北、陇西）；或指居于众关之中的地域。今指陕西渭河流域一带。

⑭承：继承，接续。案：文案。

⑮浅学：谓学识短浅。

［译文］

古今的语言，因为习俗的不同而有所不同；著述文章的人，因为所处地域或南或北发音也不相同。《苍颉训诂》中把"稗"注音为"逋卖反"，把"娃"注音为"於乖反"；《战国策》把"刎"注音为"免"，《穆天子传》把"谏"注音为"间"；《说文》注"戛"音为"棘"，注"皿"音为"猛"；《字林》注"看"音为"口甘反"，注"伸"音为

“辛”;《韵集》把“成”“仍”“宏”“登”合成两个韵,把“为”“奇”“益”“石”分入四个韵部;李登《声类》用“系”给“羿”注音,刘昌宗《周官音》把“乘”读作“承”。这种例子很多,必须加以考订校正。前人所注的反切音,有很多是不确切的。徐仙民《毛诗音》把“骤”的读音注为“在遘反”,《左传音》把“椽”的读音注为“徒缘反”,都不可信从,这种例子也很多了。现在的学士,注音也不准确;唯独古时的什么人,必须要沿袭他的讹误吗?《通俗文》说:“入室求曰搜。”把“搜”注为“兄侯反”。这样的话,那么“兄”的读音就应当是“所荣反”。如今北方通行这个音,这也是古语中不可沿用的例子。玙璠,是鲁国的宝玉,读音应当是“余烦”,江南地区都把“璠”读作“藩屏”的“藩”。“岐山”的“岐”字读音应当为“奇”,江南地区都把它读为“神祇”的“祇”。江陵沦陷后,这种读音传到了关中地区,不知依据是什么。我因为才疏学浅,所以以前没有听说过。

北人之音,多以“举”“莒”为“矩”;唯李季节云:“齐桓公与管仲于台上谋伐莒,东郭牙望见桓公口开而不闭,故知所言者‘莒’也[①]。然则‘莒’‘矩’必不同呼[②]。”此为知音矣。

〔注释〕

①“齐桓公”三句:《管子·小问》:“桓公与管仲阖门而谋伐莒,未发也,而已闻于国。桓公怒。管仲曰:‘国必有圣人。’……少焉东郭邮至,桓公令傧者延而上,与之分级而上,问焉。曰:‘子言伐莒者乎?’东郭邮曰:‘然,臣也。’桓公曰:‘寡人不言伐莒,而子言伐莒,其故何也?’东郭邮对曰:‘臣闻之,君子善谋,而小人善意,臣意之也。’桓公曰:‘子奚以意之?’东郭邮曰:‘……日者臣视二君之在台上也,口开而不阖,是言莒也……”东郭邮,春秋时期齐国著名的谏臣,是齐桓公时期的五杰之一。管仲所推举。

②呼:音韵学名词。汉语音韵学家依据口、唇的形态将韵母分为开口呼、齐齿呼、合口呼、撮口呼四类,合称四呼。

〔译文〕

北方人的发音,大多把“举”“莒”读为“矩”;只有李概说:“齐桓公与管仲在高台上谋划讨伐莒国一事,东郭牙望见桓公说话时嘴张开而不合上,所以知道他们所说的是莒国。这样的话,那么‘莒’‘矩’二字的读音必定有开口、合口的不同。”他是懂音韵的人啊。

夫物体自有精粗[①],精粗谓之好恶[②];人心有所去取[③],去取谓之好恶[④]。此音见于葛洪、徐邈。而河北学士读《尚书》云好生恶杀[⑤]。是为一论物体[⑥],一就人情[⑦],殊不通矣[⑧]。

〔注释〕

①精粗:精良和粗劣。
②好恶(hǎoè):好和坏。
③去取:舍弃或保留。
④好恶(hàowù):喜好与嫌恶。
⑤好生恶杀:文中读为“好(hǎo)生恶(è)杀”。
⑥论:衡量,评定。
⑦就:依随。
⑧殊:副词。甚,极。

〔译文〕

物体本身有精良粗劣之分,“精粗”被称为“好恶”;人的情感对事物有所舍弃或保留,这种舍弃或保留的情感被称为“好恶”。后一种读音见于葛洪、徐邈的著作。而河北地区的学士读《尚书》

时却说“好生恶杀”。这样就是用同一个词，一面来评定物体的工艺，一面来表达人的情感，太说不通了。

“甫”者，男子之美称。古书多假借为“父”字，北人遂无一人呼为“甫”者[1]，亦所未喻[2]。唯管仲、范增之号[3]，须依字读耳。

〔注释〕

①遂：副词。竟然。

②喻：知晓，明白。

③管仲、范增之号：管仲号仲父，范增号亚父。

〔译文〕

“甫”，是男子的美称。古书大多假借为“父”字，北方人竟然没有一人将其读为“甫”的，这也是他们不明白二者的关系。只有管仲、范增的称呼，必须依照“父”字本字来读。

案：诸字书，“焉”者鸟名，或云语词[1]，皆音“于愆反”。自葛洪《要用字苑》分“焉”字音训[2]：若训何训安，当音“于愆反”，“于焉逍遥”“于焉嘉客”“焉用佞”“焉得仁”之类是也[3]；若送句及助词[4]，当音“矣愆反”，“故称龙焉”“故称血焉”“有民人焉”“有社稷焉”“托始焉尔”“晋、郑焉依”之类是也[5]。江南至今行此分别，昭然易晓[6]；而河北混同一音，虽依古读，不可行于今也。

〔注释〕

①语词：文言虚字。

②音训:对古籍中的字词注音释义。训,解说。

③“于焉逍遥”“于焉嘉客”:语见《诗经 · 小雅 · 白驹》。“焉用佞”“焉得仁”:语见《论语 · 公冶长》。

④送句:语尾词。

⑤“故称龙焉”“故称血焉”:语见《易 · 坤 · 文言》。“有民人焉”“有社稷焉”:语见《论语 · 先进》。托始焉尔:语见《春秋公羊传 · 隐公二年》。晋、郑焉依:语见《左传 · 隐公六年》。

⑥昭然:明白貌。

〔译文〕

案:各种字书将“焉”释为鸟名,也有的说是文言虚字,读音都是“于愆反”。从葛洪《要用字苑》开始区分“焉”字的读音和意义:如果解释作“何”“安”,就应当读“于愆反”,“于焉逍遥”“于焉嘉客”“焉用佞”“焉得仁”等就是此类;如果是用作语尾词及助词,应当读“矣愆反”,“故称龙焉”“故称血焉”“有民人焉”“有社稷焉”“托始焉尔”“晋、郑焉依”等就是此类。江南地区至今奉行这种区别,明白易懂;而河北地区则将两种读音混同为一种读音,虽是依照古时读法,却不能通用于今天。

“邪”者,未定之词。《左传》曰:“不知天之弃鲁邪?抑鲁君有罪于鬼神邪①?”《庄子》云:“天邪地邪②?”《汉书》云:“是邪非邪③?”之类是也。而北人即呼为“也”,亦为误矣。难者曰:“《系辞》云:‘乾坤,《易》之门户邪?’此又为未定辞乎?”答曰:“何为不尔!上先标问,下方列德以折之耳④。”

〔注释〕

①不知天之弃鲁邪?抑鲁君有罪于鬼神邪:语出《左传 · 昭公二十六

年》:“不知天之弃鲁邪,抑鲁君有罪于鬼神故及此也?”

②天邪地邪:或为《庄子》佚文。

③是邪非邪:语见《汉书·外戚传》。

④折:判断,裁决。

〔译文〕

“邪”,是表示疑问的词。《左传》说:“不知天之弃鲁邪?抑鲁君有罪于鬼神邪?”《庄子》说:“天邪地邪?”《汉书》说:“是邪非邪?”这类“邪”字就是这种用法。而北方人把“邪”读为“也”,也就错了。责难的人说:“《系辞》说:‘乾坤,《易》之门户邪?’这里‘邪’字又是表示疑问的词吗?”我回答说:“为什么不是呢?前面先提出问题,后面才列举乾坤之德来加以裁断。”

江南学士读《左传》,口相传述[1],自为凡例[2],军自败曰败,打破人军曰败[3]。诸记传未见“补败反”,徐仙民读《左传》,唯一处有此音,又不言自败、败人之别,此为穿凿耳。

〔注释〕

①传述:转述,传授,传说。

②凡例:指体制、章法或内容大要,今多指书前说明本书内容或编纂体例的文字。

③军自败曰败,打破人军曰败:陆德明《经典释文序录》:“方言差别,固自不同……及夫自败(蒲迈反)、败他(蒲败反)之殊……”

〔译文〕

江南学士读《左传》,是靠口头互相转述,自行制定了一套音读凡例,军队自己战败叫“败”(蒲迈反),打败敌人军队也叫“败”(蒲败反)。各种记传中都没见到“补败反”这种注音,徐仙民读

《左传》的时候，只在一处地方注了这个读音，又没有说自败同打败别人的区别，这就是牵强附会了。

古人云："膏粱难整①。"以其为骄奢自足，不能克励也②。吾见王侯外戚，语多不正，亦由内染贱保傅③，外无良师友故耳。梁世有一侯，尝对元帝饮谑④，自陈"痴钝"⑤，乃成"飔段"，元帝答之云："飔异凉风，段非干木⑥。"谓"郢州"为"永州"，元帝启报简文⑦，简文云："庚辰吴人，遂成司隶⑧。"如此之类，举口皆然⑨。元帝手教诸子侍读⑩，以此为诫。

〔注释〕

①古人云："膏粱难整"：《国语·晋语七》："夫膏粱之性难正也。"意思是整天享用肥美食物的人，品行很少有端正的。膏粱，肥美的食物。整，正，端方，端庄，严肃。

②克励：刻苦自励。

③贱：指技艺或品质低下。保傅：古代保育、教导太子等贵族子弟及未成年帝王、诸侯的男女官员，统称为保傅。

④饮谑：饮酒戏谑。

⑤痴钝：迟钝。

⑥飔（sī）异凉风，段非干木：意思是此"飔段"之"飔"不同于凉风，"飔段"之"段"并非段干木。飔，凉风。段干木，姓李，名克，封于段，为干木大夫，故称段干木。魏文侯时人，子夏弟子。

⑦启报：禀报。

⑧庚辰吴人，遂成司隶：这是简文帝调侃某人的误读：把庚辰吴所入之"郢"，误呼为鲍永之"永"。《左传·定公四年》载冬十有一月庚午，"蔡侯以吴子及楚人战于柏举，楚师败绩。楚囊瓦出奔郑。庚辰，吴入郢"。另，后汉鲍永为司隶校尉，有名气。

⑨举口:犹众口。

⑩手教:亲自教育。侍读:古代官名。南北朝唐宋诸王属官,有侍读、侍讲。

〔译文〕

古人说:"膏粱难整。"这是因为他们骄奢自满,不能刻苦自励。我看到那些王侯外戚,发音大多不标准,这也是由于他们在内受到水平低下的保傅的影响,在外没有良师益友。梁代有一名王侯,曾同元帝一起饮酒戏谑,他自称"痴钝",却说成了"飔段"。元帝回答他说:"飔异凉风,段非干木。"又把"郢州"说成"永州",元帝把这事禀报给了简文帝,简文帝说:"庚辰吴入,遂成司隶。"诸如此类,那些王公贵族们张口就这样。元帝亲自教育诸皇子的侍读,让他们以此为诫。

河北切"攻"字为"古琮",与"工""公""功"三字不同,殊为僻也①。比世有人名"暹"②,自称为"纤";名"琨"③,自称为"衮";名"洸"④,自称为"汪";名䈽⑤,自称为"獡"⑥。非唯音韵舛错⑦,亦使其儿孙避讳纷纭矣⑧。

〔注释〕

①僻:偏差,差错。

②比世:近世,近代。

③琨(kūn):美玉。

④洸(guāng):水波动荡闪光。

⑤䈽(shuò):光亮的样子。

⑥獡(shuò):惊惧。

⑦舛(chuǎn)错:差错,不正确。

⑧纷纭:杂乱貌。

〔译文〕

河北地区把“攻”字的读音反切为“古琮反”，与“工”“公”“功”三字读音不同，是非常错误的。近代有名为“暹”的人，自称为“纤”；名为“琨”的人，自称为“衮”；名为“洸”的人，自称为“汪”；名为“約”的人，自称为“獡”。这就不仅在音韵上有错误，也使其后代子孙的避讳纷繁杂乱。

杂艺第十九

〔题解〕

颜之推所说的“杂艺”，包括书法、绘画、射箭、卜筮、算术、医术、弹琴、博弈、投壶等，它们都属于主业之外的技艺。对于书法，作者认为对此“微须留意”，然而不须过精。巧者多劳，因为精熟而为人役使，反而成了负担。绘画、弹琴也是如此。算术、医术，可以兼明，不可以专业。博弈、围棋、投壶等游戏，具有愉悦精神的妙处，可以偶尔为之。至于射箭、卜筮，则不鼓励子弟去学。文中对于这些杂艺的述评可以使我们领略到魏晋南北朝时期士大夫的生活场景。

真草书迹①，微须留意②。江南谚云：“尺牍书疏，千里面目也③。”承晋宋余俗，相与事之④，故无顿狼狈者⑤。吾幼承门业⑥，加性爱重，所见法书亦多⑦，而玩习功夫颇至⑧，遂不能佳者，良由无分故也⑨。然而此艺不须过精。夫巧者劳而智者忧，常为人所役使，更觉为累；韦仲将遗戒⑩，深有以也⑪。

〔注释〕

①真草：书体名，真书（楷书）和草书。书迹：笔迹，墨迹。

②留意：关心，注意。

③尺牍书疏，千里面目也：一尺长短的信函，就是你在千里之外给人看到的面貌。尺牍，信札，书信。书疏，奏疏，信札。

④相与：共同，一道。事：实践，从事。

⑤狼狈：犹尴尬。

⑥门业：谓家门素业。

⑦法书：名家的书法范本。亦以称美别人的书法。

⑧玩习：玩味研习。

⑨分（fèn）：天分。

⑩韦仲将遗戒：《世说新语·巧艺》篇载："韦仲将能书。魏明帝起殿，欲安榜，使仲将登梯题之。既下，头鬓皓然。因敕儿孙勿复学书。"韦诞，字仲将，京兆（今陕西西安）人，三国魏书法家、制墨家，擅长各种书体，题署尤精。遗戒，亦作"遗诫"。指前人遗下的训诫。

⑪深：极力，非常。有以：犹有因。有道理，有规律。

〔译文〕

真书和草书等书法，需要略加留意。江南谚语说："一尺长短的信函，就是你在千里之外给人看到的面貌。"如今的人沿袭了晋、宋传下来的风习，都注重练习书法，所以书法没有很令人尴尬的。我自幼继承家门素业，加上天性喜爱书法，见到的法书也多，而且玩味研习也花了不少工夫，最终效果却并不太好，确实是由于没有天分吧。然而这项技艺也不需要过于精湛。巧者多劳，智者多虑，如因此而常被他人所役使，更觉得这是一种负担了。韦仲将留下的训诫，非常有道理啊。

王逸少风流才士①，萧散名人②，举世惟知其书，翻以能自蔽也[3]。萧子云每叹曰[4]："吾著《齐书》[5]，勒成一典[6]，文章弘义[7]，自谓可观；唯以笔迹得名，亦异事也。"王褒地胄清华[8]，才学优敏[9]，后虽入关[10]，亦被礼遇。犹以书工[11]，崎岖碑碣之间[12]，辛苦笔砚之役[13]，尝悔恨曰："假使吾不知书，可不至今日邪？"以此观之，慎勿以书自命[14]。虽然，厮猥之人[15]，以能书拔擢者多矣[16]。故道不同不相为谋也[17]。

〔注释〕

①王逸少：王羲之，字逸少，东晋时期书法家，有"书圣"之称。琅琊临沂(今山东临沂)人，后迁会稽山阴(今浙江绍兴)，晚年隐居剡县金庭。历任秘书郎、宁远将军、江州刺史，后为会稽内史，领右将军。其书法自成一家，影响深远。代表作《兰亭序》被誉为"天下第一行书"。在书法史上，他与其子王献之合称为"二王"。

②萧散：犹潇洒。形容举止、神情、风格等自然，不拘束；闲散舒适。

③翻以能自蔽：《晋书·王羲之传》谓王羲之"辩赡，以骨鲠称""清贵有鉴裁"。翻，副词。反而。自蔽，自行掩蔽。谓为自己的成见所囿，无视客观实际。

④萧子云：字景齐，南朝梁史学家、文学家。南兰陵(今江苏常州)人。萧子显之弟。善于草隶书法，著有《晋书》(已佚，有辑本一卷)、《东宫新记》。

⑤《齐书》：指《南齐书》，南朝梁萧子显所撰的历史书，记述了南朝萧齐王朝自齐高帝建元元年(479)至齐和帝中兴二年(502)共二十三年间的史事，是现存关于南齐最早的纪传体断代史。此处言萧子云著《齐书》，当为误记。

⑥勒(lè)成一典：编纂成一部典籍。勒，编纂。典，简册，指可以作为典范的重要书籍。

⑦弘义：大义，正道。

⑧王褒：字子渊，琅琊临沂(今山东临沂)人，南北朝文学家、书法家。东晋宰相王导之后。地胄：南北朝时，称皇族帝室为天潢，世家豪门为地胄。

后亦泛指门第。清华：谓门第或职位清高显贵。

⑨优敏：博洽通达。

⑩入关：指承圣三年(554)西魏攻陷江陵，王褒等被送往长安事。《周书·王褒传》：“俄而元帝出降，褒遂与众俱出……褒与……等数十人，俱至长安。”

⑪犹：副词。只，独。

⑫崎岖：跋涉，奔波。碑碣：石碑方首者称碑，圆首者称碣。后多不分，以之为碑刻的统称。

⑬笔砚之役：笔砚之事。役，事。

⑭自命：自许，自己认为。

⑮厮猥：地位卑微。

⑯拔擢：选拔提升。

⑰道不同不相为谋：语见《论语·卫灵公》。

〔译文〕

王羲之是个风流才子、洒脱不羁的名人，世人都只知道他的书法，反而因为这项才能掩蔽了他的其他才能。萧子云常叹息：“我著述《齐书》，编纂成一部典籍，文章大义，自认为很是值得一看；但我却因书法而得名，也是怪事了。”王褒出身世家豪门，门第显贵，才学博洽通达，后来虽然到了长安，也仍然受到礼遇。还是因为他擅长书法，所以经常在碑碣之间奔波，辛苦于笔砚之事。他曾悔恨地说：“假使我不懂书法，就不至于像现在这样了吧？”由此看来，千万不要以书法精湛而自许。话虽如此，地位卑微的人，因为擅长书法而被提拔的也很多了。所以说“道不同不相为谋”啊。

梁氏秘阁散逸以来[①]，吾见二王真草多矣[②]，家中尝得十卷：方知陶隐居、阮交州、萧祭酒诸书[③]，莫不得羲之之体，故是书之渊源。萧晚节所变[④]，乃右军年少时法也[⑤]。

〔注释〕

①梁氏秘阁散逸:秘阁,犹言内府。梁武帝、梁元帝皆珍藏大量书画,但侯景之乱中被焚数百函;元帝将降之际,又焚书画典籍二十四万卷。散逸,散失。

②二王:指王羲之、王献之父子。

③陶隐居:指陶弘景,自号华阳隐居。阮交州:指阮研,字文几,梁陈留(今河南开封)人,官至交州刺史。善书。萧祭酒:指萧子云,官员外散骑常侍国子祭酒。

④晚节:晚年。

⑤右军:指王羲之,曾官右军将军。

〔译文〕

梁氏内府所藏的书画散失以来,我见到了很多二王的真书、草书真迹,家中曾得到十卷。我这才知晓陶弘景、阮研、萧子云等人的书法,没有不得益于王羲之的字体的,所以说王羲之的书法是书法的渊源。萧子云晚年所变换的,正是王羲之年少时的书法啊。

晋、宋以来,多能书者。故其时俗,递相染尚①,所有部帙②,楷正可观③,不无俗字④,非为大损。至梁天监之间⑤,斯风未变;大同之末⑥,讹替滋生⑦。萧子云改易字体,邵陵王颇行伪字⑧;朝野翕然⑨,以为楷式⑩,画虎不成,多所伤败⑪。至为"一"字,唯见数点,或妄斟酌⑫,逐便转移⑬。尔后坟籍,略不可看⑭。北朝丧乱之余,书迹鄙陋⑮,加以专辄造字,猥拙甚于江南⑯。乃以"百""念"为"忧(憂)","言""反"为"变(變)","不""用"为"罢(罷)","追""来"为"归(歸)","更""生"为"苏(蘇)","先""人"为"老",如此非一,遍满经传。唯有姚元标工于楷隶[17]，留心小学，后生师之者众。洎于齐末[18]，秘书缮写[19]，贤于往日多矣。

〔注释〕

①递相：互相。染尚：濡染崇尚。

②部帙（zhì）：指书籍。

③楷正：端正，工整。

④俗字：即俗体字。旧时指通俗流行而字形不合规范的汉字，有别于正体字而言。

⑤天监：梁武帝萧衍的第一个年号，502—519年。

⑥大同：梁武帝萧衍的年号，535—546年。

⑦讹替：犹差误。

⑧邵陵王：梁武帝第六子萧纶，封邵陵王。伪字：指不规范的字。

⑨翕然：一致貌。

⑩楷式：法则，典范。

⑪伤败：败坏。

⑫斟酌：安排，摆布。

⑬逐便：乘便，顺便。转移：改变。

⑭略：副词。皆，全。

⑮鄙陋：丑陋。

⑯猥拙：拙劣。

⑰姚元标：北齐魏郡（今河南安阳北）人。官左光禄大夫，以工书知名于时。楷隶：指隶书。汉、魏时以隶书为楷法，故称。

⑱洎（jì）：至，到。

⑲缮写：誊写，编录。

〔译文〕

晋、宋以来，有很多人擅长书法。所以当时的风气，是人们互相濡染崇尚，所有书籍的抄写都端正优美，即使有些俗体字，也并无大碍。直到梁天监年间，这种风气也并未改变。到了大同末期，错别字开始滋生。萧子云好改易字体结构，邵陵王常使用不规范的字。朝野上下一致效法，结果画虎不成反类犬，很多字反而被破坏。以致一个字被简化得只见几个点；还有的人胡乱安排字体，乘便改变字的写法。此后的典籍，完全没法看了。北朝经历了丧乱之后，笔迹丑陋，再加上擅自造字，其拙劣程度超过了江南地区。竟然把“百”“念”两字组合为“忧(憂)”字，把“言”“反”两字组合为“变(變)”字，把“不”“用”两字组合为“罢(罷)”字，把“追”“来”两字组合为“归(歸)”字，把“更”“生”两字组合为“苏(蘇)”字，把“先”“人”两字组合为“老”字。像这样的情况很多，经传中到处都是。只有姚元标长于隶书，关注小学，拜他为师的年轻人很多。到了齐朝末年，秘阁书籍的誊写，就比以前好多了。

江南闾里间有《画书赋》①，乃陶隐居弟子杜道士所为；其人未甚识字，轻为轨则②，托名贵师③，世俗传信④，后生颇为所误也。

〔注释〕

①闾里：里巷，平民聚居之处。
②轨则：规则，准则。
③托名贵师：假托是其师陶弘景所写。托名，假借名义。
④世俗：指俗人，普通人。

〔译文〕

江南里巷间有篇《画书赋》，是陶弘景的弟子杜道士所作。此人识字不多，却轻率地制定规则，还假托陶弘景的名义，众人互相传告轻信，很多年轻人都被他所迷惑。

画绘之工，亦为妙矣；自古名士，多或能之。吾家尝有梁元帝手画蝉雀白团扇及马图①，亦难及也。武烈太子偏能写真②，坐上宾客，随宜点染③，即成数人，以问童孺④，皆知姓名矣。萧贲、刘孝先、刘灵⑤，并文学已外，复佳此法。玩阅古今⑥，特可宝爱⑦。若官未通显⑧，每被公私使令，亦为猥役⑨。吴县顾士端出身湘东王国侍郎⑩，后为镇南府刑狱参军，有子曰庭，西朝中书舍人⑪，父子并有琴书之艺⑫，尤妙丹青⑬，常被元帝所使，每怀羞恨。彭城刘岳，橐之子也，仕为骠骑府管记、平氏县令⑭，才学快士⑮，而画绝伦。后随武陵王入蜀⑯，下牢之败⑰，遂为陆护军画支江寺壁⑱，与诸工巧杂处⑲。向使三贤都不晓画，直运素业⑳，岂见此耻乎？

〔注释〕

①梁元帝：萧绎，字世诚，小字七符，自号金楼子，南兰陵（今江苏常州）人。梁武帝萧衍之子。552—554 年在位。团扇：圆形有柄的扇子。古代宫内多用之，又称宫扇。

②武烈太子：萧方等，字实相，南兰陵（今江苏常州）人。梁元帝萧绎长子。太清三年，带兵出征萧誉，溺水而死，追赠侍中中军将军、扬州刺史，谥忠庄太子。梁元帝即位，改谥武烈世子。写真：画人的真容。

③随宜：随意，不经意。点染：点笔染翰。指绘画。

④童孺：儿童，幼年。

⑤萧贲：字文奂，南兰陵（今江苏常州）人。齐竟陵王萧子良孙。能书善画，好著述。《隋书·经籍志》录其《辩林》二十卷，佚。今存诗《长安道》一首。刘孝先：南朝梁诗人。彭城（今江苏徐州）人。齐大司马从事中郎刘绘之子、刘孝绰第七弟。善五言诗，工画。初为武陵王法曹主簿，王迁益州，随府转安西记室。

⑥玩阅：观摩玩赏。

⑦宝爱：珍爱。

⑧通显：谓官位高，名声大。

⑨猥役：杂役。

⑩侍郎：古代官名。晋制，诸王国皆置侍郎，大国四人，小国二人，专司赞相及通传教令。

⑪西朝：指江陵。梁元帝建都于此。

⑫琴书：弹琴和写字。

⑬丹青：绘画，作画。

⑭平氏县：汉旧名。属南阳，约在今河南桐柏。

⑮快士：豪爽之士。

⑯武陵王：萧纪，字世询，小字大智，南兰陵(今江苏常州)人。梁武帝萧衍第八子，梁元帝萧绎之弟。封武陵郡王。历任彭城太守，迁益州刺史。天正元年(552)，为了和梁元帝争夺帝位，称帝于成都，年号天正，受到西魏韦孝宽和梁元帝的讨伐。天正二年(553)，父子为游击将军樊猛所杀，追谥为贞献王。

⑰下牢：梁宜州旧治。在今湖北宜昌西北。

⑱陆护军：指陆法和。南北朝时枝江百里洲人。支江：当为"枝江"。枝江县，属南郡。

⑲工巧：泛指匠人、工匠。

⑳素业：先世所遗之业。旧时多指儒业。

〔译文〕

擅长绘画，也是好事了；自古以来的名士，大多擅长绘画。我家曾有梁元帝亲手画的蝉雀白团扇和马图，他的画也是一般人难以企及的。武烈太子很会写真，坐上的宾客，他随意点染，就画成了几个人的样子，拿去问孩童，也都知道画的是谁。萧贲、刘孝先、刘灵，都在精通文学之外，又精通绘画。观摩玩赏古今字画，确实令人爱不释手。但如果官位还不够高，常被公家和私人差遣使唤去作画，也就成了杂役了。吴县顾士端出身湘东王国侍郎，后来做了镇南府刑狱参军，他有个儿子叫顾庭，是梁朝的中书舍人，父子二人都有弹琴和书法技能，尤其擅长绘画，因此常被元帝差遣，每每心怀羞愧怨恨。彭城人刘岳，是刘橐的儿子，当过骠骑府管记、平氏县令，是名有才学的豪爽之士，绘画更是没人比得上。后来他随武陵王入蜀，下牢之战战败后，竟然为陆护军画支江寺壁画，与工匠们杂处。假使这三位贤士都不懂得绘画，一直致力于儒业，怎能遭受这种耻辱呢？

弧矢之利，以威天下[①]，先王所以观德择贤[②]，亦济身之急务也[③]。江南谓世之常射，以为兵射，冠冕儒生，多不习此；别有博射[④]，弱弓长箭，施于准的[⑤]，揖让升降，以行礼焉。防御寇难，了无所益[⑥]。乱离之后，此术遂亡。河北文士，率晓兵射，非直葛洪一箭，已解追兵[⑦]，三九宴集[⑧]，常縻荣赐[⑨]。虽然，要轻禽，截狡兽[⑩]，不愿汝辈为之。

〔注释〕

①弧矢之利，以威天下：《易·系辞下》："弦木为弧，剡木为矢；弧矢之利，以威天下，盖取诸睽。"弧矢，弓箭。

②先王所以观德择贤：《礼记·射义》："故射者，进退周还必中礼，内志正，外体直，然后持弓矢审固。持弓矢审固，然后可以言中。此可以观德行矣……是故古者天子以射选诸侯、天子、大夫、士。"

③济身：谓使有益于自己。

④博射：我国古代一种游戏性的习射方式。

⑤准的：谓射中目标。

⑥了无：全无。了，副词。与否定词连用。完全，皆。

⑦葛洪一箭，已解追兵：葛洪《抱朴子·外篇·自叙》："昔在军旅，曾手射追骑，应弦而倒，杀二贼一马，遂以得免死。"

⑧三九：指三公九卿。

⑨縻：通“靡”。耗费，浪费。

⑩要轻禽，截狡兽：《三国志·魏书·文帝纪》注引魏文帝《典论自叙》：“要狡兽，截轻禽。”要，拦阻，截击。

〔译文〕

弓箭的锋利，可以用以威慑天下，古时的帝王通过它来观察人的德行，选择贤能；同时学会射箭也是有益于自身的紧急事务。江南地区称世上那种普通的射箭为“兵射”，仕宦之家和儒生大多不练习这个。另外有一种“博射”，弓的力量弱而箭身较长，射到箭靶上，宾主揖让进退，以此行礼。但这种箭术对于防御敌寇，完全没有用处。战乱之后，这一箭术就消亡了。河北地区的文士，大都懂得兵射，并不只有葛洪能一箭解追兵，三公九卿宴集时，常因此获得赏赐。即便如此，我也不愿让你们去做这种射猎飞禽走兽的事。

卜筮者，圣人之业也；但近世无复佳师，多不能中。古者，卜以决疑[①]，今人生疑于卜。何者？守道信谋[②]，欲行一事，卜得恶卦，反令忧忧[③]，此之谓乎！且十中六七，以为上手[④]，粗知大意，又不委曲[⑤]。凡射奇偶[⑥]，自然半收，何足赖也。世传云：“解阴阳者，为鬼所嫉，坎壈贫穷[⑦]，多不称泰[⑧]。”吾观近古以来[⑨]，尤精妙者，唯京房、管辂、郭璞耳[⑩]，皆无官位，多或罹灾，此言令人益信。傥值世网严密[⑪]，强负此名，便有诖误[⑫]，亦祸源也。及星文风气[⑬]，率不劳为之。吾尝学《六壬式》[⑭]，亦值世间好匠，聚得《龙首》《金匮》《玉軨变》《玉历》十许种书[⑮]，讨求无验[⑯]，寻亦悔罢。凡阴阳之术，与天地俱生，亦吉凶德刑[⑰]，不可不信；但去圣既远，世传术书，皆出流俗，言辞鄙浅，验少妄多。至如反支不行[18]，竟以遇害；归忌寄宿[19]，不免凶终：拘而多忌，亦无益也。

〔注释〕

①古者，卜以决疑：《左传·桓公十一年》："卜以决疑。不疑，何卜？"

②守道：坚守某种道德规范。信谋：相信方法。

③恜恜(chì)：忧惧不安貌。

④上手：犹高手，好手。

⑤委曲：详尽，详细。

⑥射：猜度。奇偶：亦作"奇耦"。单数和双数。《易·系辞下》："阳卦奇，阴卦耦。"

⑦坎壈(lǎn)：困顿，不顺利。

⑧称(chèn)泰：好，美好。

⑨近古：指距今不远的古代。与"远古"相对而言。

⑩京房：西汉学者，本姓李，字君明，推律自定为京氏，东郡顿丘(今河南清丰西南)人。受学于梁人焦延寿，延寿字赣，《汉书·京房传》："赣常曰：'得我道以亡身者，必京生也。'其说长于灾变，分六十四卦，更直日用事，以风雨寒温为候，各有占验。"因得罪宦官石显和权贵五鹿充宗，出为魏郡太守，后被下狱弃市。管辂：字公明，平原(今山东平原)人。三国时期曹魏术士。精通《周易》，善于卜筮、相术，习鸟语，相传每言辄中，出神入化。《三国志·魏书·方技传》："辂长叹曰：'吾自知有分直耳，然天与我才明，不与我年寿，恐四十七八间，不见女嫁儿娶妇也。'……明年二月卒，年四十八。"郭璞：字景纯，河东闻喜(今山西闻喜)人。东晋著名文学家、训诂学家、风水学者。好古文、奇字，精天文、历算、卜筮，长于赋文，尤以"游仙诗"名重当世。为大将军王敦记室参军，以卜筮不吉劝阻王敦谋反而遇害。

⑪世网：比喻社会上封建礼教、伦理道德对人的束缚。

⑫诖(guà)误：贻误，连累。诖，贻误。

⑬星文：星象。风气：古代的一种占候之法。

⑭《六壬式》：俞正燮《癸巳类稿·六壬古式考》："《太白阴经》云：'《元女式》者，一名《六壬式》，元女所造，主北方万物之始，因六甲之壬，故曰六

壬。'"六壬，动用阴阳五行进行占卜吉凶的方法之一。与遁甲、太乙合称三式。五行（水、火、木、金、土）以水为首；天干（甲、乙、丙、丁、戊、己、庚、辛、壬、癸）中，壬、癸属水，壬为阳水，癸为阴水，舍阴取阳，故名壬；六十甲子中，壬有六个（壬申、壬午、壬辰、壬寅、壬子、壬戌），故名六壬。六壬共七百二十课，一般总括为六十四课。其占法，用两木盘，上有天上十二辰分野，谓之天盘，下有地上十二辰方位，谓之地盘。两盘相叠，转动天盘，得出所占之干支与时辰的部位，以判吉凶。

⑮《龙首》《金匮》《玉轸变》《玉历》：均为占卜书之名。

⑯讨求：探讨。

⑰德刑：恩泽与刑罚。

⑱反支：反支日。古术数星命之说，其日为禁忌之日。

⑲归忌：归忌日。古术数星命之说，其日忌远行归家、移徙娶妇。

〔译文〕

卜筮，是圣人的职业；但近世再也没有好的占卜师，占卜大多不灵验。古时候，占卜是为了解除疑惑，今人却因占卜而产生疑惑。为什么呢？坚守道德规范、相信自己的谋略的人，打算去做一件事，占卜到凶卦，反而感到忧惧不安，"生疑于卜"，说的就是这种情况吧！况且今人占卜，十次有六七次应验就把他当成高手了，实际上他仅是粗略地知道大意，并没能透彻地通晓。大凡猜度单数和双数，自然有一半的猜中机会，这样的结果哪里值得信赖呢？世人传说："能解读阴阳的人，被鬼神所痛恨，一生困顿贫穷，大多不能过得好。"我看近古以来，占卜格外精妙的，只有京房、管辂、郭璞三人而已。他们都没有官位，而且又多遭遇灾祸，于是这话愈发令人相信了。假如赶上世网严密，勉强背负会占卜的名声，就会遭到连累，这也是祸源了。至于观星象、风气占候等，这些你们都不要劳烦去学。我曾学过《六壬式》，也遇到了世上的名师，集齐了《龙首》《金匮》《玉轸变》《玉历》等十几种书，探讨之后发现并没有应验，不久也就后悔作罢了。大凡阴阳之术，与天地一起产生，它所昭示的吉、凶、德、刑，不可不信；但如今距离圣人的时代已经很远，世上所传的占卜书，都出自世上的平庸之人，言辞鄙陋浅薄，灵验的少虚妄的多。有人在反支日不敢出行，反而因此遇害；有人在归忌日借宿在外，还是难免不得善终。如拘泥于这些说法而多禁忌，也是没有益处的。

算术亦是六艺要事①；自古儒士论天道②，定律历者③，皆学通之。然可以兼明④，不可以专业⑤。江南此学殊少，唯范阳祖暅精之⑥，位至南康太守⑦。河北多晓此术。

〔注释〕

①六艺：古代教育学生的六种科目：礼、乐、射、御、书、数。

②天道：指自然界变化规律。

③律历：指乐律和历法。

④兼明：谓在主业之外，附带通晓他业。

⑤专业：专门从事某种学业或职业。

⑥祖暅（gèng）：一作祖暅之，字景烁，范阳遒县（今河北涞水）人。南北朝时期数学家、天文学家，祖冲之之子。同父亲祖冲之一起圆满解决了球面积的计算问题，得到正确的体积公式，并据此提出了著名的“祖暅原理”。

⑦南康：古郡名。在今江西赣州。

〔译文〕

算术也是六艺中重要的一项；自古以来研究自然界变化规律、定乐律和历法的儒士，都学习并精通算术。然而算术可以附带通晓，不可以专门去从事。江南地区懂得这种学问的人很少，只有范阳祖暅精通，他官至南康太守。河北地区的人大多通晓算术。

医方之事①，取妙极难②，不劝汝曾以自命也③。微解药性，小小和合[④]，居家得以救急，亦为胜事[⑤]，皇甫谧、殷仲堪则其人也[⑥]。

〔注释〕

①医方：医术，医道。

②取妙：做到精妙。

③自命：自许，自己认为。

④小小：少量，稍稍。和合：犹配方。

⑤胜事：美好的事情。

⑥皇甫谧、殷仲堪则其人：《晋书·皇甫谧传》："有高尚之志，以著述为务，自号玄晏先生。著《礼乐》《圣真》之论。后得风痹疾，犹手不辍卷。或劝谧修名广交，谧以为'非圣人孰能兼存出处，居田里之中亦可以乐尧舜之道，何必崇接世利，事官鞅掌，然后为名乎'？作《玄守论》以答之……初服寒食散，而性与之忤，每委顿不伦。"《唐书·艺文志》有皇甫谧《黄帝三部针经》十二卷。《晋书·殷仲堪传》："殷仲堪，陈郡人也……父病积年，仲堪衣不解带，躬学医术，究其精妙，执药挥泪，遂眇一目。居丧哀毁，以孝闻。"《隋书·经籍志》："《殷荆州要方》一卷，殷仲堪撰，亡。"

〔译文〕

医术之事，要做到精妙非常难，所以我不鼓励你们以懂医术自许。略微了解一些药性，稍稍懂得一些配方，居家得以救急，也是好事，皇甫谧、殷仲堪就是这样的人。

《礼》曰："君子无故不彻琴瑟[①]。"古来名士，多所爱好。洎于梁初[②]，衣冠子孙，不知琴者，号有所阙[③]；大同以末[④]，斯风顿尽。然而此乐愔愔雅致[⑤]，有深味哉！今世曲解[⑥]，虽变于古，犹足以畅神情也。唯不可令有称誉，见役勋贵，处之下坐[⑦]，以取残杯冷炙之辱。戴安道犹遭之[8]，况尔曹乎！

〔注释〕

①君子无故不彻琴瑟：语出《礼记·曲礼下》："大夫无故不彻县，士无故不彻琴瑟。"彻，撤除，撤去。

②洎：至，到。

③号：扬言，宣称。阙：缺憾。

④大同：梁武帝的年号之一，535—546年。

⑤愔愔（yīn）：和悦安舒貌。

⑥曲解：古乐府一节称一解，因以泛指乐曲。曲，琴曲歌辞。解，歌辞段数。

⑦下坐：末座，末席。

⑧戴安道犹遭之：《晋书·戴逵传》："戴逵字安道，谯国人也。少博学，好谈论，善属文，能鼓琴，工书画，其余巧艺，靡不毕综……太宰、武陵王晞闻其善鼓琴，使人召之，逵对使者破琴曰：'戴安道不为王门伶人！'"戴逵，东晋美术家、雕塑家。谯郡铚县（今安徽濉溪）人。

〔译文〕

《礼记》说："君子无故不撤去琴瑟。"自古以来的名士，大多爱好弹琴。到梁朝初年，士大夫子弟如果不懂得弹琴，就被认为有所缺憾。到了大同末年，这种风气完全消失了。然而这种音乐和悦雅致，意味深长啊！现在的乐曲，虽然同古时相比有所变化，听后仍足以令人神情舒畅。只是不可以擅长鼓琴而出名，以致被权贵们所役使，处于末席，遭受吃残羹剩饭的屈辱。戴安道尚且遭遇过这种事，何况你们呢！

《家语》曰："君子不博，为其兼行恶道故也[1]。"《论语》云："不有博弈者乎？为之，犹贤乎已[2]。"然则圣人不用博弈为教；但以学者不可常精，有时疲倦，则傥为之，犹胜饱食昏睡，兀然端坐耳[3]。至如吴太子以为无益，命韦昭论之[4]；王肃、葛洪、陶侃之徒，不许目观手执[5]，此并勤笃之志也[6]。能尔为佳。古为大博则六箸，小博则二焭[7]，今无晓者。比世所行[8]，一焭十二棋，数术浅短，不足可玩。围棋有手谈、坐隐之目[9]，颇为雅戏；但令人耽愦[10]，废丧实多[11]，不可常也。

〔注释〕

①君子不博，为其兼行恶道故也：语出《孔子家语·五仪解》："哀公问于孔子曰：'吾闻君子不博，有之乎？'孔子曰：'有之。'公曰：'何为？'对曰：'为其有二乘。'公曰：'有二乘，则何为不博？'子曰：'为其兼行恶道也。'"博，指博戏，又叫局戏，为古代的一种游戏，六箸十二棋。

②不有博弈者乎？为之，犹贤乎已：语见《论语·阳货》篇。博弈，局戏和围棋。弈，围棋。

③兀然：无知的样子。

④吴太子以为无益，命韦昭论之：《三国志·吴书·韦曜传》："韦曜字弘嗣，吴郡云阳人……迁太子中庶子。时蔡颖亦在东宫，性好博弈，太子和以为无益，命曜论之。其辞曰：'盖闻君子……今世之人多不务经术，好玩博弈，废事弃业，忘寝与食……然其所志不出一枰之上，所务不过方罫之间，胜敌无封爵之赏，获地无兼土之实。技非六艺，用非经国，立身者不阶其术，征选者不由其道。求之于战阵，则非孙、吴之伦也；考之于道艺，则非孔氏之门也……'"吴太子，指当时吴国的太子孙和。韦昭，即韦曜，本名韦昭，字弘嗣，吴郡云阳（今江苏丹阳）人。三国时期著名史学家，东吴四朝重臣。是中国古代从事史书编纂时间最长的史学家，后世《三国志》多取材其《吴书》。著有《吴书》（合著）、《汉书音义》《国语注》《官职训》《三吴郡国志》等。

⑤王肃、葛洪、陶侃之徒，不许目观手执：王肃事不详。葛洪《抱朴子·外篇·自叙》："见人博戏，了不目眄（miǎn），或强牵引观之，殊不入神，有若昼睡。是以至今不知棋局上有几道，樗蒲齿名。亦念此辈末伎，乱意思而妨

日月……作戒百代,其鉴明矣。"《晋书·陶侃传》:"侃性聪敏,勤于吏职……诸参佐或以谈戏废事者,乃命取其酒器、蒱博之具,悉投之于江,吏将则加鞭扑,曰:'樗蒱者,牧猪奴戏耳!'"王肃,字子雍,东海郯县(今山东郯城)人。三国时期曹魏著名经学家。陶侃,字士行(一作士衡),庐江寻阳(今江西九江)人。东晋时期名将。

⑥勤笃:勤奋专一。

⑦焭(qióng):古同"茕",赌具,骰子。

⑧比世:近世,近代。

⑨手谈、坐隐之目:《世说新语·巧艺》篇:"王中郎以围棋是坐隐,支公以围棋为手谈。"目,名称。

⑩耽愦:沉湎心乱。

⑪废丧:旷废丧失。

〔译文〕

《孔子家语》说:"君子不玩博弈这些游戏,因为博弈同时能让人步入不正之道。"《论语》说:"不是有博弈吗?玩这些,也比无所事事好。"然而圣人并不是教人去玩博弈;只是因为学习的人不能总是专注于学习,有时会疲倦,这时候玩这个的话,就比吃饱饭昏昏欲睡或者懵懵然端坐着要好。至于像吴国太子孙和那样以为博弈没有益处,命令韦昭撰文来论述此事;王肃、葛洪、陶侃等人不许观棋下棋,这些都是勤奋专一的记载了。能这样最好。古时的博戏,大博用六根筷子,小博则用两个骰子,现在没人知晓这个了。近世所流行的,是用一个骰子和十二枚棋子,方法浅陋,不值得一玩。围棋又称手谈、坐隐,是很高雅的游戏;但是它会令人沉湎其中,心绪烦乱,旷废丧失的太多,所以不可常玩。

投壶之礼①,近世愈精。古者,实以小豆,为其矢之跃也②。今则唯欲其骁③,益多益喜,乃有倚竿、带剑、狼壶、豹尾、龙首之名[4]。其尤妙者，有莲花骁[5]。汝南周璝[6]，弘正之子[7]，会稽贺徽[8]，贺革之子[9]，并能一箭四十余骁。贺又尝为小障，置壶其外，隔障投之，无所失也。至邺以来，亦见广宁、兰陵诸王[10]，有此校具[11]，举国遂无投得一骁者。弹棋亦近世雅戏[12]，消愁释愦，时可为之。

〔注释〕

①投壶：古代宴会礼制。亦为娱乐活动。宾主依次用矢投向盛酒的壶口，以投中多少决胜负，负者饮酒。

②古者，实以小豆，为其矢之跃也：《礼记·投壶》："壶中实小豆焉，为其矢之跃而出也。"

③骁：古代投壶游戏，箭从壶中跳出，用手接住再投，屡投屡跃，箭不坠地，称之为"骁"。

④倚竿、带剑、狼壶、豹尾、龙首：古时投壶名目。司马光《司马温公集·投壶新格序》："倚杆：箭斜倚壶口中，旧十五筹。龙首：倚竿正箭首正向己者，旧十八筹。龙尾：倚竿而箭羽正向己者，旧十五筹。狼壶：转旋口上而成倚竿者，旧十四筹。带剑：贯耳不至地者，旧十五筹。"

⑤莲花骁：骁名。

⑥周璝：南朝陈时人，官至吏部郎。

⑦弘正：周弘正，字思行，汝南安城（今河南汝南东南）人。南朝大臣。

⑧贺徽：贺革子。南朝梁时人。《南史·贺革传》载其"美风仪，善谈吐"。

⑨贺革：字文明。南朝梁大臣。少通三《礼》，及长，遍治《孝经》《论语》《毛诗》《左传》。于太学讲授，生徒常多至数百人。

⑩广宁、兰陵诸王：广宁王高孝珩，北齐神武帝高欢之孙，文襄帝高澄次子。渤海蓨县（今河北景县）人。南北朝时期北齐宗室。兰陵王高长恭，本名高肃，族名高孝瓘，字长恭。高欢之孙，高澄第四子。

⑪校具：装饰的物品。

⑫弹（tán）棋：古代博戏之一。《后汉书·梁冀列传》李贤注引《艺经》曰："弹棋，两人对局，白黑棋各六枚，先列棋相当，更先弹也。其局以石为之。"

〔译文〕

投壶这种礼制，近世愈发精妙。古时投壶，壶中盛放上小豆，是为了防止箭矢跃出。现在则只想让所投的箭矢从壶中跃出来，跃出的次数越多越高兴，于是就有了“倚竿”“带剑”“狼壶”“豹尾”“龙首”等名目。其中尤其精妙的，是“莲花骁”。汝南人周璝，是周弘正的儿子；会稽人贺徽，是贺革的儿子，他俩都能一支箭矢投中、跃出四十多次。贺革还曾做了个小屏障，把壶放在小屏障的外面，他隔着屏障去投，百发百中。我到了邺城以来，也见到广宁王、兰陵王等处有这种校具，全国上下竟然没人能投跃出一次。弹棋也是近世的一种高雅游戏，可以消愁解闷，偶尔可以玩玩。

终制第二十[①]

〔题解〕

此篇是颜之推就自己身后的丧葬礼制，对子孙的嘱咐。他告诫子孙对自己的丧事遵循从简的原则，比如取消复魄礼、不用随葬品、平地不起坟、不用酒肉祭奠、拒绝亲友祭奠等。他认为四时的祭祀从佛家观点看，并没有益处；即使是做佛教的诸种功德，也要量力而行。这些反映了颜之推的淡泊务实及其受佛教思想影响之深。他还嘱咐子孙不可因为顾恋祖先的葬身之处而埋没了自己的前程，应致力于传业扬名，体现了颜之推作为传统士大夫的价值观。

死者，人之常分[②]，不可免也。吾年十九，值梁家丧乱[3],其间与白刃为伍者,亦常数辈[4];幸承余福,得至于今。古人云:"五十不为夭[5]。"吾已六十余,故心坦然[6],不以残年为念[7]。先有风气之疾[8],常疑奄然[9],聊书素怀[10],以为汝诫。

〔注释〕

①终制:死者生前对丧葬礼制的嘱咐。犹今之遗嘱。

②常分:定分。宿命论谓人事均由命运前定,人力难以改变,称为"定分"。

③梁家:指南朝梁王朝。丧乱:指死亡祸乱等事。

④其间与白刃为伍者,亦常数辈:《北齐书·颜之推传》:"绎遣世子方诸出镇郢州,以之推掌管记。值侯景陷郢州,频欲杀之,赖其行台郎中王则以获免。被囚送建业。景平,还江陵。"数辈,数次。

⑤五十不为夭:语出《三国志·蜀书·先主传》裴注:"人五十不称夭,年已六十有余,何所复恨,不复自伤,但以卿兄弟为念。"

⑥坦然:形容心里平静无顾虑。

⑦残年:一生将尽的年月。多指人的晚年。

⑧风气:病名。

⑨奄然:犹奄忽。指死亡。

⑩素怀:平素的怀抱。

〔译文〕

死,是人生注定之事,是不可避免的。我十九岁的时候,正值梁王朝遭逢祸乱,这期间我身处刀光剑影之中,也有好几次了;幸而蒙受祖先留下的福祉,才得以活到今天。古人说:"活到五十就不算短命了。"我已六十多岁,所以心里平静,不再顾虑自己人生将尽。我之前患有风气病,时常疑心自己会突然死去,所以姑且写下自己平素的志趣,作为对你们的嘱告。

先君先夫人皆未还建邺旧山[①]，旅葬江陵东郭[②]。承圣末[③]，已启求扬都[④]，欲营迁厝[⑤]。蒙诏赐银百两，已于扬州小郊北地烧砖[⑥]，便值本朝沦没[⑦]，流离如此，数十年间，绝于还望[⑧]。今虽混一[⑨]，家道罄穷[⑩]，何由办此奉营资费[⑪]？且扬都污毁[⑫]，无复孑遗[⑬]，还被下湿[⑭]，未为得计[⑮]。自咎自责，贯心刻髓。计吾兄弟，不当仕进[⑯]；但以门衰，骨肉单弱[⑰]，五服之内[⑱]，傍无一人，播越他乡[⑲]，无复资荫[⑳]；使汝等沉沦厮役[㉑]，以为先世之耻[㉒]；故靦冒人间[㉓]，不敢坠失[㉔]。兼以北方政教严切[㉕]，全无隐退者故也[㉖]。

〔注释〕

①先君先夫人：已故的父亲母亲。旧山：旧茔。

②旅葬：谓客死葬于他乡。郭：外城。古代在城的外围加筑的一道城墙。

③承圣：梁元帝萧绎的年号。552—555 年。梁元帝 554 年去世，555 年梁敬帝萧方智即位沿用到本年 4 月。

④启求：犹请求。扬都：南北朝时称建康为扬都。

⑤迁厝（cuò）：犹迁葬。厝，停柩待葬。

⑥烧砖：烧制砖瓦。王利器《集解》："自孙吴至陈、隋时代，江南人士，墓葬墎内用砖，皆由自家烧造，内中有少数砖必系以年月某氏墓字样，如长沙烂泥冲南齐墓，有碑文云'齐永元元年己卯岁刘氏墓'是也。与之推烧砖之说正相符合。又南朝大贵族墓葬，在发掘情况中估计，最多者需用砖三万枚，每烧窑一次至多万枚，须烧三次始敷用，要一千人的劳动力。"

⑦本朝：称自己曾任职的王朝。沦没：指覆灭。

⑧还望：返回的希望。

⑨混一：亦作"混壹"。齐同，统一。

⑩家道：家业，家境。罄穷：精光，荡然无存。

⑪奉营：谓奉祀营葬。

⑫污毁：犹毁坏。

⑬孑遗：遗留，残存。

⑭下湿：谓地势低而潮湿。

⑮得计：契合心意。

⑯仕进：指做官而谋发展。

⑰单弱：孤单势弱。

⑱五服：古代以亲疏为差等的五种丧服：斩衰、齐衰、大功、小功、缌麻。

⑲播越：逃亡，流离失所。

⑳资荫：凭先代的勋功或官爵而得到授官封爵。

㉑沉沦：陷入。厮役：旧称干杂事劳役的奴隶。后泛指受人驱使的奴仆。

㉒先世：前代，祖先。

㉓靦(miǎn)冒：犹言羞惭冒昧。

㉔坠失：失去，废弛。

㉕政教：政治与教化。严切：严峻，严厉。

㉖隐退：指为官者退职后隐居林下。

〔译文〕

先君先夫人的灵柩都没有还葬建邺的旧茔，而是客葬于江陵的东郭。承圣末年，我已经请求朝廷，打算把父母的灵柩迁葬回扬都。承蒙君王下令赐银百两，我已经于扬州北郊烧砖，却遭逢本朝覆灭。我辗转流落到了此地，几十年间，已断了返还扬都的希望。现在虽然天下统一了，但家业已经荡然无存，从哪里筹措这笔奉祀营葬的费用？而且扬都遭到毁坏，已经没有什么残存，将先君先夫人的灵柩运回去葬入那低而潮湿之地，也并不契合心意。我常常责备自己，愧疚之情痛彻心肺。考虑我们兄弟，本不应当做官。只是因为门庭衰落，孤单势弱，五服之内，没有一人可以依靠；加上在他乡流离失所，不再享有祖先的荫庇。假使你们落入奴仆行列，就会成为祖先的耻辱；所以我只好羞惭冒昧地混迹于人间，不敢辞去官位。同时也有北方政治教化严峻，完全没有隐退之人的原因。

今年老疾侵，傥然奄忽[①]，岂求备礼乎？一日放臂[②]，沐浴而已，不劳复魄[③]，殓以常衣。先夫人弃背之时[④]，属世荒馑[⑤]，家涂空迫[⑥]，兄弟幼弱，棺器率薄[⑦]，藏内无砖[⑧]。吾当松棺二寸，衣帽已外，一不得自随[⑨]，床上唯施七星板[⑩]；至如蜡弩牙、玉豚、锡人之属[⑪]，并须停省[⑫]，粮罂明器[⑬]，故不得营，碑志旒旐[⑭]，弥在言外。载以鳖甲车[⑮]，衬土而下，平地无坟；若惧拜扫不知兆域[⑯]，当筑一堵低墙于左右前后，随为私记耳[⑰]。灵筵勿设枕几[⑱]，朔望祥禫[⑲]，唯下白粥清水干枣，不得有酒肉饼果之祭。亲友来餟酹者[⑳]，一皆拒之。汝曹若违吾心，有加先妣[㉑]，则陷父不孝，在汝安乎？其内典功德[㉒]，随力所至，勿刳竭生资[㉓]，使冻馁也[㉔]。四时祭祀，周、孔所教，欲人勿死其亲[㉕]，不忘孝道也。求诸内典，则无益焉。杀生为之，翻增罪累[㉖]。若报罔极之德[㉗]，霜露之悲[㉘]，有时斋供[㉙]，及七月半盂兰盆[㉚]，望于汝也。

〔注释〕

①傥(tǎng)然：倘若。奄忽：指死亡。

②一日：副词。一旦。表示如果有一天。放臂：谓人死亡。

③复魄：古丧礼，将始死者之衣升屋，北面三呼，以冀还魂复苏。

④先夫人：指作者母亲。弃背：死亡的婉辞。多用于尊亲。

⑤属世荒馑：适逢世间饥荒。属，适逢。荒馑，饥荒。

⑥家涂：亦作“家途”。犹家道。指家庭境况。空迫：贫穷，窘困。

⑦棺器：棺材。率薄：俭约，简单。

⑧藏（zàng）：墓穴，坟墓。

⑨一：副词。都，一概。表示总括。

⑩七星板：旧时停尸床上及棺内放置的木板。上凿七孔，斜凿枧槽一道，使七孔相连，大殓时纳于棺内。

⑪蜡弩牙、玉豚、锡人：墓葬随品，为南朝人习俗。蜡弩牙，为蜡制弩机模型。玉豚，玉石或滑石制成。锡人，即铅人。

⑫停省：裁撤，裁减不用。

⑬甖（yīng）：同“罂”。小口大腹的容器。多为陶制，亦有木制者。明器：即冥器。专为随葬而制作的器物，一般用竹、木或陶土制成。从宋代起，纸明器逐渐流行，陶、木等制的渐少。明代还有用铅、锡制作的。

⑭碑志：碑记。刻在碑上的纪念文字。旒旐（liúzhào）：指铭旌。

⑮鳖甲车：灵车。

⑯兆域：墓地四周的疆界。亦以称墓地。

⑰私记：私家的记载。

⑱灵筵：供亡灵之几筵，后人又谓之灵床，或仪床。

⑲朔望：朔日和望日。旧历每月初一日和十五日。亦指每逢朔望朝谒之礼。祥禫（dàn）：丧祭名。语出《礼记·杂记下》：“期之丧，十一月而练，十三月而祥，十五月而禫。”祥，亲丧的祭名。古代居父母、亲人之丧，满一年或二年而祭的统称。父母丧后两周年的祭礼称大祥，丧后周年的祭名称小祥。禫，除丧服的祭祀。《仪礼·士虞礼》：“中月而禫。”郑玄注：“中，犹间也；禫，祭名也，与大祥间一月。自丧至此，凡二十七月。”

⑳餟酹（chuòlèi）：祭奠。餟、酹，以酒浇地，表示祭奠。

㉑先妣：亡母。

㉒内典：佛教徒称佛经为内典。功德：多泛指念佛、诵经、布施等事。

㉓刳（kū）竭生资：耗尽赖以生活的资财。刳，挖，挖空。

㉔冻馁（něi）：谓饥寒交迫。馁，饥饿。

㉕死其亲：认为亲人死去就没有知觉了。

㉖翻增罪累：反而增加罪过。翻，副词。反而。罪累，犹罪过。

㉗罔极：无穷尽。

㉘霜露之悲：指感时念亲之情。

㉙斋供：祭祀死者、神佛，并上供食品。

㉚盂兰盆：梵文 ullambana，意译为救倒悬。旧传目连从佛言，于农历七月十五日置百味五果，供养三宝，以解救其亡母于饿鬼道中所受倒悬之苦。见《盂兰盆经》。南朝梁以降，成为民间超度先人的节日。是日僧尼结盂兰盆会，诵经施食。后亦演为仅具祭祀仪式而不延僧尼者。

〔译文〕

我如今年纪大了，而且疾病缠身，倘若突然离世，难道还要求丧葬的礼节完备吗？如果有一天我去世，你们只要为我沐浴即可，不必再劳动你们为我举行复魄礼，给我穿上平常的衣服入殓就可以了。先母去世的时候，适逢世间饥荒，家道贫穷窘困，我们兄弟幼小，所以她的棺材很简单，墓穴内也没有砖。因此安葬我应当用两寸厚的松棺，衣帽之外，别的一概不许放进去，棺床上只放一块七星板；至于像蜡弩牙、玉豚、锡人之类，都要裁减不用；粮罂之类的冥器，一定不要置办；碑志铭旌，更不用说了。棺木用鳖甲车装载，贴着土下葬就行，平地不要起坟。你们如果担心以后扫墓时不知道墓地所在，就在墓的左右前后筑一面矮墙，随意做一些标记。灵床上不要设枕几，在朔日、望日的祭祀及祥祭、禫祭之日，只放白粥、清水、干枣，不许有酒、肉、饼、果之类的祭品。亲友如果要来祭奠，一律拒绝。你们要是违背我的心愿，使我的丧葬规格超过我的亡母，就是陷为父我于不孝，你们能安心吗？至于念佛、诵经等这些功德，随自己的能力，不要耗尽赖以生活的资财，令家人挨饿受冻。四时的祭祀，是周公、孔子所教导的，目的是让人不要认为死去的人就没有知觉了，从而不忘孝道。从佛经的观点来看，这些则没有用处。要是为此杀生的话，反而会增加死者的罪过。你们如果要报答逝者无尽的恩德，表达自己的思念之情，时常斋供之外，到七月半的盂兰盆会时，我希望你们能来参加。

孔子之葬亲也，云："古者墓而不坟。丘东西南北之人也，不可以弗识也[①]。"于是封之崇四尺[②]。然则君子应世行道[③]，亦有不守坟墓之时，况为事际所逼也[④]！吾今羁旅，身若浮云，竟未知何乡是吾葬地；唯当气绝便埋之耳。汝曹宜以传业扬名为务[⑤]，不可顾恋朽壤[⑥]，以取湮没也[⑦]。

〔注释〕

①"古者"数句：语出《礼记·檀弓上》："古也墓而不坟。今丘也，东西南北之人也，不可以弗识也。"墓而不坟，埋葬逝者后不做标志。古代埋葬死者，封土隆起的叫坟，平的叫墓。识(zhì)，做记号，加标记。

②封：积土为坟。崇：高度，从下向上的距离。

③应世：应付世事。行道：实践自己的主张或所学。

④事际：时会，情势。

⑤传业：传承家业或传授学业。

⑥顾恋：顾念留恋。朽壤：腐土。此指逝者的坟墓。

⑦湮没：埋没。

〔译文〕

孔子安葬父母时说："古时埋葬逝者后不做标志。但丘我是浪迹四方之人，不能不做标志啊。"于是在墓上堆起四尺高的坟。这样看来君子要应付世事、实践自己的所学，也有不能守着坟墓的时候，何况被情势所逼呢！我如今寄居他乡，自身像浮云一样飘忽不定，竟然不知何处是我的葬身之地；只要在我气绝后就地埋葬了即可。你们应当致力于传承家业、传播名声，不可因顾念留恋父母亲的葬身之地而埋没了自己。